编号：2017-1-095

"十二五"普通高等教育本科国家级规划教材
"十三五"江苏省高等学校重点教材
工业工程专业新形态系列教材

系统工程概论

（第四版）

主　编　周德群
副主编　张力菠　章　玲　王群伟

科学出版社
北　京

内 容 简 介

本书系统地介绍系统工程的有关理论与方法，重点介绍系统与系统工程的一般概念、系统工程方法论、系统环境分析、系统建模、系统结构模型化方法、系统仿真、系统动力学、系统评价、系统决策、系统工程的最新进展及系统工程模型和方法应用等内容。其中，有些内容是在同类书籍中首次发表的，为了方便读者掌握书中的有关理论与方法，本书各章提供了一定量的思考题与习题，并在书末附有重要的参考文献。

本书可供高等院校经济管理类专业的本科生和研究生使用，也可作为有关专业的教学参考书，同时可供各级行政干部、企业管理人员、工程技术人员参考。

图书在版编目(CIP)数据

系统工程概论/周德群主编. —4版. —北京：科学出版社，2020.12

工业工程专业新形态系列教材 "十二五"普通高等教育本科国家级规划教材 "十三五"江苏省高等学校重点教材

ISBN 978-7-03-065652-0

Ⅰ. ①系… Ⅱ. ①周… Ⅲ. ①系统工程-高等学校-教材 Ⅳ. ①N945

中国版本图书馆CIP数据核字(2020)第121258号

责任编辑：方小丽 / 责任校对：贾娜娜

责任印制：张 伟 / 封面设计：蓝正设计

科学出版社 出版

北京东黄城根北街16号

邮政编码：100717

http://www.sciencep.com

北京九州迅驰传媒文化有限公司印刷

科学出版社发行 各地新华书店经销

*

2005年10月第 一 版 开本：787×1092 1/16

2010年7月第 二 版 印张：18 1/2

2017年6月第 三 版 字数：416 000

2020年12月第 四 版 2025年1月第三十次印刷

定价：58.00元

(如有印装质量问题，我社负责调换)

序

习近平总书记在党的二十大报告中指出，“我国发展进入战略机遇和风险挑战并存、不确定难预料因素增多的时期”。当今世界百年未有之大变局加速演变，国际力量对比深刻调整，世界进入新的动荡变革期，环境与可持续发展问题日益突出，中国式现代化建设正面临前所未有的挑战。解决这些复杂问题时往往牵一发而动全身，需要统筹兼顾，突出矛盾，科学应对，才能化危为机，系统思维与系统方法由此显得日益重要。正因为如此，党的二十大报告将“必须坚持系统观念”作为新时代中国特色社会主义思想的六大立场观点方法之一。

周德群教授领衔编写的《系统工程概论》(第四版)教材，坚持辩证唯物主义认识论和方法论，依照习近平新时代中国特色社会主义思想的核心要求，紧密结合中华民族伟大复兴战略全局，从全局、系统的角度为整体性推进国家相关事业提供科学的思想方法，充分体现党和国家对立德树人的根本要求，扎根中国、融通中外，立足时代、面向未来，该教材具有很强的思想性、科学性、民族性和时代性。

该教材秉持“立德树人”“培养一代又一代德智体美劳全面发展的社会主义建设者和接班人，培养一代又一代在社会主义现代化建设中可堪大用、能担重任的栋梁之才”的理念，为教育强国建设注入中国特色。通过挖掘都江堰工程、丁谓工程等古代朴素的系统工程实践，展现我国传统文化中的系统思想瑰宝；通过介绍“两弹一星”、载人飞船、探月工程等重大的系统工程实践，充分展现中国特色、中国风格、中国气派的系统工程体系；通过对钱学森、许国志等系统工程大师高尚的爱国主义事迹的宣传，加强对学生的爱国主义教育，丰富课程思政内容。

该教材强调了内容的前沿性、综合性、交叉性及实用性。该教材编写组成员中有三人入选全球高被引学者榜单，所在团队入选“2016 经济学、心理学及其他社会科学领域十大热点前沿 TOP1 贡献机构”和工信部首届“研究型教学创新团队”。编写组充分利用团队学术创新优势，及时更新和优化教材内容，充分融入前沿研究成果。在内容安排上，既考虑系统工程的综合性、交叉性特点，又注意与运筹学等学科的联系与分工，避免不必要的重复，并突出强化系统工程核心知识体系及其在中国特色社会主义实践中的应用。

该教材注重展现多维度、多表现形态。在系统哲学思想维度，不仅有对中国传统文化中的系统哲学及案例的介绍，又有对当代中国在系统哲学与方法论上创新的思考，特别是钱学森等一批科学家在系统方法论上的重大理论创新。在系统工程理论维度，教材对系统分析、系统优化、系统仿真、系统评价与决策等重要理论进行深入介绍，着力培养学生的系统思维、系统分析、系统建模等能力，提升学生分析和解决问题的综合素养。在多介质综合运用上，除纸质教材、电子教案和思考练习外，还充分利用线上和线下多种形态，建设了“系统工程导论”国家精品在线课程，借助教学视频动画、实验仿真案例、二维码、讨论区等资源，极大地丰富了教材的展现形态。

该教材编写组紧紧围绕立德树人的根本任务，坚持正确政治方向，弘扬优秀传统文化，不断推陈出新，致力于打造培根铸魂、启智增慧的精品教材，体现了为培养德智体美劳全面发展的社会主义建设者和接班人的责任感和使命感。

综上，《系统工程概论》（第四版）兼具思想性、科学性、民族性和时代性，简明扼要、深入浅出、通俗易懂，是当前的一部好教材。

盛昭瀚

前　言

随着全面建设社会主义现代化国家新征程的开启，“我国发展面临新的战略机遇”，必须从系统观念出发加以谋划以把握机遇。党的二十大报告阐述了新时代中国共产党治国理政的基本思想和工作方法，将“必须坚持系统观念”作为“六个必须坚持”之一予以明确，并且指出：“万事万物是相互联系、相互依存的。只有用普遍联系的、全面系统的、发展变化的观点观察事物，才能把握事物发展规律”。过去十年我国综合国力实现历史性跃升，“载人航天、探月探火、深海深地探测、超级计算机、卫星导航、量子信息、核电技术、新能源技术、大飞机制造、生物医药等取得重大成果”，这离不开党中央的顶层设计和整体谋划。

新征程赋予中国系统工程发展新的实践要求、中国系统工程研究新的理论要求。在中华民族伟大复兴的战略引领下，如何以系统的观点和分析方法来统筹规划各项工作？如何运用系统工程的观念和工具来促进实现社会、经济、环境、人口及资源的全面协调，进而实现高质量发展？这一系列复杂问题的解决要求实际工作者既要有系统性的思维，又要有系统方法的运用。正如党的二十大报告所指出“不断提高战略思维、历史思维、辩证思维、系统思维、创新思维、法治思维、底线思维能力，为前瞻性思考、全局性谋划、整体性推进党和国家各项事业提供科学思想方法”。运用系统性的思维和系统科学的分析方法，从理论上和实践上为全面建设社会主义现代化国家提供支撑，推动新时代中国特色社会主义事业不断向前发展，是管理学等学科的时代责任。

系统工程思想自 20 世纪 40 年代诞生以来，在生产、通讯、军事、航天等多个领域得到充分的应用。随着“生态系统修复”“复杂装备研制”等复杂系统工程的不断涌现，以及大数据、人工智能、信息技术等支撑学科的不断发展，运用系统工程理论与方法实现跨层级、跨部门、跨行业、跨领域、跨学科的交叉统筹，既是系统科学理论发展的内在要求，又是解决中国全面建设社会主义现代化实际问题的客观需求。利用系统观念、系统工程理论和方法识别系统要素、理清系统结构、挖掘系统目标、提出解决方案，必将提高现实复杂问题解决的科学性，并使得研究过程更大程度贴近现实问题。用系统工程的思想和方法，对中国发展的现实问题进行研究、对中国发展的独创思想进行表达，不仅是经济管理类学生的必备技能，更是阐释中国发展经验与模式、弘扬中国文化的重要手段。本教材的编写初衷由此而生。

为帮助师生更好地教与学，本书在体系结构上注重完备性和延展性，教材按照“理论—方法—模型—案例”的逻辑进行展开。在内容安排上兼顾经典和现代，注重对体系工程等新思想和新理论的引进；教材与时俱进，“问题导向”特征鲜明；表述方式既专业又通俗，已经成为高校系统工程相关课程的首选教材。

本教材安排了以下 13 个章节：第 1 章是概论，介绍系统和系统工程及其一般概念和理论；第 2 章是系统工程方法论；第 3 章是系统环境分析，介绍系统环境与边界、系统环境分析的主要内容；第 4 章是系统建模理论与方法，介绍建模在系统分析中的作用和系统建模的一般原理；第 5 章是系统结构模型化方法，介绍系统结构的概念和特性等；第 6 章是系统仿真，介绍系统仿真的建模过程以及离散事件系统仿真和连续系统仿真；第 7 章是系统动力学，介绍系统动力学的研究范式和相关模型和软件；第 8 章是系统评价，介绍系统评价的原理和方法；第 9 章是系统决策，介绍系统决策模型与方法；第 10 章是系统工程的最新进展，介绍体系和体系工程；第 11～13 章是系统工程方法应用。

目　录

第一篇　系统工程的基本理论

第二篇　系统分析技术和方法

第三篇 系统工程方法应用

第一篇

系统工程的基本理论

第1章

概　　论

没有哪一个术语能够像“系统”这样刻画我们所能认知的复杂事物，系统无处不在，却又捉摸不定，系统性问题无时不在，却又难以把握。“万事万物是相互联系、相互依存的。只有用普遍联系的、全面系统的、发展变化的观点观察事物，才能把握事物发展规律。”

1.1　系统及其一般理论

1.1.1　什么是系统

1. 系统的概念

系统是整个系统科学中最基本的概念。系统一词最早出现于古希腊语中，“syn-histanai”一词原意是指事物中共性部分和每一事物应占据的位置，也就是由部分组成的整体的意思。古希腊哲学家德谟克利特认为一切物质都是由原子和空虚组成的，他的《世界大系统》一书是最早采用系统这个名词的著作。近代一些科学家和哲学家常用系统一词来表示复杂的、具有一定结构的研究对象，如天体系统、人体系统等。从中文字面上看，系指关系、联系，统指有机统一，系统则指有机联系和统一(陈宏民，2006)。美籍奥地利生物学家贝塔朗菲(Ludwing von Bertalanffy)于1937年第一次将系统作为一个重要的科学概念予以研究，他认为“系统的定义可以确定为处于一定相互关系中并与环境发生关系的各组成部分的总体”。

系统的定义依照学科的不同、待解决问题的不同及使用方法的不同而有所区别，国外关于系统的定义已达四十余种。

R. 吉布松定义系统是“互相作用的诸元素的整体化总和，其使命在于以协作方式来完成预定的功能”。

B. H. 萨多夫斯基认为系统是“互相联系着并形成某种整体性统一体的诸元素按一定方式有秩序地排列在一起的集合”。

N. B. 布拉乌别尔格、B. H. 萨多夫斯基、尤金指出，从系统的整体性出发，可以从性质方面通过下列特征给系统下定义：①系统是由相互联系的诸元素组成的整体性复合体；②它与环境组成特殊的统一体；③任何被研究的系统通常都是更高一级系统的元素；④任何被研究的系统的元素通常又都作为更低一级的系统。

《韦氏大辞典》里解释系统为“有组织的或被组织化的整体，结合构成整体所形成的各种概念和原理的综合，以有规则的相互作用和相互依存的形式结合起来的诸要素的集合等”。

日本工业标准(Japanese Industrial Standards，JIS)定义系统为“许多组成要素保持有机的秩序，向同一目标行动的事物”。

我国的学者也对系统的概念提出了许多自己的看法。

著名科学家钱学森认为，“系统是由相互作用相互依赖的若干组成部分结合而成的，具有特定功能的有机整体，而且这个有机整体又是它从属的更大系统的组成部分”。

我国有学者这样认为，“系统是有生命的或无生命的本质或事物的集中，这个集中接收某种输入，并按照接收到的输入来活动以生成某种输出，同时力求使一定的输入和输出功能最大化”。

学者常绍舜认为，“系统就是指由一定部分(要素)组成的具有一定层次和结构并与环境发生关系的整体”。

综上所述，系统概念同任何其他认识范畴一样，描述的是一种理想的客体，而这一客体在形式上表现为诸要素的集合。

我国系统科学界对系统一词较通用的定义如下：系统是由相互作用和相互依赖的若干组成部分(要素)结合而成的、具有特定功能的有机整体。依据此定义可以看出，系统必须具备三个条件：第一，系统必须由两个或两个以上的要素(或部分、元素、子系统)所组成，要素是构成系统的最基本单位，因而也是系统存在的基础和实际载体，系统离开了要素就不能称为系统；第二，要素与要素之间存在着一定的有机联系，从而在系统的内部和外部形成一定的结构或秩序，任何一个系统又是它所从属的一个更大系统的组成部分(要素)，这样，系统整体与要素，要素与要素，整体与环境之间，存在着相互作用和相互联系的机制；第三，任何系统都有特定的功能，整体具有不同于各个组成要素的新功能，这种新功能是由系统内部的有机联系和结构所决定的。

2. 系统的特性

1)系统的整体性

系统作为若干要素的集合体，其本质特性就是具有整体性。整体性包括两方面的含义：一是指系统内部的不可分割性。如果把系统的各个组成部分分割开来，系统就无法存在。一架飞机作为一个系统，在于它是一个由各个部件紧密联系而成的整体，若把各零部件拆开，则这架飞机也就不存在了；一个社会组织系统也是如此，它的整体性在于各组织成员之间的密切联系、相互配合，如果各成员独自行事，互不联系，则其作为社会组织系统也就只能是形存实亡。二是指系统内部的关联性。系统内部任何一个要素的改变都会引起其他要素的变化，如人体某一器官的病变也可能会引起其他器官的损害。

A. 系统整体性的多重体现

系统是对整体和完整性的科学探索，首先，系统的整体性体现在建立系统目标时，它要求系统整体的最佳化，而不是局部的最优。其次，系统的整体性体现为系统的运动规律是整体的规律。因为系统的整体与要素、要素与要素、系统与环境之间存在着有机联系，所以系统的实质和运动规律只有从整体上才能显示出来。最后，系统的整体性还体现在系统功能的整体性方面。系统的整体功能不是各组成要素功能的简单叠加，也不是组成要素的简单拼凑，而是呈现出各组成要素所不具有的新功能。概括地表述为“系统整体不等于其部分之和”，而是“整体大于部分之和”，即

$$F_s > \sum_{i=1}^{n} F_i$$

式中，F_s——系统的整体功能；

F_i——各要素的功能，i=1, 2, …, n。

由于这种整体功能不是各要素所单独具有的，相对于各要素来说，这种整体功能的产生就不仅是一种数量上的增加，更表现为一种质变。系统整体的质不同于各要素的质，系统整体之所以能产生新质，是因为系统整体的各个组成部分之间，相互联系和相互作用形成一种协同作用，只有通过这种协同作用，系统的整体功能才能显现。“积沙成塔，集腋成裘”“三个臭皮匠，顶个诸葛亮”，说的就是这个道理。

B. 系统整体及整体性的类型

系统整体的类型是多种多样的，如从系统规模及其复杂程度出发，系统的整体可分为简单整体和复杂整体；从系统结构的严密程度来看，可把系统整体划分为具有严密结构的整体和松散结构的整体，前者组成的整体的各部分具有不可分割性，后者组成的整体的各部分对不可分割性没有严格要求。

系统整体性有以下三种基本类型。

(1)时间整体性，指系统要素在时间上的不可分割性和关联性。例如，人的一生是由幼年、少年、青年、中年、老年等阶段构成的整体，正常情况下，其中任何一个阶段都是不可或缺的。

(2)空间整体性，指系统要素在空间上的不可分割和关联性。例如，一个生产系统是由一个特定空间范围内同时作用的设备、人员、物料等要素联合构成的整体，系统正常工作情况下，其中任何一个要素都不可或缺。

(3)逻辑整体性，指系统要素在逻辑关系上的不可分性和关联性。例如，一部好的学术著作应是一个逻辑整体，它的各个论点之间及论点和论据之间都是不可分割的。

C. 整体性在系统中的地位

首先，整体性是系统的核心。任何系统都是在整体的基础上形成的，无整体则无系统，抛弃了整体性也就抛弃了系统性。其次，整体性变化会导致系统性能的改变。由于整体性是系统的核心属性，因而整体性一旦改变则必然引起整个系统性能的变化。

系统的整体性原则对于实际管理工作有着重要的指导意义，其主要作用表现在以下几点：首先，依据确定的管理目标，从管理的整体出发把管理要素组成一个有机的系统，

协调并统一管理诸要素的功能，使系统功能产生放大效应，发挥出管理系统的整体优化功能；其次，把不断提高管理要素的功能作为改善管理系统整体功能的基础，从提高组成要素的基本素质入手，按照系统整体目标的要求，不断提高各个部门特别是关键部门或薄弱部门的功能素质，并强调局部服从整体，从而实现管理系统的最佳整体功能；最后，改善和提高管理系统的整体功能，不仅要注重发挥各个组成要素的功能，更重要的是要调整要素的组织形式，建立合理结构，促使管理系统整体功能优化。

2) 系统的相关性

整体性确定系统的组成要素，相关性则说明这些组成要素之间的关系。系统中任一要素与该系统中的其他要素既是互相关联的又是互相制约的，如果某一要素发生了变化，则对应的与之相关联的要素也要相应地改变和调整，从而保持系统整体的最佳状态。

贝塔朗菲用一组联立微分方程描述了系统的相关性：

$$\frac{\mathrm{d}Q_1}{\mathrm{d}t}=f_1$$

$$\frac{\mathrm{d}Q_2}{\mathrm{d}t}=f_2$$

$$\vdots$$

$$\frac{\mathrm{d}Q_n}{\mathrm{d}t}=f_n$$

式中，$Q_1, Q_2, \cdots, Q_n$——n 个要素的特征；

t——时间；

$f_1, f_2, \cdots, f_n$——相应的函数关系。

公式表明，系统任一要素随时间的变化关系是系统所有要素的函数，即任一要素的变化会引起其他要素的变化从而引起整个系统的变化。

系统的相关性原则对于实际管理工作的指导意义在于：①当我们要想改变组织系统中某些不合要求的要素时，必须注意考察与之相关的要素的影响程度，抓住其中的相关要素，使这些相关要素发生相应的变化，从而提高组织的整体功能；②组织系统内部诸要素之间的相关性不是静态的，而是动态的，必须把组织系统视为动态系统，在动态中认识和把握系统的整体性，在动态中协调要素与要素、要素与整体的关系，在把握管理要素运动变化的同时，有效地进行组织调节和控制，以实现最佳效益；③组织系统的组成要素包括系统层次间的纵向相关和各组成要素的横向相关，只有协调好各要素之间的纵向相关和横向相关，才能实现组织的整体功能最优。

3) 系统的综合性

综合性就是指任何系统都不是由单一要素、单一层次、单一结构、单一环境因素、单一功能构成的总体，而是由不同质的要素、层次、结构、环境因素和功能构成的总体(林定夷，1998)。因此，系统的综合性表现为五种情况：不同要素的综合、不同层次的综合、不同结构的综合、环境因素的综合、不同功能的综合。

系统虽然都有综合性，然而其综合程度并不一样，有些系统综合程度较高，有些系统则综合程度较低。

实践表明，系统综合程度不同，系统功能也会有别。一般而言，系统综合性越强，系统生命力就越强，系统功能就越高。例如，在自然界中，杂食动物比单食动物的生命力要强些，其适应环境的能力也更高些；杂交作物也比一般纯种作物的生长要旺盛些，抗病虫害能力要强些。在人类社会中也是这样，多兵种联合作战比单兵种作战取胜的可能性更大些，评价一个国家的实力也往往通过综合国力进行评价。

4) 系统的层次性

层次通常是指构成系统的要素之间按照整体与部分的构成关系而形成的不同质态的分系统及其排列次序。系统的层次通常可划分为四种类型：数量关系层次、空间关系层次、时间关系层次、逻辑关系层次。

A. 层次间的对立统一关系

系统内不同层次之间的关系是对立统一的。层次的形成以整体和部分的对立为基础，因而不同层次之间也就必然存在着质和量的差异并且发生相互作用。微观世界中的分子、原子、基本粒子这三个层次无论是在物理化学性质还是在质量和空间尺度方面都是不同的。层次之间的相互作用主要表现在两个方面：①系统的较高层次制约着较低层次，高层次的功能状态对低层次的功能状态产生重要影响；②系统较低层次又是较高层次形成的基础，低层次的物质变化到一定程度必然导致高层次的物质变化。

B. 层次与等级、类别、要素等概念的联系与区别

(1) 层次与等级的关系。首先，层次与等级的区别在于等级性体现的主要是事物间量的差别，此外，在等级与等级之间不一定存在整体与部分的关系，然而在层次与层次之间一定存在整体与部分的关系；其次，层次与等级之间也有某种联系，由于不同层次之间不仅有质的差异，而且有量的不同，因而导致不同层次之间会出现等级特征。

(2) 层次与类别的关系。首先，层次与类别是相互区别的。层次是系统在纵向意义上的一种差别，不同层次事物之间存在着整体与部分的构成关系，而不同种类的事物之间则不一定存在这种关系；其次，层次与类别相似或相互联系之处在于物质系统的层次差别有时与类型划分相重合，即同一层次的要素往往具有很多共性，因而属于同一类型。而同一类型的事物也往往与另一类型的事物发生整体和部分的关系，因而属于同一层次。

(3) 层次与要素的关系。层次是指构成系统的要素在纵向上的不同质态及其排列次序，它形成系统的纵向结构；而要素则是构成系统的各个单元，这些单元相互联系、相互作用，形成系统的横向结构。层次的形成以要素为基础，构成系统的要素不同，其层次性必然有差别；反过来，要素又总是存在于一定的层次之中，层次不同，其要素也必然相异。

5) 系统的目的性

目的是指人们在行动中所要达到或实现的结果和意愿。人造系统是具有目的性的，系统的目的是人们根据实践的需要而确定的，而且通常系统的目的性不是单一的，一般的系统都具有多个目的(汪应洛，1995)。例如，企业的经营管理系统，在限定的资源和现有职能机构的配合下，它的目的就是完成或超额完成生产经营计划，实现规定的质量、品种、成本、利润等指标，或是这些多方面指标的综合。

复杂系统常具有多目标和多方案，当组织规划这个错综复杂的大系统时，为了使目

标明确化、条理化，常采用图解方式来描述目的与目的之间的相互关系，这种图解方式称为目的树，如图 1-1 所示。

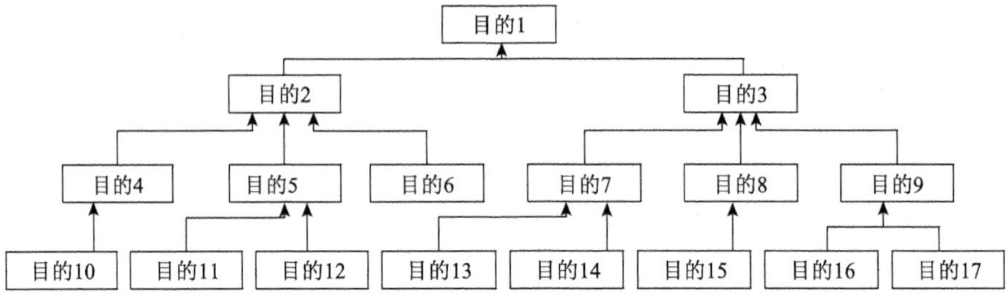

图 1-1　目的树

从图 1-1 中可以看出，要达到目的 1，必须完成目的 2 和目的 3；要达到目的 2，必须完成目的 4、目的 5 和目的 6。以此类推，结果形成一个增幅放大的属性结构。从图中可以明显地看出在一个复杂系统内所包括的各项目的，即从目的 1 到目的 17，层次分明，次序明确，相互影响，而又相互制约。通过图解可对目的树中各个项目的目的进行分析、探讨和磋商，统一规划和协调。系统的目的性原则要求人们正确地确定系统的目标，从而运用各种调节手段把系统导向预定的目标达到系统整体最优的目的。

【扫码阅读】坚持系统观念，整体把握事物内在的本质规律和逻辑关系。

1.1.2　系统的一般理论

1. 系统与要素的关系

系统与要素的对立统一是客观事物的本质属性和存在方式，任何事情都是系统和要素的对立统一体，它们相互依存、互为条件，在事物的运动和变化中，系统和要素总是相互伴随而产生，相互作用而变化。

1) 整体制约部分，系统通过整体作用支配和控制要素

整体制约部分，有以下两种情况：其一，整体决定这部分的性质和功能，部分若脱离整体，其性质和功能就会丧失；其二，整体的存在和发展决定着部分的存在和发展，整体功能一旦丧失，部分也就会随之灭亡。在系统工程实践中，要根据整体需要来安排和组织部分。

当系统处于平衡稳定条件时，系统通过其整体作用来控制和决定各个要素在系统中的地位、排列顺序、作用的性质和范围的大小，统率着各个要素的特性和功能，协调着各个要素之间的数量比例关系。在系统整体中，每个要素及要素之间的相互关系都由系统所决定(汪应洛，1998)。系统整体稳定，要素也稳定，当系统整体的特性和功能发生变化时，要素及要素之间的关系也随之发生变化。一个组织系统的整体功能，决定和支

配着要素的生产、销售、供储、财务、人事、研发等各分系统的地位、作用和它们之间的关系，为使组织的整体效益最佳，就要求各分系统必须充分发挥各自的功能，并且对各分系统之间的关系进行控制与协调。

2)部分反作用于整体，要素通过相互作用决定系统的特性和功能

系统论认为，整体制约部分，但部分也不是消极无为的，部分的存在和发展对系统整体也有很大的影响。首先，部分是系统整体存在的基础，若把各个部分去掉，整体也就不存在了；其次，组成部分的数量或质量发生变化会导致系统整体的改变。

一般而言，要素对系统的作用有两种可能发展的趋势：如果要素的成分和数量具有一种协调、适当的比例关系，就能够维持系统的动态平衡和稳定，并促使系统走向组织化、有序化；如果要素的成分和数量的比例发生变化，使要素相互之间出现不协调、不适当的比例关系，这就会破坏掉系统的平衡和稳定，甚至会使系统衰退、崩溃和消亡。

3)系统和要素的概念是相对的

系统和要素的区别是相对的，一个系统可以是更高级别系统的一个要素，而一个要素也可能是完整的更低级别的一个系统。正是由于系统和要素地位与性质关系的相互转化，构成了客观世界一级套一级的层次性。

2. 系统的等级层次原理

层次通常是指构成系统的要素之间按照整体与部分的构成关系而形成的不同质态的分系统及其排列次序。系统的层次通常可划分为四种类型：数量关系层次、空间关系层次、时间关系层次、逻辑关系层次。

1)层次间的对立统一关系

系统内不同层次之间的关系是对立统一的。层次的形成以整体和部分的对立为基础，因而不同层次之间也就必然存在着质和量的差异并且发生相互作用。微观世界中的分子、原子、基本粒子这三个层次无论是在物理化学性质还是在质量和空间尺度方面都是不同的。层次之间的相互作用主要表现在两个方面：①系统的较高层次制约着较低层次，高层次的功能状态对低层次的功能状态产生重要影响；②系统较低层次又是较高层次形成的基础，低层次的物质变化到一定程度必然导致高层次的物质变化。

2)层次与等级、类别、要素等概念的联系与区别

(1)层次与等级的关系。首先，层次与等级的区别在于等级性体现的主要是事物间量的差别，此外，在等级与等级之间不一定存在整体与部分的关系，然而在层次与层次之间一定存在整体与部分的关系；其次，层次与等级之间也有某种联系，由于不同层次之间不仅有质的差异，而且有量的不同，因而导致不同层次之间会出现等级特征。

(2)层次与类别的关系。首先，层次与类别是相互区别的。层次本是系统在纵向意义上的一种差别，不同层次事物之间存在着整体与部分的构成关系，而不同种类的事物之间则不一定存在这种关系。其次，层次与类别相似或相互联系之处在于物质系统的层次差别有时与类别划分相重合，即同一层次的要素往往具有很多共性，因而属于同一类别；而同一类别的事物也往往与另一类别的事物发生整体与部分的关系，因而属于同一层次。

(3)层次与要素的关系。层次是指构成系统的要素在纵向上的不同质态及其排列次

序，它形成系统的纵向结构；而要素则是构成系统的各个单元，这些单元相互联系、相互作用，形成系统的横向结构。层次的形成以要素为基础，构成系统的要素不同，其层次性必然有差别；反过来，要素又总是存在于一定的层次之中，层次不同，其要素也必然相异。

3. 系统环境与不确定性

1) 系统环境

环境是指存在于系统以外的事物(物质、能量、信息)的总称。系统与环境是一对对应的概念，定义了系统也就定义了环境，而使系统与环境得以识别的界限称为系统的边界。从空间结构看，边界是把系统与环境分开来的所有点的集合。从逻辑上看，边界是系统构成关系从起作用到不起作用的界限，是系统质从存在到消失的界限。

可见系统时刻处于环境之中，环境是一种更高级的、复杂的系统，也称环境超系统。如图 1-2 所示，从环境与系统的关联程度来划分，环境超系统可分为系统的具体工作环境和一般环境。前者与系统存在紧密的关联，而后者对系统的影响相对较小。但随着系统与环境的演化，一般环境因素有可能成为具体工作环境因素。因此，研究系统的环境对于认识、改造系统至关重要。

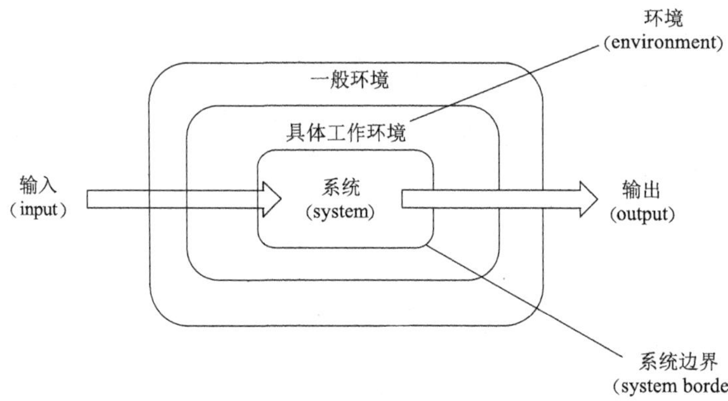

图 1-2　系统与环境

系统必须适应外部环境的变化。环境的变化对系统有很大的影响(胡久清，1999)，系统与环境是相互依存的，系统必然要与外部环境产生物质的、能量的和信息的交换。能够经常与外部环境保持最佳适应状态的系统，属于积极的开放系统，因而也是理想的系统；而不能适应环境变化的系统是难以存在的。因此，系统所处的环境又是系统的限制条件或者约束条件。

系统不能脱离环境而存在，它处于与环境的密切联系之中。它既要通过环境的输入受到环境的约束，又要通过对环境的输出而对环境施加影响。客观事物的发展要经过量变到质变的过程，当系统处于量变阶段时，系统与环境之间的关系是相对稳定的，这就表现为系统对环境的适应性。因此，从本质上说，系统对于环境的适应性，可以说是系统稳定性在系统外部关系的表现。

坚持系统环境适应性原则，要求我们不仅要注意系统内各要素之间相关性的调节，而且要考虑系统与环境的关系，只有系统内部关系和外部关系相互协调、统一，系统才能全面地发挥出其整体功能，保证系统整体向最优化方向发展。

2) 环境不确定性

A. 不确定性的概念

不确定性是指没有概率分布能与所考察的事件的结果相联系的情形，也就是事件发生的可能性完全不可知的情形。

不确定理论最早源于物理学家对世界和宇宙的探讨，是德国物理学家维尔纳·海森伯首先提出的。不确定是客观存在的，近年来它成为系统科学、管理科学、工程科学、信息科学等诸多领域的研究前沿，不同的学科对不确定性的概念有不同的阐释与理解。例如，不确定数学是数学学科对不确定性认识的发展，把不确定性区分为随机性、模糊性和区间性等，并建立了相应的理论及模型，包括概率论、随机过程、模糊数学、灰数等。系统理论认为，不确定性是一个动态概念，它是从未来着眼说明事物的属性或状态是不稳定和无法确定的，处于现在某一时间点的人无法对下一时间点的人、事件乃至整个世界进行准确的预测，主要包含了复杂系统、灰色系统和模糊系统的研究。而组织理论对于不确定性的定义存在主观感知与客观存在的问题，它既被用作组织环境状态的描述，又用来描述人的一种缺少有关环境的关键信息的状态。经济学家认为不确定性是指人们缺乏对事件基本性质的知识，对事件可能的结果知之甚少，难以通过现有理论或经验进行预见和定量分析。

针对具体问题，不确定性的表现形式多种多样，如针对可耗竭资源市场，可以将不确定问题分为资源供给、资源需求、资源价格、资源政策和市场结构五个方面，如图 1-3 所示。

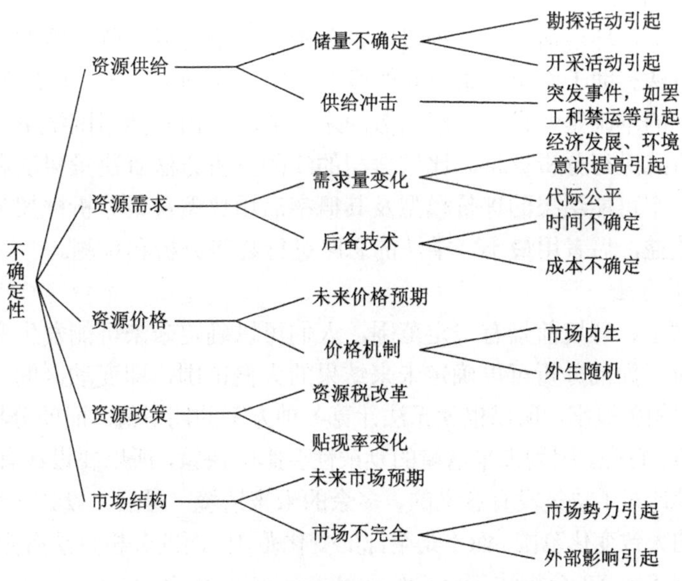

图 1-3 可耗竭资源市场中的不确定性

B. 不确定性的分类

a. 从系统与环境关系看，不确定性分为外生不确定性和内生不确定性外生不确定性指与系统本身无关的不确定性，如天气情况对飞行器设计来说属于外生不确定性，世界地缘政治变化对一国能源供需系统的影响来说属于外生不确定性；内生不确定性是与系统本身有关的不确定性，如组织内部的人事变动情况属于组织系统的内生不确定性，新能源领域的技术突破属于能源系统内部的不确定性等。一般地，内生不确定性和外生不确定性是相互作用的，如一国的石油供给系统由于外部供给中断(外生)而催生替代能源技术(内生)的快速发展，一座建筑物由于施工过程中的偷工减料(内生)和意外的地震(外生)的联合作用而倒塌。

b. 从不确定的程度上看，不确定性可分为四个层次：环境前景清晰明显、环境前景有几种可能、环境前景有一定范围、环境前景不明确

不确定性具有的层次性说明其本身包含着一定程度的确定性，因此，面对不确定的环境要避免一种非黑即白的态度。例如，低估环境的不确定性，轻率做出预测或决策；或者高估环境的不确定性而摒弃所有分析，单凭直觉做事。

C. 不确定性管理的基本方法

在不确定性管理中，通过预测环境可能出现的结果的变化范围，确定环境变化的不确定层次而采取不同的对策。

a. 点的分析方法

在第一层次上，环境前景清晰明显，不确定性与进行战略决策是无关的，虽然系统环境是不确定的，但预测可以精确到单一战略方向。点的分析方法可概括为两类：静态平衡点的选择，如管理学中的盈亏平衡法、博弈论中的纳什均衡(Nash equilibrium)属于此种类型；动态最优点的选择，如经济学中市场价格上下波动属于此种类型。

b. 线的分析方法

在第二层次上，环境前景有几种可能，前景可以描述成一些可能的结果或离散的情景。线的分析方法有助于确定结果出现的概率，但不能确定一定会出现何种结果。

针对该层次的不确定性设计一组离散的未来情境，而不能用围绕单一基线模型进行敏感度分析的方式进行分析评价。比较典型的线的分析方法有决策树法和趋势分析法。前者在确定每一个可能结果的评价模型及其概率后用典型决策分析框架来评价候选方案固有的风险和收益，后者用最小二乘法的思路进行趋势分析和预测。

c. 面的分析方法

在第三层次上，环境前景有一定范围，人们可以确定未来可能发生变化的范围，所以称为面的分析。面的分析可以确定未来结果的大概范围，即变动区间，却不可能确定所有未来情境和相关概率，所以也就无法计算各种方案的期望值。面的分析对未来结果的确定是一种技巧。首先，因为未来情境的复杂性会影响决策，所以要设计有限的未来情境；其次，要避免设计对于决策没有意义的、多余的未来情境；最后，设计一组未来情境只需说明未来结果的大致变化范围，而不是全部的变化范围。面的分析方法有定性和定量两种。定性分析方法有 SWOT 分析法(strength-weakness-opportunity-threat analysis，优劣势分析法)等；定量分析方法有求解线性规划的最优解区等。

d. 体的分析方法

在第四层次上，环境前景不明确，影响因素是多维因素，其内在联系错综复杂，还

会随时间的推移而不断变化。处理这种情况的基本方法是降维法，通过分析，抓住关键因素，以求纲举目张。体的分析，首先，要进行系统整体分析，明确系统目标，建立整体的思维框架。其次，对有关因素的多维关系进行归纳，以简化复杂的因素关系，进一步明确分析思路的重点。最后，分析重点因素与非重点因素变化的规律性。

环境不确定问题已经引起越来越多的关注，20 世纪 90 年代在美军中出现了一个新的概念——VUCA，它是指组织将处于不稳定的(volatile)、不确定的(uncertain)、复杂的(complex)和模糊的(ambiguous)状态之中。VUCA 的概念最早是美军用来描述冷战结束后的越发不稳定的、不确定的、复杂的、模糊的世界。随后，VUCA 被战略性商业领袖用来描述已成为新常态的、混乱的和快速变化的商业环境。近年来，这一概念也被国内许多学者讨论并接受，并成为人们描述环境不确定的时髦术语。

专栏 1-1　百年未有之大变局

当今世界正经历百年未有之大变局，新冠肺炎疫情全球大流行使这个大变局加速演进，经济全球化遭遇逆流，保护主义、单边主义上升，世界经济低迷，国际贸易和投资大幅萎缩，国际经济、科技、文化、安全、政治等格局都在发生深刻调整，世界进入动荡变革期。我国正处于实现中华民族伟大复兴的关键时期，经济已由高速增长阶段转向高质量发展阶段。经济长期向好，市场空间广阔，发展韧性强大，正在形成以国内大循环为主体、国内国际双循环相互促进的新发展格局。我国经济正处在转变发展方式、优化经济结构、转换增长动力的攻关期。

4. 系统的功能

1)系统功能的概念

任何系统都有一定的功能，系统的功能反映系统与外部环境的关系，表达出系统的性质和行为。系统功能体现了一个系统与外部环境之间的物质、能量和信息的输入与输出的转换关系，见图 1-4。以组织系统为例，在给系统输入一定的物质、能量和信息后，经过系统功能的转换，生产出质量高、品种全、数量多的产品，并能使这些产品得以实现，我们就说这个系统的功能良好。

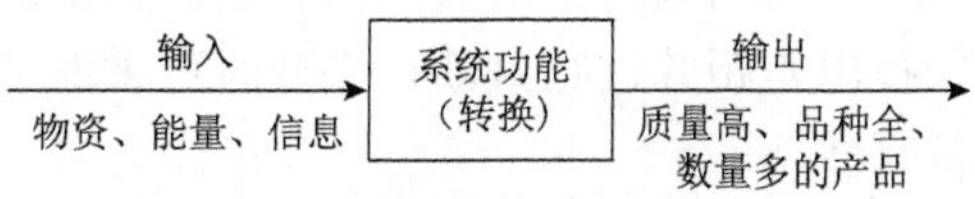

图 1-4　系统功能示意图

系统整体与环境相互作用所反映的能力称为系统的功能。其中，系统整体对外在环境的作用或影响称为系统的外部功能，简称外功能；系统整体对内在环境的作用或影响称为系统的内部功能，简称内功能。一个系统的内功能和外功能是相互作用的：一般地，内部功能是外部功能的基础，内部功能的状况决定着外部功能的状况；外部功能的发挥会刺激内部功能的提高和进一步完善。表 1-1 列出了七个复杂系统与它们的主要输入、转换和输出。

表 1-1 复杂系统的输入、转换和输出

系统	输入	转换	输出
客机	旅客和燃油	燃烧和推动力	被运送的旅客
气象卫星	图像	数据存储传输	编码的图像
炼油厂	原油、触媒和能源	裂解、分离和混合	汽油、油产品和制品
发电站	燃煤、水和能源	电力生产、调节	交流电源
机场空中交通控制系统	飞机塔台响应	辨识跟踪	身份、空迹、通信
机票预订系统	旅客要求	数据管理	预订机票
飞机机翼装配厂	机翼零件和能源	操作、连接和修整	装配好的机翼

2) 系统功能的基本特点

根据 $F_{总} > F_1 + F_2 + \cdots + F_n$，即系统的总体功能大于各组成部分功能的简单相加的基本要求，系统功能具有以下几个特点。

A. 系统功能具有易变性

系统功能与系统结构相比是更为活跃的因素。一个系统对外部环境发挥功能总要遵循一定的规律，随着环境条件的不同，将相应地引起系统功能的变化。一个系统的结构在一定范围内总是稳定的，但功能则不同，只要环境的物质、能量、信息交换有所变动，此时系统与环境的相互作用过程、状态、效果都会发生变化。

系统在发挥功能的过程中，会随着环境条件的变换而相应地调整它的程序、内容和方式，不断地促进系统结构的变革，以使系统不断地获得新的功能。

B. 系统功能具有相对性

功能关系和结构关系在一定条件下可以互相转化。在一个大系统内部，其要素之间的相互作用本来属于系统结构关系，但如果把每个要素或子系统作为一个系统整体来考察，则子系统之间的相互作用又转化为独立子系统之间的功能关系。

C. 系统功能的发挥需进行有效的控制

在功能管理的活动中，要有进行监督和控制的管理机构。管理机构的主要任务是对管理对象进行调查(或测定)，求出该对象所表示的状态和输出的管理特征值，并与管理目标相互比较。通过比较找出差距并进行判断，必要时可采取适当的行动。有效的控制要求预见性、全面性和及时性。

3) 功能方法

系统的功能反映了系统与环境的关系，功能方法是从研究系统与环境的相互关系中把握系统的能力和行为的方法，包括功能分析方法、功能模拟方法和黑箱方法等。

A. 功能分析方法

功能分析方法分为要素-功能分析法和环境-功能分析法。

通过对系统要素的数量和质量的分析来研究系统功能的方法，称为要素-功能分析法。系统是由要素构成的，不同的要素构成不同的系统，因此，在对系统进行功能分析时必须研究要素对系统功能的影响。要素的数量和质量决定系统功能的差别，并影响系统的功能。

分析环境对系统功能的影响，以及系统功能随着环境变化而变化的方法，称为环境-功能分析法。环境的不同会引起系统功能的变化，影响系统功能的发挥。通过这种相互关系的分析，我们可以改善环境，充分发挥系统功能的作用；同时，为了适应环境而不断变换系统功能，使得系统功能达到最优。

B. 功能模拟方法

在对系统内部结构不完全了解的情况下，根据功能具有相对独立性的特性，以功能相似为基础，用模型再现原型的方法，称为功能模拟方法。这种模拟的特点是不要求在要素或结构上与原型相同，仅仅要求模型与原型在外部功能行为方面相类似。功能模拟方法最成功的例子就是用电子计算机对人脑的部分思维进行模拟。

C. 黑箱方法

黑箱就是对内部要素和结构完全不了解，只能根据其功能进行识别的系统。黑箱方法就是通过考察和测定系统的输入与输出及其动态过程，来研究系统的行为、功能、内部结构和机理的方法，也就是通过考察系统的输入、输出及其动态过程，不打开黑箱来认识黑箱。

根据研究对象的不同，黑箱方法分为特大黑箱方法和部分可察黑箱方法。把一组黑箱联合起来，构成一个更加复杂的系统，这就是一个特大黑箱系统。对每一黑箱进行分析，得出它的标准表达式，再将它们综合起来，形成新的系统，求得新系统的特性，这种方法称作特大黑箱方法。特大黑箱方法一般用于一个具有较多变量的、复杂的大系统。如果知道了系统的部分性质，但是对其他部分性质仍然未知，这样的系统称为部分可察黑箱(或称灰箱)。对这个灰箱的认识，主要是了解未知部分。如果我们运用已掌握的某种知识去预测灰箱中的未知部分，使其转化为已知，这样，整个系统就成为可预测的了，该方法称为部分可察黑箱方法，也称灰箱方法。

因此，黑箱方法实质上是一种研究系统的思想方法，其特点是撇开系统的内部状况(结构、状态)，只从其功能上认识它的性质。随着科学技术的进步和人们对自然界认识的无限发展，原来的黑箱会逐步变为灰箱、白箱。

4) 系统结构与系统功能的关系

结构是系统的内在根据，功能是要素与结构的外在表现。一定的结构总是表现为一定的功能，一定的功能总是由具有一定结构的系统实现的。因此，系统的结构和功能是相互依存的，没有无结构的功能，也没有无功能的结构。通过系统结构的变化来分析系统功能的方法称为结构功能方法。

系统结构说明的是系统的内部状态和内部作用，而系统功能所说明的是系统的外部状态和外部作用。系统功能是系统内部固有能力的外部表现，它归根结底是由系统内部结构所决定的。系统功能的发挥，既有受环境变化制约的一面，又有受系统内部结构制约的一面，这体现了系统功能对系统结构的相对独立性和绝对依赖性的双重关系。

系统结构决定系统功能，系统结构的改变必然引起系统功能的改变。系统结构对系统功能起主要决定作用，有以下两方面的原因：①系统结构使系统形成了不同于它的诸要素的新质。系统的各个要素在相互联系、相互作用中，交流和交换着物质、能量与信息，这样，就使系统整体出现了其要素所没有的新质，在新质的基础上，系统整体获得了新的功能。②组成要素的行为在一定约束条件下和协同作用下决定系统的功能，而“约束”和“协同”是由系统结构所赋予的。

系统功能对系统结构具有相对独立性，同时对系统结构具有巨大的反作用。系统功能在与环境的相互作用中，会出现与系统结构不相适应的异常状态，当这种状态维持一定时间后，就会刺激、迫使系统结构发生变化，以适应环境的需要。

通过结构功能方法对系统结构和系统功能进行分析时，有以下四种情况：结构不同，功能不同；结构不同，功能相同；结构相同，功能不同；结构相同，功能相同。

系统结构与系统功能的关系除了从上面静态加以理解外，还应进一步了解系统结构与系统功能的动态变化规律。

1.2 系统工程的产生与发展

系统工程的定义、应用与发展

任何一门新兴学科的发展都是社会需求驱动的结果，系统工程也一样，从一方面来看，它的产生与发展离不开经济发展、社会进步甚至现代战争的需求。从另一方面来看，现代科学技术的高度发展，新的发现和发明大量涌现，使人们有可能对自然界和人类社会中的许多错综复杂、相互交织的事物及其内在联系加以认识，这种认识的不断升华便形成现代意义上的系统思想。

1.2.1 系统工程的发展历史

尽管“系统”的思想古而有之，且在 19 世纪初就已在个别文献中被赋予类似于今天所理解的含义，但现代意义上的系统工程则是 20 世纪 60 年代初形成的一门新兴学科。

从科学的角度来看，具有现代含义的系统概念最早引入者是被称为“管理之父”的美国人泰勒(F. W. Taylor)，他在 1911 年出版的《科学管理原理》一书中提出了现代系统的概念，即工业管理系统(中国人民大学管理系统工程教研室，1987；刘惠生，1999)。他从合理安排工序、写照和分析工人的动作，提高工作效率入手，研究管理活动的行为与时间的关系，探索管理科学的基本规律。

第二次世界大战时，丹麦哥本哈根电话公司的厄兰和美国贝尔电话公司的马利那在电话自动交换机的开发中都使用了系统思考方法，并运用了排队论原理(于景元和周晓纪，2004)。20 世纪 40 年代初，美国 RCA 公司在彩色电视的开发中已用到系统思考法。

第二次世界大战期间为了研究武器的有效运用而产生了运筹学(operational research，OR)，并开始应用于大规模系统。其首先由英国应用于制订作战计划，如在解决护航舰队的编制、防空雷达的配置和应用、提高反潜艇的作战效果及民防等问题时，广泛地采用了数理规划、排队论、博弈论等方法(张延欣，1997)。相关的理论与方法在战后被迅速推广到一般经营管理领域，使管理科学与最优化技术发生联系，并在实际应用中得到快速发展与日臻完善。1948 年，美国军事部门设立了兰德公司，作为政府和军方重要的智囊机构，兰德公司先后开发了许多先进实用的系统分析方法，用来分析大规模的复杂系统，解决了许多实际问题。运筹学与系统分析方法奠定了系统工程的重要基础。

1957 年，美国密歇根大学的 H. 古德和 R. 马乔尔两位教授出版了第一本被正式命名为《系统工程》的著作，以后，人们把这类综合技术体系称为系统工程(system engineering)，并作为专门术语沿用下来。

1958 年，美国在北极星导弹的研究中，首先采用了计划评审技术(program evaluation and review technique，PERT)，有效地解决了计划管理中的进度安排与资源综合配置问题。

由于受到计算手段和方法论的限制，系统工程这门新兴学科在很长一段时间没有得到人们的普遍重视，计算机的出现(1946 年)和普及(20 世纪 60 年代末)，以及现代控制理论的发展，为系统工程提供了强有力的运算工具和信息处理手段(胡寿松等，2017)，同时，促进了运筹学和大系统理论的发展及广泛应用，成为实施系统工程的重要物质基础。

专栏 1-2　中国载人航天系统中的一些思考

- 中国载人航天系统包含哪些技术和经济要素?
- 航天员培养方案是如何制定的?
- 中国载人航天系统包含哪些子系统，在结构上、时间上的层次性是如何体现的?
- 神舟系列火箭对整个载人航天系统发展的影响如何?

20 世纪 70 年代前后，是系统科学迅猛发展的重要时期，系统工程的理论与方法日趋成熟，其应用领域也在不断扩大，其重大进展有三个(孙东川和柳克俊，2010)：一是以自然科学和数学的最新成果为依托，出现了一系列基础科学层次的系统理论，为系统工程提供了知识准备；二是围绕解决环境、能源、人口、粮食、社会等世界性危机开展了一系列重大交叉课题研究，使系统研究与人类社会各方面紧密联系起来；三是在贝塔朗菲、哈肯、钱学森等一批学者的努力下，系统科学体系的建立有了重大进展，系统科学开始从分立状态向整合方向发展。

20 世纪 70 年代以前，针对系统工程的发展，各个国家走出了不同的发展道路。美国的系统工程是在运筹学的基础上发展起来的，并很快将其推广应用到社会的各个领域，日本的系统工程理论与方法则是从美国引进的，并在企业中进行实践，通过全面质量管理(total quality control，TQC)发展起来的，而俄罗斯的系统工程则是在控制论的基础上发展起来的(钱颂迪等，1998)。尽管发展道路不同，但它们的目标一致，即综合应用各种先进的科学管理方法和技术，谋求系统总体的最优化。

20 世纪 70 年代末，有关复杂性科学方面的研究开始兴起。1984 年，国外一些思想比较活跃的科学家在诺贝尔奖得主——物理学家盖尔曼、安德逊，经济学家阿罗等的支持下和一批从事物理、经济、理论生物、人类学、心理学、计算机等学者来到美国有影响的圣塔菲研究所(Santa Fe Institute，SFI)进行复杂性研究，试图通过学科交叉和学科间的融合来寻求解决复杂性问题的途径。

专栏 1-3 圣塔菲(Santa Fe)研究所简介

圣塔菲研究所地处美国新墨西哥州首府圣塔菲，1984 年由盖尔曼、安德逊以及阿罗等倡议建立。其研究课题涉及地球上出现生命之前的化学演化和之后的生物演化、哺乳动物的免疫系统理论、人类与动物个体的学习和思维、人类文化和语言的演变、全球经济作为复杂的演化系统、计算机和程序设计的全新战略等。

20 世纪 80 年代到 90 年代，结合现代信息技术的发展，钱学森先后提出“从定性到定量综合集成方法”及其实践形式——“从定性到定量综合集成研讨厅体系”，并将运用这套方法的集体称为总体设计部，形成了一套将系统方法论具体化、可以操作且行之有效的方法体系和实践方式。

20 世纪 90 年代以后，非线性系统理论的迅速发展，针对复杂系统的研究无论是从理论还是从实践上都取得了长足进展，如复杂适应系统(complex adaptive system，CAS)理论就是系统科学中引人注目的一个新领域。同时针对复杂性和复杂系统的研究，在研究方法上也有许多创新之处，如科学家提出的遗传算法、演化算法，开发的 Swarm 软件平台、基于 Agent 的系统建模等。

进入 21 世纪，计算机与通信技术得到快速发展，特别是互联网技术的广泛应用，使得各类系统之间的联结更广泛、更深刻，万物互联成为可能，科技变革和社会变革之间相互交融。特别是近年来大数据、云计算、人工智能技术的发展，使得人类认识与应对复杂系统的能力有了空前未有的提高，但同时存在各种变化变革、风险挑战及一系列的不确定性，因此针对新时代复杂系统，系统工程将面临新的挑战。

1.2.2 系统工程在中国的演进

顾基发：中国系统学派发展

1. 华夏文明中的系统思想

系统思想在中华文明史中具有独特的地位。协同学创始人哈肯曾做出如下评论，“系统科学的概念是中国学者较早提出的，我认为这是很有意义的概括，这对理解和解释现代科学，推动其发展方向是十分重要的”“中国是充分认识到系统科学重要性的国家之一”。耗散结构创始人普利高津在《从存在到演化》一书中认为“中国传统的学术思想着重于研究整体性和自发性，研究协调与协和”。

整体思维是中国传统文化中思维方式的重要特点之一，这种思维方式着重从整体上把握事物的特性和功能。在《孙子兵法》《黄帝内经》《易经》《老子》等经典著作中，都有不少应用系统思想观察和认识事物及解决实际问题的生动事例。中国古代思想家的系统思想表现在治学和社会实践的许多方面，在朴素的宇宙观、中医学说、军事理论、农业生产和大型工程实践中尤为突出。

古人在探索宇宙万物及其变化规律的过程中逐步形成了朴素的宇宙观。在春秋战国时期就已经形成了蕴含系统思想的阴阳、五行、八卦等学说。《易经》从自然界找出天、地、雷、风、水、火、山、泽八种基本事物，将它们分别与八卦中的乾、坤、震、巽、坎、离、艮、兑相对应，并将它们看作万物之源。《尚书 • 洪范》则把五行(金、木、水、火、土)作为构成万物的基本要素。这些学说都把宇宙看作一个整体。春秋时期的思想家老子在《老子》中说:“天下万物生于有,有生于无。”他用有和无的对立统一来说明自然界的统一性及事物之间相互联系与相互制约的关系。战国时期的名家惠施(约公元前370年～约公元前310年)在《庄子·天下》中提出:“至大无外,谓之大一;至小无内,谓之小一。”说明了客观事物的整体性及其无穷的层次关系。战国时的思想家荀况(约公元前313年～公元前238年)在《荀子·天论》中指出:“万物为道一偏,一物为万物一偏。”借以表述一个系统是更大系统的一部分的观点。这里万物是指世界,道指宇宙。南宋的思想家陈亮(1143～1194年)在《龙川文集·西铭说》中阐述了理-分殊思想(理指天地万物这个整体,分殊指在这个整体中每一个事物的功能),从整体的角度来论述整体与部分的关系。

战国晚期的中医经典理论著作《黄帝内经》是古人运用系统思想研究人体生理和病理现象的典范。《黄帝内经》认为人体是由各个器官有机联系在一起的整体,一个器官的病变可能影响其他器官或整体,而整体的变化又必然会引发局部病变。因此,它主张从整体角度来研究病理和病因,并应用脏腑学说、经络学说、阴阳五行学说来说明人体的生理功能、病理变化及其相互关系。《黄帝内经》还把人体系统看成是自然界的一部分,认为人的养生规律与自然界的规律密切相关。它提出了“天人相应”的医疗原则,主张把自然现象、生理变化、社会生活、思想情绪等多方面的因素结合起来,从更大的整体范围来研究人体的生理和病理现象。这种整体观念后来发展成为中国传统医学指导临床诊断和治疗的基本原则。

春秋时代的军事家孙武在其杰出的兵书《孙子兵法》中主张从敌我双方战争格局这个整体出发来研究战争规律。他从道、天、地、将、法五个方面分析战争的全局,把环境(天时地利、人心向背等)、系统及其要素(敌我双方力量对比、军心、指挥、战略、战术等)统一起来进行研究。他的名言“知彼知己,百战不殆”揭示了战争的重要规律,强调要从整体上分析敌众我寡、强弱、虚实、攻守、进退等矛盾,以便扬己之长,攻彼之短,克敌制胜。孙武的军事系统思想直到现在仍在国内外为人们所重视。

中国古代系统思想还反映在农业生产实践之中。人们通过实践逐步认识到农业与周围环境之间存在着相互依赖和相互制约的关系。《夏小正》和《诗经·豳风·七月》中就把农作物与种子、地形、土壤、水分、肥料、季节、气候等物候、天文因素结合在一起,用相互联系的整体观点研究农事活动的规律。例如,通过天象观测掌握天体运行和季节变化的规律,编制出历法和二十四节气,以指导农事活动。

系统思想在中国古代大型工程实践中同样得到体现,举世闻名的万里长城,其建造、管理都体现了古代系统管理思想的萌芽。在建造工程上,明代一般分为镇城、路城、卫城、关城、堡城、城墙、敌台、烟墩等不同等级、不同形式和不同用途的建筑,形成了一个完整的防御工程体系。在管理上,沿线设九个镇,每镇设总兵,上受兵部指挥,每镇之下又分级设路、关及城保、墩台,形成多级管理系统,信息自下而上、自上而下传递迅速、反馈自如。以下所举的都江堰工程与丁谓工程则是另外两个闪耀着系统思想的杰出典范。

都江堰工程

都江堰工程是世界上唯一具有 2000 多年历史，且至今尚在发挥重要作用的古代水利工程。战国秦昭王时，蜀郡太守李冰父子为治理水患，造福于民，率众兴建了伟大的古代水利工程——都江堰。从此，汹涌的岷江水经都江堰化险为夷，变害为利，造福农桑，使川西平原“水旱从人，不知饥馑，时无荒年，谓之天府”。都江堰工程主要由鱼嘴分水堤、飞沙堰溢洪道、宝瓶口进水口三大部分组成。鱼嘴为建于江心的分水堤，由此把岷江水分流导入内外二江，外江为岷江正流，内江经宝瓶口流入川西平原灌溉农田。飞沙堰在鱼嘴与宝瓶口之间，用于泄洪，调节鱼嘴流来的水流量，避免水过多而涌入内江。宝瓶口是引岷江水入内江的总入水口，是人工在前山(今玉垒山)伸向岷江的长脊上凿开的一个口子，因其形似瓶口而功能奇特，故名宝瓶口。都江堰工程科学地解决了江水的自动分流、自动排沙、自动排水和引水的难题，起到了“行水灌田，泄洪平灾”的功效，是世界水利工程史上的一大奇观。到都江堰来参观的中外水利专家，在仔细观看了整个工程的精妙设计后，都对它高度的科学水平惊叹不已。都江堰工程以其独特的水利建筑艺术创造了与自然和谐共存的水利形式，同时它是集政治、宗教和建筑精华于一体的珍贵文化遗产。

专栏 1-4　都江堰工程列入《世界遗产名录》

都江堰工程于 2000 年列入《世界遗产名录》。

世界遗产委员会对都江堰工程的评价如下：建于公元前 3 世纪，位于四川成都平原西部的岷江上的都江堰工程，是中国战国时期秦国蜀郡太守李冰及其子率众修建的一座大型水利工程，是全世界至今为止，年代最久、唯一留存、以无坝引水为特征的宏大水利工程。2000 多年来，至今仍发挥巨大效益，李冰治水，功在当代，利在千秋，不愧为文明世界的伟大杰作，造福人民的伟大水利工程。

丁谓工程

据《梦溪笔谈》记载：在我国古代的北宋年间(960～1127 年)，有一天皇帝居住的皇城(今河南开封)因不慎失火，酿成一场大灾，熊熊大火使鳞次栉比、覆压数里的皇宫，在一夜之间变成断壁残垣。为了修复烧毁的宫殿，皇帝诏令大臣丁谓组织民工限期完工。当时，既无汽车、吊车，又无升降机、搅拌机，一切工作都只能人挑肩扛。加之皇宫的建设不同于寻常民房建筑，它高大宽敞、富丽堂皇、雕梁画栋、十分考究，免不了费时费工，耗费大量的砖、沙、石、瓦和木材等。当时，丁谓面临的三个主要问题是：京城内烧砖无土(“患取土远”)，大量建筑材料很难运进城内，清墟时无处堆放大量的建筑垃圾。

如何在规定时间内按圣旨完成皇宫修复任务，做到既快又好呢？丁谓经过反复思考，想出了一个巧妙的施工方案，不但提前完成了这项修筑工程，而且节省了大量金银。

首先，丁谓把烧毁了的皇宫前面的一条大街挖成一条又深又宽的沟渠，用挖出的泥土烧砖，就地取材，解决了无土烧砖的第一个难题；其次，他再把皇城开封附近的汴河水引入挖好的沟渠内，使又深又宽的沟渠变成了一条临时运河，这样，运送沙子、石料、木头的船就能直接驶到建筑工地，解决了大型建筑材料无法运输的问题；最后，当建筑材料齐备后，再将沟里的水放掉，并把建筑皇宫的废杂物——建筑垃圾统统填入沟内，这样又恢复了皇宫前面宽阔的大道，“复为街衢”。

显然，这是一个非常杰出的方案。首先，丁谓就地取材烧砖，解决了近处无土烧砖的难题，避免了从更远的地方去取土烧砖；其次，利用河道运送大量建筑材料，既解决了运输难题，又能将各种建筑材料直接运到工地，这在当时只有马车与船只的时代，节省大量的运力，意义十分重大；最后，本来要运到其他地方去的大量建筑垃圾现在统统埋进了沟中，节省了运力，节省了时间，减少了对环境的污染，“一举而三役济，计省费以亿万计”。

丁谓将皇宫的修复全过程看成一个“系统工程”，将取土烧砖、运输建筑材料、垃圾回填看成了一串连贯的环节并有机地与皇宫的修筑工程联系起来，有效地协调好了工程建设中看上去无法解决的矛盾，从而不但在时间上提前完成了工程，而且从经济上节省了大量的经费开支，既快又好地完成了皇宫的修复工作，实现了整个系统的总体最优(图 1-5)。

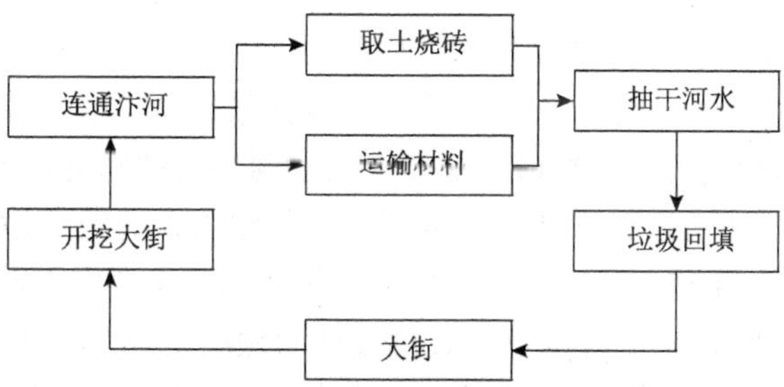

图 1-5 丁谓工程的系统思考

2. 现代系统工程在中国的发展

现代系统工程在中国的发展历程大体上可分为以下四个阶段。

第一阶段始于 20 世纪 50 年代中期，以运筹学的研究与应用为主。当时刚从美国回来的钱学森、许国志等学者大力提倡运筹学，著名数学家华罗庚致力于发展优选法与统筹法，都取得了较好的效果。20 世纪 60 年代随着我国导弹和航天事业的发展，以计划协调、组织管理为特色的系统工程技术得到迅速的发展。到 20 世纪 70 年代中期，我国在运筹学的各个主要学术分支上都已建立了一定的基础，如军事系统工程、农业系统工程、区域规划系统工程、人口系统工程。

第二阶段起始于 1978 年，以系统工程方法的宣传普及为主。钱学森、许国志及王寿云联名在《文汇报》上发表了题为《组织管理的技术——系统工程》一文，在全国掀起了学习研究并推广应用系统工程的热潮。在最优化方法、图论、排队论、对策论、可靠性分析等一批系统工程方法得到普及应用并取得显著效果的同时，投入产出分析、工程经济、预测技术、价值工程等许多方法和技术也得到普及与发展，中国系统工程学会也于 1980 年正式成立。同年，中国科学技术学会策划组织在中央电视台开设了 45 讲的“系统工程普及讲座”，钱学森、许国志、郑维敏等一批专家亲自讲课。20 世纪 70 年代末至 80 年代初，中国学者在系统科学领域创立了一批分支学科，其中有邓聚龙教授创立的灰色系统理论、吴学谋提出的泛系理论和蔡文创立的物元分析，在国内外系统学界产生了一定影响。

第三阶段起始于 1986 年，以系统工程的广泛应用为主。随着全国软科学研究工作座谈会的召开，系统工程的研究和应用进一步扩大至科技、经济及社会等领域。钱学森在这次座谈会上指出，软科学是新兴的科学技术，实际上是系统科学的应用。为了适应决策科学化的需求，一批软科学研究机构应运而生，在经济及科技体制改革，宏观经济管理、人口、环境、能源、工业、农业、交通运输、金融等方面都取得了较好的成果，促进了决策科学化、民主化和组织管理现代化。

第四阶段起始于 20 世纪 80 年代末，以系统工程的创新发展为主。在复杂系统的研究方面，以钱学森为代表的一批科学家从 1986 年开始致力于开放复杂巨系统方法论的研究，并于 1989 年创造性地提出针对开放复杂巨系统的“从定性到定量的综合集成方法”，又称综合集成技术、综合集成工程。从定性到定量的综合集成方法的实质是专家体系、统计数据和信息资料、计算机技术三者有机结合，构成一个以人为主的高度智能化的人机结合系统，通过人机结合方式和人机优势互补，实现综合集成各种知识、从定性到定量的功能。针对现实中大量存在的非结构、病态结构问题，1994 年，顾基发等提出了解决这类问题的物理-事理-人理系统方法论，物理-事理-人理系统方法论的基本核心是在处理复杂问题时既要考虑对象的物的方面(物理)，又要考虑如何将这些物处理得更好的事的方面(事理)，同时要考虑实施决策、管理和具体处理有关问题的人的因素(人理)，达到懂物理、明事理、通人理。我国系统工程工作者的研究成果在国际系统学界得到了高度评价。

载人航天是当今世界高新科技中最具挑战性的领域之一，是难度高、规模大、系统复杂、可靠性和安全性要求极强的工程，同时是规模宏大、高度集成的系统工程。2003 年 10 月 15 日，中国进行首次载人航天实验，神舟五号载人飞船将我国首位航天员成功送入浩瀚的太空并安全返回，使中国成为世界上第三个独立掌握载人航天技术的国家。在这项工程中，全国 110 多个研究院所、3000 多个协作配套单位和几十万工作人员承担了研制建设任务。神舟五号、神舟六号成功发射升空，标志着我国在大规模复杂系统的设计、优化、管理等方面取得重大突破。

经过半个多世纪的评价、研究、应用与创新，系统工程的理念已在相当程度上融入我国自然科学、社会科学、工程技术、经营管理及其他领域广大工作者的知识结构中。从社会大众到政府领导人，从学术刊物到文学作品，都在使用系统、复杂系统、系统工程、系统思想、自组织之类的术语，尽管人们还存在不同看法，但系统科学与系统工程的作用已被越来越多的人所认同。系统工程的应用领域不断扩大，从组织管理领域、技术工程领域向社会经济领域、自然和社会结合的领域扩展渗透，系统的发展从硬工程系统到软工程系统，从微观分析到宏观战略，从简单系统到大系统、巨系统再到开放复杂巨系统。在建模、分析、算法、优化、决策、评价、复杂性、智能化等理论方法上已有不少建树和应用。

然而，系统工程作为一门应用性学科毕竟还很年轻，迄今为止，对系统工程学科依然仁者见仁，智者见智。我国学者的一个普遍共识是，中国系统工程的发展必须将中国传统文化的独特优势与现代科技的发展成就紧密结合，必须立足自身、兼收并蓄。立足自身就是立足于国情、立足于自身文化，兼收并蓄就是研究和吸收现代系统科学发展的新趋势、新理论、新方法，集成创新，为我所用。著名学者成思危先生认为，中国系统工程发展的趋向应当是将我国古代的系统思想与现代系统科学地结合起来，进一步发展系统工程的方法与技术，以便有效地解决复杂系统的分析和综合问题。

1.3 系统工程的概念

系统工程作为一门综合性学科尚处于发展之中，针对系统工程概念至今仍没有形成统一的公理化的定义和解释，不同专家学者，对其有不同的描述，也有不同的理解。参照国内外各种著作、辞典和手册，做以下分析，也许对认识系统工程这门学科是有益的。

1.3.1 系统工程的研究对象和领域

按照钱学森先生的学科体系结构思想，系统工程是从属于系统科学中的具体工程技术，系统科学是以系统为研究对象，所以系统工程的研究对象也必然是系统，并且是组织化的复杂系统，这样的系统具有以下几个特征。

(1)它是人工系统或者人工复合系统，区别于无法加以控制的系统或纯粹的自然系统。

(2)它是大系统，内部由许多相互作用、相互依赖的分系统所组成，并且是多层次的，每一个分系统所要考虑的因素很多，从而区别于小系统。

(3)它是复杂系统。表现在总系统与分系统之间，各分系统之间，系统与环境之间存在非常复杂的关联，从而区别于简单系统。

(4)它是组织化的系统。表现在系统的各组成部分都是围绕一个共同的目标，区别于彼此没有共同目标的一组元素。

根据国外学者的划分，可按组织化程度与繁简程度对系统进行分类，如表1-2所示。表中四个象限可作如下解释：第Ⅲ象限所研究的对象属于简单事物，处于无序之中，这类系统问题一般可以用统计概率的方法来解决；第Ⅳ象限所研究的对象属于简单事物，处于有序之中，对这类系统已找到规律，自然科学中的单学科属于这类，如物理学、化学等；第Ⅱ象限所研究的对象既复杂又无秩序，这类系统就难于描述，可以说是一片混沌，目前尚无成熟的科学方法来搞清楚，如生态问题等就依赖于未来学的发展；而系统科学和系统工程主要研究领域是组织化的复杂大系统，处于第Ⅰ象限之中。

表1-2 系统科学(系统工程)的研究范畴

按系统组织化程度	大系统	小系统
有组织系统	Ⅰ 系统科学	Ⅳ 工程科学
无组织系统	Ⅱ 未知领域	Ⅲ 概率、统计、模糊数学

迄今为止，系统工程的研究在以下一些领域已有许多成果。

(1)自然环境系统，如宇航系统、国土资源系统、农业系统、生态与环境系统等。

(2)生物医学系统，如生理系统、生物系统、神经系统、医疗系统等。

(3)工业系统，如生产运作、工业生产控制、产业布局与产业集群、工业生态与循环经济、交通网络、物流与供应链管理、能源生产与供应等。

(4)社会系统，如城市管理系统、交通系统、服务系统、医疗系统、教育系统、应急管理系统等。

(5)国家管理系统，如区域规划与开发、宏观计划、经济政策、能源规划与生产、国防系统、武器系统、人口控制、国际关系等。

系统工程在各个领域的应用过程中逐步分化出带有特定研究对象特征的各门系统工程，如能源系统工程、交通运输系统工程、军事系统工程、人口系统工程、航天系统工程、教育系统工程、管理系统工程、农业系统工程、矿业系统工程、法制系统工程等(梁春华等，2018)。

从以上所列研究领域可以看出系统工程的研究对象的具体特征如下：首先，系统工程不同于机械工程、电子工程、水利工程等，这些工程以专门的技术领域为对象，而系统工程则跨越各专业领域，研究各行各业中系统的开发、运用等问题；其次，系统工程不仅涉及工程系统，而且涉及社会经济、环境生态等非工程系统，不仅涉及技术因素，还涉及社会、经济甚至心理因素；最后，系统工程比一般工程更注重事理，注重计划、组织、安排、优化。一般工程注重“物”的研究，以创造人类有用的物质条件，如电气工程，而系统工程则注重“事”的研究，从而为完成某项任务提供决策、计划、方案和工序，以保证任务完成得最好。

专栏 1-5　京沪高铁建设过程

京沪高铁纵贯京、津、冀、鲁、皖、苏、沪 7 省市，全长 1318 公里，其中正线桥梁 1060 公里，隧道 16 公里，路基 242 公里，设 24 个车站，设计、运营时速 350 公里，是世界上一次建成里程最长的高铁项目。京沪高铁建设过程中，设计标准高(速度、安全、寿命、环境)、系统技术新(建造技术、大张力接触网、高速动车组、列控技术、安全监控、客服系统)、建设规模大(投资规模、工程数量)、重难点工程多(104 个重点工程或区段)、质量控制难、安全压力大、环保要求严、征拆任务重(征地 66179 亩，房屋拆迁 700 万平方米，电力线路拆迁 4635 路，改迁军用光缆 20 多个单位，通信光缆 70 余处)，是一项复杂的系统工程。为了保证重大工程的成功，也需要构建系统的组织保障体系、全面的管理体系以及突破性的技术创新体系，提高项目组织的重大工程系统复杂性应对能力。

1.3.2　系统工程的综合性

如前所述，系统工程的应用范围相当广泛，几乎在所有领域都有使用价值。因此，在系统工程的知识体系上需要有许多边缘科学或工程技术的支持，即系统工程具有很强的综合性，这种综合性可从三方面来理解：其一，系统工程解决的问题通常是综合性的，具有多学科、多层次、多因素相互作用的特点；其二，系统工程的知识体系是综合性的，系统工程研究要用到自然科学与社会科学各方面的知识；其三，要成功地开展系统工程项目需要有各方面的专家参加，并在总体目标下协同工作。

我们不妨从国际应用系统分析研究所(International Institute for Applied Systems Analysis，IIASA)的情况来看待上述特点。成立于1972年的IIASA长期致力于研究全球性的复杂问题，如能源与技术问题、环境与生态问题、人口与社会问题等，在IIASA工作一个月以上的科研人员组成中，包含有系统分析员、工程师、理化科学家、数学家、计算机科学家、运筹学家、经济学家、社会科学家、生态与环境学家和生物医学家。

专栏1-4 国际应用系统分析研究所(IIASA)

1.3.3 什么是系统工程

系统工程是一门正处于发展阶段的新兴学科，应用领域十分广泛。由于它与其他学科的相互渗透、相互影响，因此不同专业领域的学者对他的理解不尽相同，要给出一个统一的定义比较困难。国内外学术和工程界对系统工程的不同定义可以为我们认识这门学科的性质提供参考。

1967年美国著名学者切斯纳(H. Chestnut)在其所著的《系统工程学的方法》中指出："系统工程学是为了研究由多数子系统构成的整体系统所具有的多种不同目标的相互协调，以期系统功能的最优化，最大限度地发挥系统组成部分的能力而发展起来的一门科学。"

1976年美国《科学技术辞典》对系统工程的定义是："系统工程是研究由彼此密切联系的许多要素所构成的复杂系统的设计的科学。在设计这种复杂系统时，应有明确的预定功能及目标，且在组成它的各要素之间及各要素与系统整体之间又必须能够有机地联系、配合协调，以使系统总体达到最优目标。在设计时还要考虑到参与系统中人的因素和作用。"

1971年东京工业大学寺野寿郎教授在其所著的《系统工程学》一书中将系统工程定义为"系统工程学是为了合理地开发、设计和运用系统而采用的思想、程序、组织和手法等的总称"。

日本工业标准规定："系统工程是为了更好地达到系统目标，而对系统的构成要素、组织结构、信息流动和控制机构进行分析与设计的技术。"

1979年我国著名学者钱学森等在《组织管理的技术——系统工程》一文中指出："把极其复杂的研制对象称为系统，即由相互作用和相互依赖的若干组成部分结合成具有特定功能的有机整体，而且这个系统本身又是它所从属的一个更大系统的组成部分……系统工程学则是组织管理这种系统的规划、研究、设计、制造、实验和使用的科学方法，是一种对所有系统都具有普遍意义的科学方法。"

《中国大百科全书·自动控制与系统工程卷》对系统工程的定义是："系统工程是从整体出发合理开发、设计、实施和运用系统的工程技术。它是系统科学中直接改造世界的工程技术。"

还有学者认为，系统工程是研究具有系统意义的问题。在现实生活和理论探讨中，凡着眼于处理部分与整体、差异与统一、结构与功能、自我与环境、有序与无序、行为与目的、阶段与全过程等相互关系的问题，都是具有系统意义的问题。

我国著名管理学家汪应洛院士在其所编《系统工程理论、方法与应用》中指出："系统工程是以研究大规模复杂系统为对象的一门交叉学科。它是把自然科学和社会科学的某些思想、理论、方法、策略与手段等根据总体协调的需要，有机地联系起来，把人们的生产、科研或经济活动有效地组织起来，应用定量分析和定性分析相结合的方法与计算机等技术工具，对系统的构成要素、组织结构、信息交换和反馈控制等功能进行分析、设计、制造与服务，从而达到最优设计、最优控制和最优管理的目的，以便最充分地发挥人力、物力的潜力，通过各种组织管理技术，使局部和整体之间的关系协调配合，以实现系统的综合最优化。"

综上所述，系统工程具有一些以下特征。

(1) 系统工程的研究对象是具有普遍意义的系统，特别是大系统。

(2) 系统工程是一种方法论，是一种组织管理技术。

(3) 系统工程是涉及许多学科的边缘科学与交叉学科。

(4) 系统工程是研究系统所需的一系列思想、理论、程序、技术、方法的总称。

(5) 系统工程在很大程度上依赖于电子计算机与大数据管理技术。

(6) 系统工程强调定量分析与定性分析的有机结合。

(7) 系统工程研究具有系统意义的问题。

(8) 系统工程着重研究系统的构成要素、组织结构、信息交换与反馈机制。

(9) 系统工程所追求的是系统的总体最优及实现目标的具体方法和途径的最优。

1.4 系统工程的学科基础

作为一门综合性很强的交叉学科和横断学科，它与主要学科间有着丰富的联系(图 1-6)。

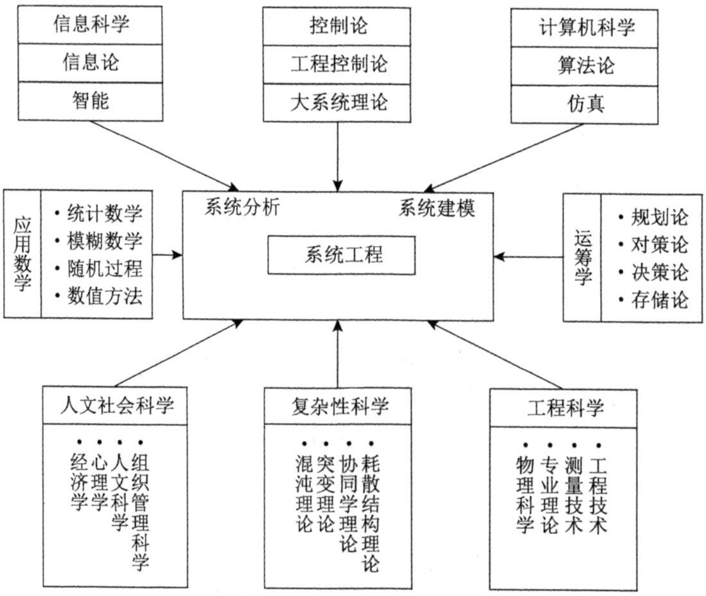

图 1-6 系统工程与主要学科间的联系

作为重要的学科基础，系统工程的产生与发展离不开一般系统论、信息论、控制论、运筹学、耗散结构理论、协同学理论、混沌理论、突变理论、复杂适应系统理论等相关学科的发展与渗透，系统工程从这些学科中汲取思想的营养，提炼科学的方法，形成科学的理论。

1.4.1 一般系统论

一般系统论是系统工程的重要理论基础。一般系统论的创始人是美籍奥地利理论生物学家贝塔朗菲，1925 年他首次提出了系统论的思想，1937 年提出了一般系统论原理，为系统论奠定了理论基础。1945 年他发表一篇文章，提出了“机体系统论”的概念。他认为，生物体具有以下一般特征：①开放性，生物体是一种开放系统，不仅生物体各组成部分之间存在相互作用，而且更重要的是生物体与环境发生相互作用。②整体性，生物体是一个有机的整体，各部分离开整体是不能存在的。③动态性，生物体结构是一种动态结构，每时每刻都在进行新陈代谢，并经历生长、衰老、死亡等阶段。④能动性，生物体是一个能动系统，具有应激性，如心跳、呼吸等生理机能不是对外界刺激的反应，而是维持生存的内在要求的实现。⑤等级性，生物体具有群体、个体、器官、多细胞组织、细胞、基因、物理化学层次。贝塔朗菲的思想构筑了一般系统论的基本内核，后来为了解释更一般的现象，他把“机体”这个术语改为“有组织的实体”，并逐步形成了系统论的纲领。

1.4.2 信息论

最早指出有关信息问题的学者是奈奎斯特(Nyquist)等，他们于 1924 年指出，信息的传输速率与信道的频带宽度有比例关系。1928 年，哈特莱(Hartley)进一步推广了前人的工作，他在《信息的传输》一文中首次提出了信息量的概念。1948 年，美国应用数学家申农(C. E. Shannon)发表了《通信的数学理论》一文，标志着信息理论逐渐形成了一门较为完整的理论。

信息论是用数学方法研究信息的计量、传递、变换和储存的一门学科。作为信息论的基础，申农信息论主要从随机变量出发来研究信息特性和信息传递的一般规律，着重研究信源、信道、信宿及编码问题。例如，信源包含多少信息？怎样定量地描述它？信宿能否有效地获得发信端发出的信息？信道容量有多大？信道最多能传送多少信息？怎样编码才能使信源的信息充分表达、信道容量得到充分利用？这些编码、译码的方法是否存在？等等。

近半个世纪是信息理论快速发展的时期，不仅信源、信道、编码等方面的基础性研究不断深化，而且促进了语言学、社会学、物理学、心理学、生物学、计算机科学、控制论、系统科学等学科的发展。并且，这些学科与信息理论相互渗透，不仅丰富了信息理论的内容，同时推进了许多新兴学科的产生与发展。

1.4.3 控制论

控制论是 20 世纪 40 年代产生的对人类社会影响最广、最深远的科学新分支，被视为人类社会的最大成就之一。第二次世界大战期间，由于自动化技术、导弹和电子计算机的发展，要求自然科学在理论上做出科学的总结和研究。在这种背景下，以美国数学家诺伯特·维纳(Norbert Wiener)为首的一批科学家，通过总结前人的经验，针对充满矛盾性、不定性和关联性的不完备的客观世界，在深刻揭示了信息、反馈、通信、控制、系统、平衡、因果、稳定、有序、组织等一系列科学概念的本质联系和普遍性的基础上，创立了控制论。

控制论是研究生命系统和非生命系统及与两者均有关的社会经济系统内部通信、控制、调节、组织、平衡、稳定、计算及其周围环境相互作用或反馈的各种自然科学和社会科学的统一的科学方法论。作为一门具有普遍性的边缘性学科，控制论使人们第一次有可能把物质世界和非物质世界、有生命和无生命过程的动态并联作为整体加以研究。控制论自从产生以后，就以其强大的生命力活跃于自然科学和社会科学的各个领域，在工程技术、生物、经济、社会等需要和可能进行控制的领域得到了广泛的应用。从20世纪60年代开始，控制论开始被经济学家大量引入经济领域，并在微观经济和宏观经济的管理与控制方面发挥着重要作用，在此基础上发展起来的经济控制论成为经济系统分析与控制的新工具。

1.4.4 运筹学

运筹学是第二次世界大战期间在英国首先出现的。为了帮助参谋人员研究新的反空袭雷达控制系统，1940年8月在诺贝尔物理学奖获得者布莱克特(P. M. S. Blackett)教授的带领下，成立了由物理学家、数学家、生理学家、天文学家、军官等组成的研究小组。他们成功地研究了飞机出击的时间和队形、商船护舰的规模、水雷的布置、对深水潜艇的袭击及战略轰炸等大量实战问题，并取得了异常显著的效果(《运筹学》教材编写组，1990)。美国也成立了类似的小组，这些小组在战争期间解决了许多战略战术问题。第二次世界大战以后，从事这项活动的许多专家转到了非军事部门，使这项活动有了新的发展，运筹学就是在这样的背景下逐步形成和发展起来的。

运筹学一般通过模型化的方法，将一个已确定研究范围的现实问题，按提出的预期目标，将现实问题中的主要因素及各种限制条件之间的因果关系、逻辑关系建立数学模型，通过模型求解来寻求最优方案，为决策提供依据。运筹学为系统工程解决复杂问题提供了一系列优化技术与实现手段，迄今为止，运筹学中的许多内容仍然是系统工程工作者所关注的重要方面。运筹学的主要分支有线性规划、非线性规划、整数规划、动态规划、排队论、储存论、图与网络理论、对策论(博弈论)等。

1.4.5 耗散结构理论

耗散结构理论由比利时布鲁塞尔学派普利高津教授于1969年提出。他认为，一个远离平衡态的开放系统，通过不断地与外界环境交换物质和能量，在外界条件的变化达到一定的阈值时，由于非线性的复杂因素而出现涨落(系统的非稳定状态)，系统会突然出现以新的方式组织起来的现象，产生新的质变，从原来混沌无序的混乱状态，转变为在时空上或功能上的有序状态。普利高津把这种在远离平衡态情况下所形成的新的、稳定的有序结构的理论命名为耗散结构理论。普利高津还进一步证明了耗散结构形成的条件，他认为，要形成耗散结构，首先，系统必须是远离平衡态的开放系统，不断与外界大量交换能量与物质，来维持系统形成新的有序结构。其次，系统必须进入远离平衡态的非线性区域。最后，还要有涨落的触发，涨落是微小的波动或干扰。在线性区，涨落被消耗掉，几乎没有什么作用，而在远离平衡的非线性区临界点附近，微小的随机扰动会得到"放大"，成为一个"巨涨落"。触发系统跃迁到一个新的稳定的有序状态从而形成耗散结构。

耗散结构理论不仅发展了经典热力学与统计物理学，而且推进了理论生物学，为系统有序结构稳定性提供了严密的理论根据。

1.4.6 协同学理论

与耗散结构理论一样，协同学理论也是研究一个系统如何自发地形成有序结构的。德国物理学家哈肯在20世纪60年代研究激光理论的基础上，于1969年提出了协同学的微观理论，1977年发表了专著《协同学导论》，1983年发表了《高等协同学》，作为系统理论新的分支，协同学(synergetics)是关于"协同工作"的学问。它研究系统的各个部分如何通过非线性的相互作用产生协同现象和相干效应，形成系统在空间上、时间上或功能上的有序结构。例如，在外界能量达到一定的阈值时，激光器就会发出相位和方向都整齐一致的单色光(激光)，激光的产生就是一种典型的协同行为。

协同学认为协同导致有序，在影响系统行为的若干个变量中，大多数变量在系统受到干扰而波动时，总是力图使系统回到原先的稳定状态，它们起一种阻尼作用，且衰减很快，对系统发生结构性转变的过程没有大的影响，称这类变量为快弛豫变量或快变量。而另外一些为数极少(往往只有一个或几个)的变量，则在系统受干扰而波动时，使系统偏离稳态，走向非稳态，或进入新的稳态，它们始终左右着演化的进程，决定着演化结果的结构与功能，称为慢弛豫变量或慢变量。哈肯定义慢变量为表示系统有序程度的序参量，系统处于完全无序的混沌状态时，其序参量为零；在接近临界区时，序参量迅速增大；进入临界区，序参量达最大值。序参量主导着系统出现新的有序结构。

哈肯认为，快变量服从慢变量，序参量支配着子系统的行为。这个观点也称为伺服原理或支配原理。当系统处于阈值时，系统的有序结构形成的速度很快，外界对系统的影响很小可予以忽略。多个序参量之间的关系是既合作又竞争。在不同的外部条件下，竞争与协作的结果是形成一种有序结构。

涨落是系统形成有序结构的内部决定性因素。与耗散系统一样，通常系统的随机涨落对系统的演化基本上不起作用，但在临界区涨落得到放大，触发系统形成新的有序结构，进入新的稳定平衡状态。

协同学自从产生后，在物理学、化学、生物学、经济学、管理学和社会学等学科领域，得到了广泛应用，并推动着系统工程的发展。

1.4.7 混沌理论

混沌是一种确定性系统的内在随机性。混沌现象广泛存在于自然界和社会经济系统中，人们很早就注意到混沌现象，如在激光系统中，当输入功率增大到使脉冲光失稳后，会出现混沌运动的紊光。在贝纳德流系统中，当上下温差增大到使滚筒式运动体制失稳后，就会出现混沌运动体制。尽管许多领域的专家学者从不同的角度研究过混沌现象，但直到20世纪70年代中期，混沌理论才初步建立。在科学史上，决定论与非决定论进行着长期的争论，混沌理论则把决定性系统内在随机性表象联系在一起，使人们在那些以前令人迷惑的甚至望而生畏的混沌现象中，发现了许多出乎意料的规律性，为系统科学特别是系统演化提供了新的思想和方法，有着重要的理论意义和实用价值。

混沌(chaos)是由确定性的发展过程中产生出来的一种随机运动。它不是简单的无序状态，在“杂乱无章”运动中又包含普适常数，包含自相似性。在应用科学领域，最早从确定性方程发现混沌现象的是美国麻省理工学院(Massachusetts Institute of Technology，MIT)的气象学家劳伦兹(E. N. Lorenz)。他在1963年偶然发现在一特定的方程组中，极小的误差可能导致灾难性的后果，其原因在于蝴蝶效应，即有些系统极端依赖于初始条件的敏感性。对混沌现象的研究，深化了人们对系统及其演化方式的认识，有序与无序不是绝对的，是可以互补的，混沌也是一种“正常”状态。哈肯认为，当外界的控制不断改变时，任何系统大多会经历从无序到有序，从有序到有序，再从有序到混沌的过程，即出现无序(混沌)到有序再到无序的循环。

1.4.8 突变理论

突变理论既是系统学的一个分支又是数学的一个分支，它以不连续现象为研究对象。突变现象广泛地存在于自然、社会、经济和生活中。例如，物理学中的相变、地震的爆发与火山的喷发、楼房的突然倒塌、经济危机、政治危机、生物体的病变等都是突然发生的现象。由于这些突变，都是事先难以预料和把握的，它们的发生对于原先系统及环境的影响是巨大的，既可能带来灾难性的后果，也可能带来积极性的后果。

法国数学家托姆(R. Thom)于1965年创立了突变理论。这开拓了人们认识系统突变现象的眼界，使人们科学地预测和恰当地处理突变现象的可能性大大增加。

突变理论认为突变现象的本质是系统从一种稳定状态到另一种稳定状态的跃迁。因此，系统的结构稳定性是突变理论的研究重点。

1.4.9 复杂适应系统理论

从20世纪90年代开始，美国圣塔菲研究所汇集了很多不同领域的专家学者，致力于开展复杂性科学的研究，他们通过对不同学科之间的交叉研究，试图找到这些不同学科之间存在着的一般性的、控制着这些系统行为的规律或共性，他们把这种共性称为“复杂性”。他们将经济系统、生态系统、免疫系统、胚胎系统、神经系统、计算机网络系统等复杂系统归为一类，称为复杂适应系统。早期的主要学术观点可以概括为复杂适应系统是由大量相互作用的单元构成的系统，复杂性的研究内容则是研究复杂适应系统如何在一定的规则下产生有组织的行为及系统进化所涌现出来的行为。近年来，圣塔菲研究所的一些科学家如 Holland、Arthur 和 Kauffman 等拓宽了复杂系统的研究内容，把兴趣逐步转移到对“经济作为演化着的复杂系统”、混沌边缘(edge of chaos)、人工生命(artificial life)和系统进化(evolution of system)的研究。

➢思考题与习题

1. 联系实际说明你对系统的理解。
2. 什么叫系统工程？它与一般工程技术有何不同？
3. 试讨论系统思想在我国能源系统转型中的重要作用和体现。
4. 系统工程的理论基础主要有哪些？

第2章

系统工程方法论

系统工程出现以后，在很大程度上改变了人们的思维方式，使人们逐渐从传统的以“实物为中心”的方式过渡到主要以“系统为中心”的方式，以“系统为中心”的思维方式在方法论上的具体化便形成了系统工程方法论。系统观念“既是先进科学理念的提炼升华，又是辩证唯物论的当代发展；既是对复杂性时代图景的深刻反映，更是经过实践检验被证明是行之有效的根本性、基础性的思想和工作方法。”系统工程方法论具有“软硬兼施”的特点，硬系统工程方法论主要针对问题与目标比较明确的系统，软系统工程方法论则主要针对问题与目标不甚明确的系统。

系统分析方法论

2.1　以兰德公司为代表的系统分析方法论

系统分析(system analysis)方法最初产生于第二次世界大战时期，和运筹学同时出现。美国的兰德公司在长期的研究中发展并总结了一套解决复杂问题的方法和步骤，被称为系统分析。系统分析的宗旨在于提供重大的研究与发展计划和相应的科学依据，提供实现目标的各种方案并给出评价，提供复杂问题的分析方法和解决途径。

2.1.1　系统分析的定义

从广义上理解，把系统分析作为系统工程的同义语。从狭义上理解：①系统分析是系统工程的一个逻辑步骤，这个步骤是系统工程的中心部分。②系统分析为系统工程实现优化提供了一个逻辑的途径，它贯穿于系统工程的全过程。基于前面的分析，我们认为，把系统分析作为一种有目的、有步骤的探索过程，一项研究问题的方法，解决问题的途径，优化的技术、决策的工具也许更全面些。

美国学者夸德(E. S. Quade)对系统分析做了这样的说明——系统分析，是通过一系列的步骤，帮助决策者选择决策方案的一种系统方法，这些步骤如下：研究决策者提出整个问题，确定目标，建立方案，并且根据各个方案的可能结果使用适当的方法(尽可能用解析的方法)去比较各个方案，以便能够依靠专家的判断能力和经验去处理问题。

综上所述，系统分析就是利用科学的分析工具和方法，分析和确定系统的目的、功能、环境、费用与效益等问题，抓住系统中需要决策的若干关键问题，根据其性质和要求，在充分调查研究和掌握可靠信息资料的基础上，确定系统目标，提出实现目标的若干可行方案，通过模型进行仿真实验，优化分析和综合评价，整理出完整、正确、可行的综合资料，从而为决策提供充分的依据。

专栏 2-1　兰德公司简介

兰德公司(Research and Development，简称 RAND)，美国非盈利性的研究和咨询服务机构，主要对国家安全和公共福利方面的各种问题进行系统的跨学科分析研究。总部设在美国加利福尼亚州的圣莫尼卡，在华盛顿设有办事处，负责与政府联系。

2.1.2　系统分析的实质

(1)系统分析作为一种决策的工具，其主要目的在于为决策者提供直接判断和决定最优方案的信息与资料。

(2)系统分析把任何研究对象均视为系统，以系统的整体最优化为工作目标，并力求建立数量化的目标函数。

(3)系统分析强调科学的推理步骤，使所研究系统中各种问题的分析均能符合逻辑的原则和事物的发展规律，而不是凭主观臆断和单纯经验。

(4)应用数学的基本知识和优化理论，从而使各种替代方案的比较，不仅有定性的描述，而且基本上都能以数字显示其差异。至于非计量的有关因素，则运用直觉、判断及经验加以考虑和衡量。

(5)通过系统分析，使得待开发系统在一定的条件下充分挖掘潜力，做到人尽其才，物尽其用。

2.1.3　对系统分析应有的基本认识

系统分析是一种仍在不断发展中的现代科学方法，虽然已在很多领域采用并取得显著成效，但这并不是说，任何问题都可用系统分析来研究，因为还要考虑到经济与时效等因素。为此，在采用系统分析前，应对以下几方面有所认识。

(1)系统分析不是容易的事，它不是省事、省时的工作，它需要综合能力较强的分析人员通过辛勤的工作，花费较多的时间来完成。

(2)系统分析虽然对决策有很大的助益，但是它不能完全代替想象力、经验和判断力。

(3)系统分析最重要的价值，在于它能解决问题的容易部分，这样决策者就可集中其判断力，来解决较难的部分。

(4)系统分析基本上是以经济学的方法来解决问题，虽然其中所包括的经济学原理相当简单，但要用之解决问题，则必须具备相当的经济学知识。

(5)对任何问题，通常均有不同的解决方案，应用系统分析研究问题，应对各种解决问题的方案，计算出全部费用，然后再进行比较。

(6) 费用最少的方案，不一定就是最佳的选择，因为选择最佳方案的着眼点，不在于省钱而在于有效。

2.1.4 系统分析的要素

系统分析的因素有很多，根据兰德公司代表人物之一希奇的思想进行系统分析时，必须把握以下五个基本要素。

(1) 目的。目的是决策的出发点，为了正确获得决定最优化系统方案所需的各种有关信息，系统分析人员的首要任务就是要充分了解建立系统的目的和要求，同时应确定系统的构成和范围。

(2) 替代方案。一般情况下，为实现某一目的，总会有几种可采取的方案或手段。这些方案彼此之间可以替换，故叫作替代方案或可行方案。比如，要进行货物运输，可以选择航空运输、铁路运输、水路运输和公路运输几种方式，同时存在不同运输方式之间的组合运输方式，而这些方案针对货物运输的目的(安全、经济、快捷)，总是各有利弊的。究竟选择哪一种方案最合理?这就是系统分析研究和解决的问题。

(3) 模型。模型是对实体系统抽象的描述，它可以将复杂的问题化为易于处理的形式。即使在尚未建立实体系统的情况下，我们也可以借助一定的模型来有效地求得系统设计所需要的参数，并据此确定各种制约条件，同时我们可以利用模型来预测各替代方案的性能、费用和效益，有利于各种替代方案的分析和比较。

(4) 费用和效益。费用和效益是分析和比较抉择方案的重要标志。用于方案实施的实际支出就是费用，达到目的所取得的成果就是效益。如果能把费用和效益都折合成货币形式来比较，一般说来效益大于费用的设计方案是可取的，反之则不可取。

(5) 评价基准。评价基准是系统分析中确定各种替代方案优先顺序的标准。通过评价标准对各方案进行综合评价，确定出各方案的优先顺序。评价基准一般根据系统的具体情况而定，费用与效益的比较是评价各方案的基本手段。

2.1.5 系统分析的步骤

任何问题的研究与分析均有一定的逻辑推理步骤，根据系统分析各要素相互之间的制约关系，系统分析的步骤可概括如下。

(1) 问题构成与目标确定。当一个研究分析的问题确定以后，要将问题进行系统化与合乎逻辑的叙述，其目的在于确定目标，说明问题的重点与范围，以便进行分析研究。

(2) 收集资料与探索可行方案。在问题构成之后，就要拟定大纲和决定分析方法，然后依据已收集的有关资料找出其中的相互关系，寻求解决问题的各种可行方案。

(3) 建立模型(模型化)。为便于分析，应建立各种模型，利用模型预测每一方案可能产生的结果，并根据其结果定量说明各方案的优劣与价值。模型的功能在于组织我们的思维及获得处理实际问题所需的指示或线索。模型充其量只是现实过程的近似描述，如果它说明了所研究的系统的主要特征，就是一个满意的模型。

(4) 分析方案指标与综合评价。利用模型和其他资料所获得的结果，分析方案指标，显示出每一项方案的利弊得失和成本效益，同时考虑到各种有关的无形因素，如政治、经济、军事、理论等，所有因素加以合并考虑并研究，获得综合结论，以指示行动方针。

(5) 检验与核实。以实验、抽样、试行等方式鉴定所得结论，提出应采取的最佳方案。在分析过程中可利用不同的模型在不同的假定下对各种可行方案进行比较，获得结论，提出建议，但是否实行，则是决策者的责任。

(6) 重新考虑新目标与引进新的可行方案。如果经检验与核实后，前述方案不可行，则需要重新考虑设定新的目标，并引入新的可行方案。

任何问题，仅进行一次分析往往不够，一项成功的分析，是一个连续循环的过程，见图 2-1。

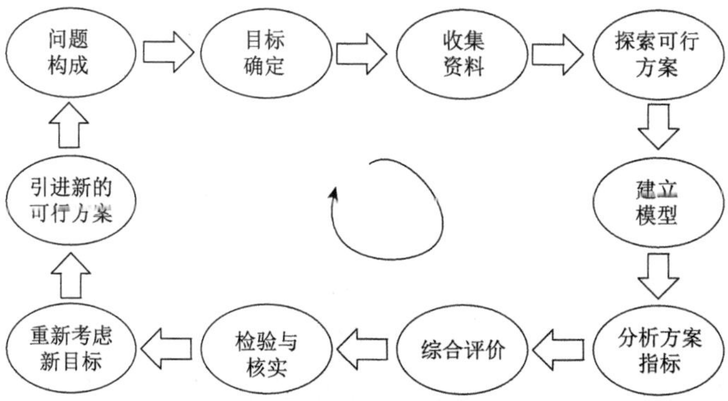

图 2-1　系统分析的步骤

2.2　以系统寿命周期为代表的系统工程方法论

系统寿命周期

寿命周期的概念应用非常广泛，特别是在政治、经济、环境、社会等诸多领域经常出现，其基本含义可以通俗地理解为“从摇篮到坟墓”的整个过程。任何系统都会经历一个发生、发展和消亡的过程，因此，对于某个系统而言，就是从产生构思到不再使用的整个寿命历程。

2.2.1　系统寿命周期

系统寿命周期指一个新系统从概念的形成开始，经过开发、建造、运行，直到最后废弃的整个过程。系统寿命周期的应用是一个阶段化的系统工程开发方法，它把整个系统开发从系统概念的形成到系统的分析设计、工程开发和测试，直至运行和维护，分成几个阶段。每个阶段的任务性质不同，系统工程师的作用也不同。研究和分析系统寿命周期中各阶段的任务特点，就可以明确系统工程师在每一阶段的作用。为此，系统寿命周期可分为三个独立研究阶段：发展期分为系统分析阶段和系统设计阶段；实现期为系统建立和系统实施阶段；运行期分为系统运行阶段和系统更新阶段。系统寿命周期各阶段的相互关系可用图 2-2 表示。

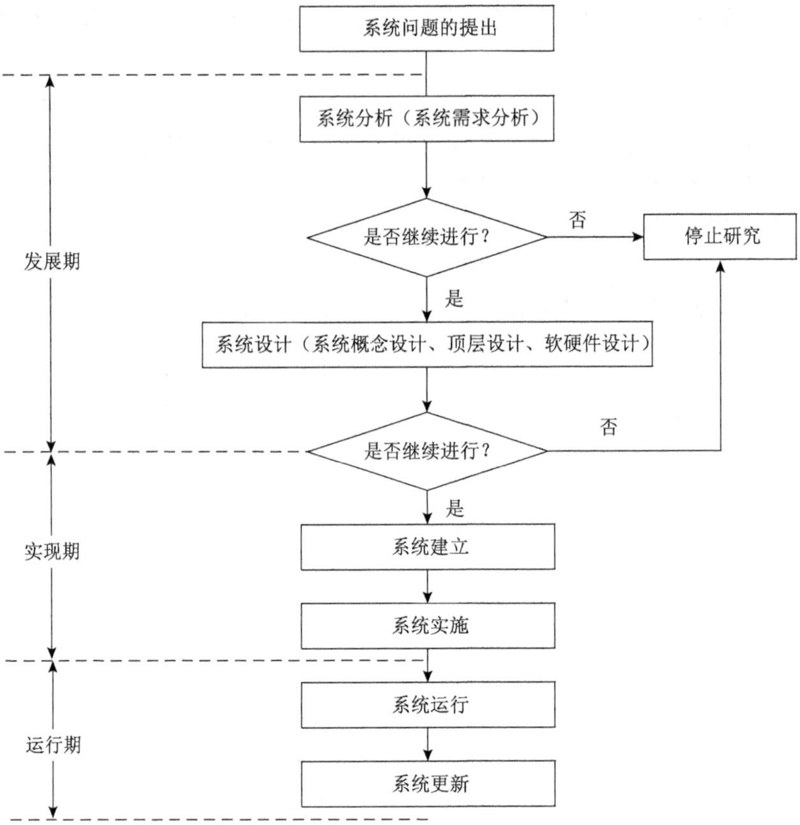

图 2-2　系统寿命周期

系统寿命周期法的突出优点是强调系统开发过程的整体性和全局性，强调在整体优化的前提下考虑具体的分析设计问题，也就是顶层设计的观点。它从时间维度把系统的开发和维护分解为若干阶段，每个阶段有各自相对独立的任务和目标。它降低了系统开发的复杂性，提高了可操作性。另外，每个阶段都对该阶段的成果进行严格的审批，发现问题及时反馈和纠正，保证了系统质量。实践证明，系统寿命周期法极大地提高了系统开发的成功率。

但是，系统寿命周期法是在系统工程发展初期针对一些大型工程系统提出的，系统开发周期较长。由于开发顺序是线性的，各个阶段的工作不能同时进行，前一阶段所犯的错误必然带到后一阶段，而且越靠前面犯的错误对后面工作的影响越大，更正错误所花的工作量就越大。此外，在功能经常变化的情况下，也难以适应变化要求。因此，在原来系统寿命周期法的基础上，又针对其中复杂性的破解，产生了一些新的思路。

试以奥运会项目为例。把奥运会这个项目进行系统寿命周期阶段的划分，组织资源进行科学管理，其中，奥运会这个复杂的、庞大的系统工程每个阶段的主要工作可以用图 2-3 表示。

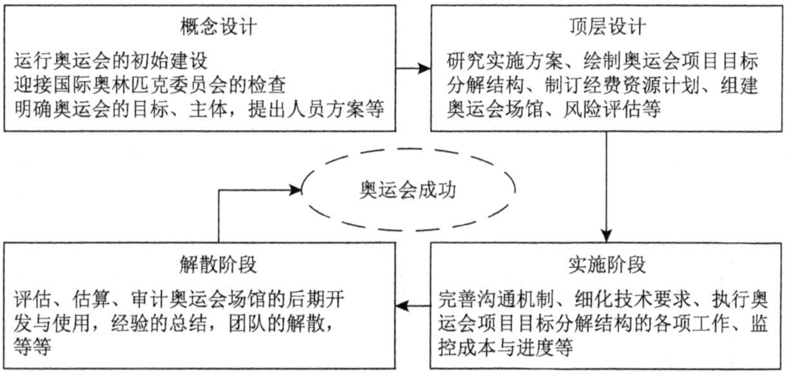

图 2-3　奥运会项目系统寿命周期阶段的主要工作

专栏 2-2　以“全周期管理”提升超大城市治理

2.2.2　系统需求分析

系统需求分析是开发系统前期过程中必不可少的一个环节，首先是对收集的需求信息加以研究，看是否有不全面、不完整、不清晰的地方，如有必要再进行信息的收集，然后反复进行研究讨论，还要看是否有冲突和矛盾的地方，如果有矛盾还需要进行协商。只有通过系统需求分析，才能把用户对系统功能和性能的总体要求描述转换成具体的需求说明，从而奠定系统设计与开发的基础。此外，系统的需求分析也是一个不断认识和逐步细化的过程，该过程将系统分析阶段所确定的系统范围逐步细化到可以详细定义的程度，并分析出不同的系统元素，再为这些元素找到可行的解决办法。

1. 需求分析的过程

1) 问题识别

研究可行性报告和系统实施计划，确定对目标系统的需求，并提出实现这些需求的条件及应达到的标准。

(1) 功能需求。列出所开发系统的功能，这是最主要的需求。

(2) 性能需求。给出系统主要性能指标，包括时间、安全性等。

(3) 环境需求。这是对系统运行时软硬件所处环境的要求。

(4) 可靠性需求。按规定的实际实施环境，系统在实施后不发生故障的概率要求。

(5) 安全保密需求。应对安全、保密的需求，做出恰当的规定，以便设计。

(6) 资源使用需求。系统实施的环境资源和开发资源在需求分析时确定。

应当预先估计系统可能达到的目标，给系统的修改留有余地，同时要关注非功能性需求。

2) 问题分析与综合

从系统结构出发，逐步细化所有的系统功能，找出系统各元素间的联系，分析它们是否满足功能要求，是否合理。依据功能、性能需求等，提出不合理的部分，增加需要的部分，最终生成系统解决方案。分析和综合工作反复进行，直到正确地制定出该系统的需求规格说明书为止。

3) 文档编制

已经确定的需求应当得到清晰准确的描述并编成文档。通常把描述需求的文档叫作需求规格说明书。

4) 需求分析评审

需求分析评审是需求分析的最后一步，应对功能的正确性、完整性和清晰性及其他需求给予评价。评审的主要内容是定义的目标、文档及文档描述、系统结构、功能、约束条件、潜在方案、检验标准等。为了保证系统需求定义的质量，评审应指定专门机构负责，且严格按规程进行。

2. 需求分析的原则

1) 必须能够表达和理解收集的问题数据与划分的系统功能

系统开发的目的是解决数据处理问题，将收集的数据转换成另一种形式的数据，其转换过程必定经历数据的输入、加工和输出等。

2) 必须自上而下，逐层分解和细化问题

若将系统需要解决的问题作为整体看，就会太大、太复杂且难以理解，这时可将一个系统以某种方式分解为几个较容易理解的部分，并确定各部分之间的联系，从而实现整体功能。在需求分析阶段，可对系统收集的数据和划分的功能进行进一步分解，这种分解可以是同一层次的横向分解，也可以是多层次的纵向分解，这样的分解就是将复杂的系统问题简单化。

3) 必须给出系统需求的逻辑描述

系统需求的逻辑描述是系统设计的基础。系统需求的逻辑描述给出系统需要达到的功能和需要处理数据之间的关系，系统开发人员必须弄清系统元素对系统的限制，并考虑相应的功能和结构的表示方式。

2.2.3 系统概念设计

1. 系统边界的确定

系统需求分析之后，就需要进行系统概念的构想和设计，其中首先要确定的是系统的边界。边界把系统本身和系统的环境划分开，有了系统的边界，才能在系统的范围内研究和设计系统的功能与结构。

系统边界的确定是和所定义的需求、所研究的问题分不开的。例如，研究作为信息处理工具的一个计算机，计算机本身是系统，而与它连接的网络就是环境。如果研究一个计算机网络技术系统，网络就属于系统本身，而它所服务的企业、组织机构就是环境。再比如，研究一个作为经济技术活动系统的企业，其中的厂房、设备、人员、组织都属于系统本身，而市场、政策等属于环境。

系统通过边界和环境进行物质、能量、信息的交换，系统的功能则是对物质、能量、信息(包括以信息为载体的知识)进行处理和转换，从而产生新的价值。

边界确定之后，要确定系统内部的构成要素及认定系统的环境。一般说来，人们关注的焦点在于系统本身的各种要素，容易忽视系统的环境。而在各种环境因素中，又容易重视有形的因素，如物理、地理因素，而忽视无形的因素，如宏观经济环境、人际关系、社会舆论等。因此，在系统概念设计阶段应该把对环境的分析放在重要地位。

2. 目标的确定

目标的确定也就是系统概念设计一开始就要进行的工作。

目标有的是委托者或用户在需求定义阶段根据需求提出的，有时候他们还无法从需求出发提出明确的目标。对于一些“软”问题，有时目标是不容易提得很明确的，或者目标提得不正确。这时开发者可以根据需求提出目标建议，和委托者或用户商量，经过几次反复讨论，达成共识，确立目标。

目标既有可能有长远目标，也有可能有近期目标；既有可能有技术目标，也有可能有经济目标、环境目标等。目标的确定要考虑它的总体性、长远性、可行性，表述时要考虑它的鲜明性和单义性。

对于一些新的系统问题，如果一下子难以找到恰当的提法，可以参照类似的系统或者问题来提。

一个总目标常常包括许多分目标，我们可以用图 2-4 的目标树表示一个医院总成本的总目标和分目标之间的关系。

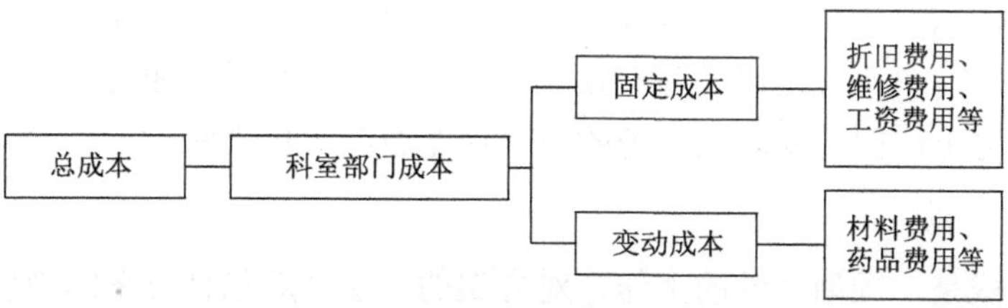

图 2-4　目标树

从上面可以看出，目标也是有层次的。应该尽量确立层次较高的目标，但有时层次太高的目标反而过于笼统，又要回过头来加以分解再选定，所以层次选择要适当。

有时候系统的目标不是一个而是许多个，因为客观事物总是多属性的，所以几乎每个系统都具有多个目标。有时候，其中一个目标是最主要的，其他目标可作为约束或附加条件，但有时候它们之间无法分清主次，需要同样对待，这类多目标问题后面我们还会加以讨论。

无论是多个目标，还是一个总目标下几个分目标，它们之间会彼此冲突，这时或是分清目标主次加以筛选，或是将来在方案选择时看能否兼顾。

在确立目标时，还需要考虑系统的约束，约束是对目标、方案及结果的制约和限制。这些约束有的是物理条件、自然条件、资源的限制，有的是组织体制、法律、道德规范的限制。有的约束是“硬”的，一定不能逾越；有的约束是“软”的、有弹性的，有一定伸缩余地。随着时间的推移，有的约束会变化，有的不会变化。有的约束是由自然条件决定的，有的是人为限制的，其中存在是否合理、是否必要的问题，需要仔细辨识和审查。

那些符合约束条件的目标或方案，叫作可行目标或可行方案，而可行性问题在系统分析中有时候简直就是关键问题，至少是首要问题。

在分析系统的过程中，为了衡量目标达到的程度，最好有一个或几个指标能够用来进行度量，所以我们在确立目标时，应同时考虑建立指标体系。

3. 指标和指标体系

为了解决问题，需确定出具体的目标，它们通过某些指标来表示，每一个指标是目标的一个方面或规定性的体现，它能反映出目标的局部特征，使目标实现更加具体化、可操作化，而系统指标体系，是由若干个指标按照系统的内在规律和逻辑结构排列组合而成的有机整体或集合。

4. 系统功能的确定

系统功能可以理解为系统对外界作用(输入)做出一定反应(输出)的能力。系统目标是由系统功能实现的。系统功能的确定，就是怎样把系统的目标转化为系统应具备的功能。如果说系统需求的确定是解决系统应该“干什么”的问题，那么系统功能的确定则是解决系统应该“怎样干”的问题。

系统功能分析包括功能确定、功能结构分析、功能分配三个方面的内容。功能确定包括系统总功能和各个分功能的确定。功能结构分析则要研究有什么样的逻辑结构和物理结构来实现所需要的功能。这时要把资源的约束考虑在内。功能分配则是怎样把分功能分配给待建立的子系统，以及各子系统之间应该如何联系。如果系统工程的任务建立在原来的系统之上，就需要对原系统的原有功能加以认真研究。

5. 方案的生成

方案的生成是一项创造性的工作，对方案的要求一般包括方案的稳健性、可靠性、完整性和灵活性等。方案生成后，可以对其加以筛选，有些明显不合理、不经济或不易实现的可以先删除，留下较好的可行方案进行分析。

2.2.4 系统顶层设计

系统顶层设计是运用系统论的方法，从全局的角度，对某项任务或者某个项目的各方面、各层次、各要素进行统筹规划，以集中有效资源，高效快捷地实现目标。

系统顶层设计作为一种战略管理手段，具有以下特点。

1)严密的逻辑性

系统性思维讲究严密的逻辑性，所以，顶层设计不仅要清晰地描述系统的终极目标是什么，更要明确回答获得成功的原因是什么；不仅要有合理的理念和目标，更要有具有可操作性的方法论。要按照发展目标，针对性地对系统提出步骤清晰、分工明确的实施计划，并按照组织的人力、物力、财力等资源条件配套安置，实施、管理、监督、检验，环环相扣，纹丝不乱。

2) 实际可操作性

顶层设计必须从实际出发，再回到实际中来，所有设计方案及每一方案的所有措施，都要能归结到可执行的要素“5W2H”上，即明确所要执行的是什么任务(what)、为什么要做(why)、何时开始(when)、从哪里入手(where)、由谁负责(who)、怎样做(how)及需要多少资源(how much)，以此确保执行者能够充分把握目标实现的要领，保证不出错。同时，要充分估计各种执行风险，做好相应的应对准备。

此外，系统的顶层设计是从设计构想到评议决策，再到管理、执行、监督、检验，整个过程是一个团体合作过程，需要全员式参与。而在系统的功能确定与方案生成时，有的人会自下而上考虑问题，有的人会自上而下考虑问题。例如，软件的开发，最早的程序设计人员是一条一条的写程序，使用了自下而上的办法，全然不顾整个软件的结构，等到后来发现和其他部分有大量的联系时，采取了单个解决的办法，最后弄得整个软件乱作一团而无法理清头绪。后来人们发现，只有自上而下，先把流程图定下来再开始编程，软件的开发才能够有序地进行。在系统功能确定和方案生成时，有些从事具体工作的人员，习惯于从他所熟悉的专业部分自下而上开始而忽视与整体的关系，最后导致结构上的混乱。因此，应该强调指出，这里必须先自上而下，先从目标着眼，从全局到局部，然后在必要时再自下而上，经过几个来回才能获得良好的结果。系统的顶层设计便于对系统的设计方案进行校正，保证系统切实符合要求，同时便于控制进度，保证工作按时完成。

以校园二手交易系统为例(图 2-5)。顶层问题的定义和界定是解决问题的基础与前提。校园二手交易系统的顶层问题梳理与分析情况如下。

假定问题范围：梳理校园二手交易系统开发过程中可能存在的“顶层问题、系统性问题”的领域，提出诊断、求证、分析的路径，如学生访谈，需要收集哪些资料等。

交易障碍分析：用户身份研究、商品管理研究、交易方式研究、交易障碍具体是什么、对学生和管理员产生了哪些影响、影响到什么程度等。

提出顶层问题：影响校园二手交易系统开发过程的顶层问题主要有交易障碍、用户与管理员信息管理、商品类别管理与系统实现等。

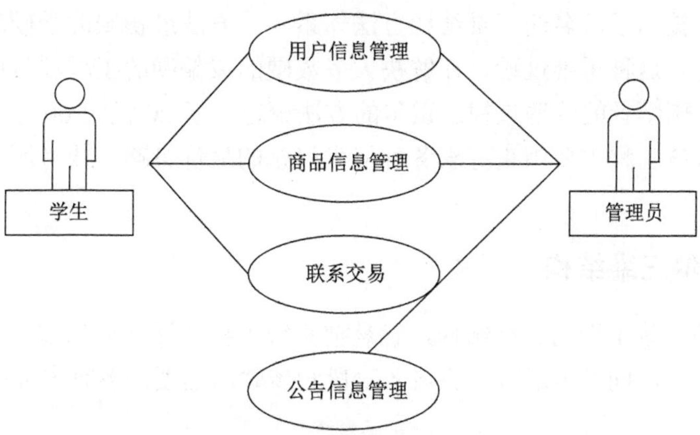

图 2-5　校园二手交易系统

2.2.5 系统软硬件设计

1. 软件设备

软件设备包括系统软件，数据库管理系统及一些应用程序，编写程序是这一阶段的主要任务之一。

2. 硬件设备

硬件设备包括计算机主机、输入输出设备、存储设备、辅助设备及通信设备等。

2.2.6 系统实施

系统实施阶段是将设计的系统付诸实施的阶段，这一阶段的任务有以下几项。

(1) 系统寿命周期的几个阶段的特点是相互联系、相互制约的任务同时展开，必须精心安排、合理组织。

(2) 系统实施是按实施计划分阶段完成的，每个阶段应写出实施进度报告。

该阶段的特点是工作量大，投入的资源较多，因此这一阶段的组织管理工作也很繁重。在系统设计阶段，系统设计人员的任务是精心设计，提出合理方案；在实施阶段，系统设计人员的任务是组织协调，监督检查。作为合格的系统分析员，不仅要有扎实的计算机科学知识、丰富的管理知识和经验，还要有较强的组织能力。

2.2.7 系统更新

系统实施之后的运行更新，需要更多的创造性工作，具体任务如下。

记录系统运行的情况，在系统运行过程中，考虑可能由环境变化导致的系统功能不足，或者设计过程中未能发现或无法实现的功能要求等情况，对系统进行修改或局部调整，评价系统的工作质量和效益。

2.3 以霍尔为代表的硬系统工程方法论

硬系统软系统

1962 年美国贝尔电话公司的工程师霍尔总结开展系统工程的经验，出版《系统工程方法论》一书，提出了著名的三维结构方法体系。该方法最初来源于硬的工程系统，适用于良结构系统。这种思维过程，在解决大多数硬的或偏硬的工程项目中，是卓有成效的，因此受到各国学者的普遍重视。霍尔的方法论适应了 20 世纪 60 年代系统工程的应用需要，当时系统工程主要用来寻求各种战术问题的最优策略，或者用来组织管理大型工程的建设。

2.3.1 霍尔三维结构

霍尔提出的系统工程的三维结构，就是把系统工程的活动分为前后紧密相连接的七个阶段和七个步骤，同时考虑到为完成各阶段和步骤所需要的各种专业知识。

1. 时间维

一个具体的系统工程活动从规划阶段到更新阶段按时间顺序，可分为七个工作阶段。

(1) 规划阶段。制定系统工程活动的政策和规划。

(2) 设计阶段。提出具体的计划方案。

(3) 研制阶段。实现系统的研制方案，并做出生产计划。

(4) 生产阶段。生产出系统的零部件及整个系统，并提出安装计划。

(5) 安装阶段。把整个系统安装好，通过实验运行制订运行计划。

(6) 运行阶段。系统按照预期目标服务。

(7) 更新阶段。改进或充实旧系统使之变成新系统而更有效地工作。

2. 逻辑维

将以上每一阶段展开，按照系统工程方法来思考和解决问题，有一个逻辑的思维过程，这个过程通常分为七个步骤。

(1) 明确问题。弄清问题的实质，通过尽量全面地收集有关资料和数据说明问题的历史、现状与发展趋势，从而为解决目标问题提供可靠依据。

(2) 系统设计。弄清并提出为解决问题所需要达到的目标，并且制定出衡量是否达到目标的标准，以利于对所有供选择的系统方案进行衡量。

(3) 系统综合。按照问题性质及总目标形成一组可供选择的系统方案，方案中要明确所选系统的结构和相互参数。在系统方案综合时最重要的问题是自由地提出设想。

(4) 模型化。对可能入选的方案进一步说明其性能和特点及整个系统的相互关系。为了对众多备选方案进行分析比较，往往通过形成一定模型，把这些方案与系统的评价目标联系起来。

(5) 最优化。在一定的约束条件下，我们总是希望在备选方案中选出最优者，当评价目标只有一个定量的指标，而且备选的方案个数不多时，容易从中选出最优者。但当备选方案数很多，评价目标有多个，而且彼此之间又有矛盾时，要选出一个使所有指标都是最优的方案是不可能的，这必须在各个指标间有一定的协调，可使用多目标最优化方法来进行评价，确定各个方案的优劣次序。

(6) 决策。由领导根据更全面的要求，选择一个或几个方案来试用，有时不一定就是最优方案。根据系统工程的咨询性，决策步骤并非系统工程师的工作。但是对于决策技术的研究，则是系统工程师的课题之一。

(7) 实施。根据最后选定的方案，将系统具体付诸实施。如果在实施过程中，进行比较顺利或者遇到的困难不大，可略加修改和完善即可，并把它确定下来，那么整个步骤即告一段落。如果问题较多，就有必要回到所述逻辑步骤中认为需要的一步重新做起，然后再决策或实施。这种反复有时会出现多次，直到满意为止。

3. 知识维

知识维是为完成各阶段各步骤所需要的知识和各种专业技术。通常可理解为工程、医药、建筑、商业、法律、管理、社会科学及艺术等各种专业知识和技术。霍尔提出的知识维仅仅是一种概念上的，他没有就如何组织相关知识做出进一步的说明。

我们认为，从知识这个维度来考虑，就是要用系统的方法有效地获取上述各个阶段、各个逻辑步骤所必需的知识，并对其进行开发、利用、规划和控制，从而更好地实现系统工程目标。

自从1986年美国管理咨询专家创造了知识管理(knowledge management)这个词，特别是随着20世纪90年代知识经济概念的提出，知识管理已经引起了各国管理学家的密切关注，如何用系统的方法去发现、理解和使用知识也成为系统工程项目能否有效开展的决定性因素。在系统的开发和运用中，知识管理意味着把正确的知识在正确的时间交给正确的人，使之能做出最满意的决策。

系统工程中知识管理的过程一般分为以下阶段。

(1)知识辨识阶段。根据系统工程的总体目标要求，制定知识来源战略，划定知识管理范围，辨识知识。

(2)知识获取阶段。将现存知识(信息库、文件或人脑中)正式化。

(3)知识选择阶段。评估知识及其价值，去除相互冲突的知识。

(4)知识储存阶段。通过适当、有效的方式储存所选择的知识。

(5)知识共享阶段。将正确的知识传输给每一个阶段的使用者。

(6)知识使用阶段。在各个阶段的工作中使用知识。

(7)知识创新阶段。通过科研、实验和创造性思维发现新知识。

霍尔的三维结构理论为解决大规模复杂系统提供了一个统一的思想方法，见图2-6。

霍尔提出的基于时间维、逻辑维、知识维的三维结构，标志着硬系统工程方法论的建立，也有文献将运筹学方法论、系统分析方法论、霍尔三维结构、系统动力学方法论统称为硬系统工程方法论。硬系统工程方法论的特点是强调明确的目标，认为对任何现实问题都必须而且可能弄清其需求，其核心内容是优化。霍尔方法论适应了20世纪60

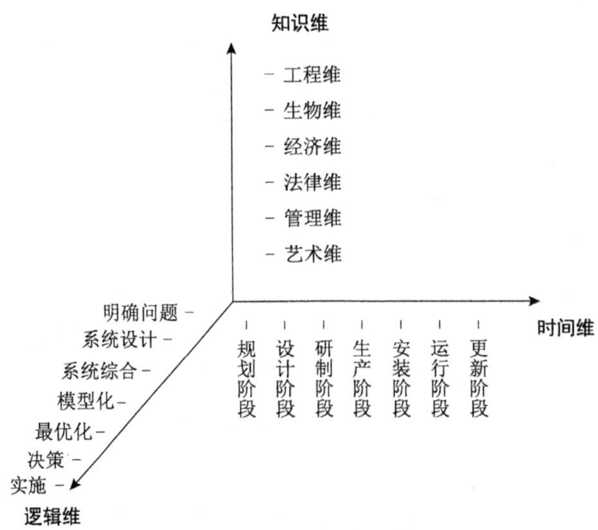

图2-6 霍尔三维结构

年代系统工程的应用需求，当时系统工程主要用来寻求各种战术问题的最优策略，或者用来组织管理大规模工程项目。

1972 年，Hill 和 Warfeild 为克服约束条件复杂的多目标大系统组织方面的困难，在霍尔三维结构的基础上提出了统一规划法。其实质是对霍尔活动矩阵中的具体规划阶段展开，利用它可以较好地实现对大型复杂系统的全面规划和总体安排。

2.3.2　硬系统工程方法论的应用——系统工程过程

系统工程过程是实现系统功能和目标的具体过程，是系统工程工作的核心。系统工程过程建立在系统历史信息和对系统需求自上而下层层分解的基础上，它需要在整个系统研制过程中不断地进行功能分解、功能配置及功能集成。

系统工程过程始于对系统层的分解，继而对部分层进行分解，对子系统层进行分解，直至零件层。完成逐级分解之后，需要进行自下而上的集成。如图 2-7 所示，系统工程过程可以用"V"字图形来进行反映。其中"V"字图形的左边代表从系统需求出发，自上而下从系统到部分、子系统、配件、子配件、组分、零件的层层定义和分解活动；"V"字图形的右边代表从零件、组分、子配件、配件、子系统、部分到系统的自下而上的集成，最后通过验证得到系统。因此，系统工程过程既包含了系统自上而下的分解也包含了系统自下而上的集成。因此，可将系统工程过程理解为一个结构化方法，它将系统需求逐步转换为一套规范和一个相应的体系结构。具体而言，系统工程过程包含以下步骤：系统需求分析、系统功能分析和分配、系统设计、系统测试。

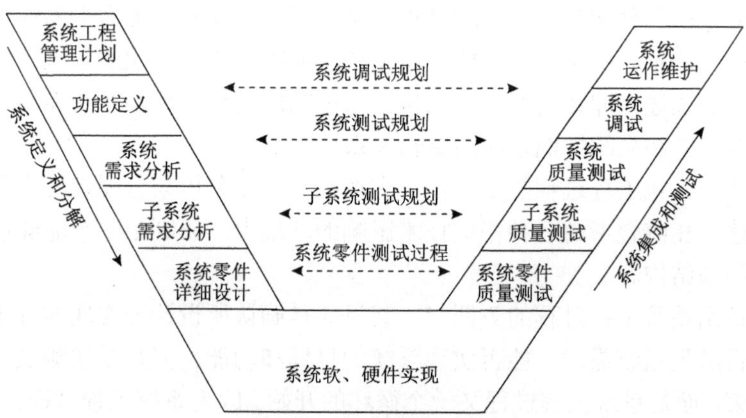

图 2-7　系统工程过程图

下面分别针对上述系统工程过程步骤进行描述。系统需求分析是系统工程过程的第一步(图 2-8)，其目的是澄清和明确系统需求、系统目标与系统的约束条件，并对系统的功能和性能提出要求。其中识别需求是第一步，然后进行系统可行性分析，主要包括对系统的关键技术/设备需求和备份系统发展方案进行评估，定义系统需求，并确定系统的细部需求。其中系统细部需求包含系统运作方面的需求分析、系统维护和支撑方面的需求分析、系统功能层面的需求分析及系统技术层面的需求分析。并且系统需求必须在整个系统一切项目开始之前进行，分析得到的所有信息必须加以记录和保存。

需要注意的是系统需求和系统战略目标及科技进步之间存在密切关联，系统需求的识别依赖系统战略目标和技术进步。得到系统需求之后，需要对系统需求进行分解和细化，确定需求对应的系统功能及其相关参数，并且分析哪些是系统的使用需求，哪些是系统的有效需求，明确系统需求的环境。例如，考虑系统需要实现什么功能、系统什么时候实现既定功能、实现功能需要多长时间等。

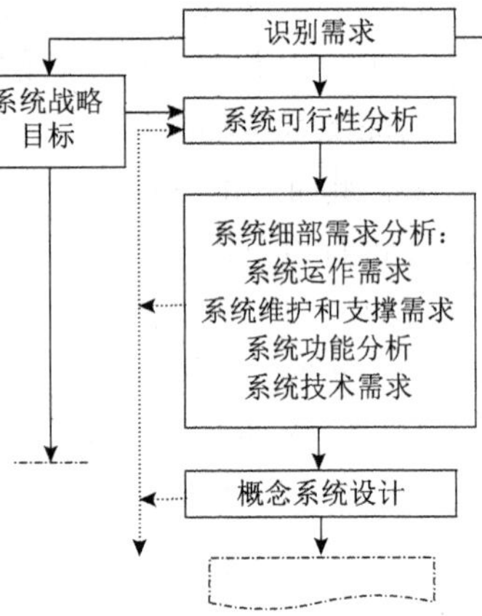

图 2-8 系统需求分析

系统功能分析和分配是系统工程过程的第二步，它起到承上启下的作用。它依据系统需求分析得到的报告确定系统功能，将系统功能细化成低层次的系统功能。最终得到系统功能的全面描述，即系统的功能结构。系统功能结构描述了系统需要具备的所有功能，反映系统功能和系统性能之间的逻辑关系。

系统设计是系统工程过程的第三步。它按照从功能分析与分配过程中得到的系统功能和性能描述，在综合考虑各种相关技术影响的基础上，研制出一个能够满足要求的、优化的系统物理结构。

系统测试是系统工程过程的第四步。其目的是确认所设计和实现的各个层次的系统物理结构是否满足系统需求，能否实现系统的目标和功能。但是系统测试并不是系统工程过程的结束，而是系统工程过程又一个循环的开始。因为系统工程过程并不是一条链，而是一个循环往复的过程，它需要在整个系统工程开发和实施中重复使用。

系统工程过程的各个阶段的易变性、对专业知识的需求及成本均不相同，在系统需求分析阶段产生的成本最低，而在系统测试阶段产生的成本最高。在系统需求分析阶段对专业知识的要求最少，在系统测试阶段对专业知识的要求最高。对于系统易变性而言，在系统需求分析阶段系统的易变性最大，在系统测试阶段系统的易变性最小，如图 2-9 所示。

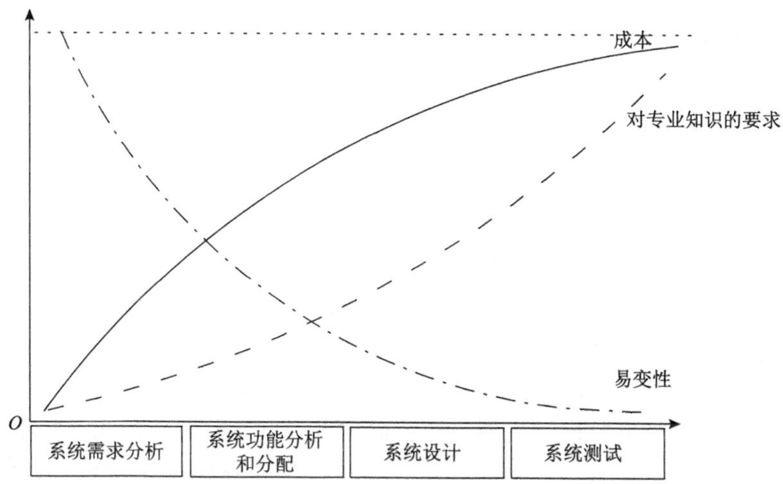

图 2-9　易变性、对专业知识的要求和成本在系统工程过程各阶段的变化

2.4　以切克兰德为代表的软系统工程方法论

20 世纪 70 年代，系统工程开始逐步应用于社会、经济系统问题的研究，由于涉及的因素相当复杂且很多难以进行定量分析，霍尔三维结构此时已不再适用。80 年代中期在管理科学家中又兴起一轮批评浪潮，他们认为管理学院太偏重理论和定量方法，培养出来的人成为眼光狭窄的技术型干部，缺乏人际关系学问。基于对系统工程方法论的重新审视，出现了一批以切克兰德为代表的软系统工程方法论。

2.4.1　硬系统工程方法论的局限性

(1)硬系统方法论认为在问题研究开始时定义目标是很容易的，因此没有为目标定义提供有效的方法。但对大多数系统管理问题来说，目标定义本身就是需要解决的首要问题。

(2)硬系统方法论没有考虑系统中人的主观因素，将系统中的人与其他物质因素等同起来，忽视人对现实的主观认识，认为系统的发展是由系统外的人为控制因素决定的。

(3)硬系统方法论认为只有建立数学模型才能科学地解决问题，但是对于复杂的社会系统来说，建立精确的数学模型往往是不现实的，即使建立了数学模型，也会因为建模者对问题认识上的不足而不能很好地反映其特性，因此通过模型求解得到的方案往往并不能解决实际问题。

为了适应发展的需要，1981 年，英国学者切克兰德提出了软系统工程方法论。与霍尔三维结构不同，切克兰德方法论的核心不是最优化而是比较或学习，即从模型和现状的比较中来学习改善现状的途径。切克兰德方法论是霍尔方法论的扩展。

软系统工程方法是针对不良结构问题而提出的，这类问题往往很难用数学模型表示，通常只能用半定量、半定性甚至只能用定性的方法来处理，这类方法被人们称为软的方法，软的主要标志是它吸取了人们的判断和直觉，因此解决问题时更多地考虑了环境因素与人的因素。

2.4.2 切克兰德方法论的基本流程

(1) 不良结构问题的提出。

(2) 问题的表示。

(3) 有关系统的基本定义。

(4) 提出概念模型。

(5) 将模型与问题的表示做比较。

(6) 找出可行、满意解。

(7) 采取行动改善实际问题。

由于软系统工程方法论面向不良结构问题，且问题本身存在争议，因此系统分析人员将不少精力用于如何弄清问题，为了构造概念模型首先要明晰系统的基本定义即顾客(customers)、行动者(actors)、变换(transformation)、世界观(world view)、所有者(owner)和环境(enviromental constraints)，即 CATWOE。用概念模型代替数学模型，使思路更为开阔，用可行、满意解代替最优解又是价值观方面的重要变化，见图 2-10。

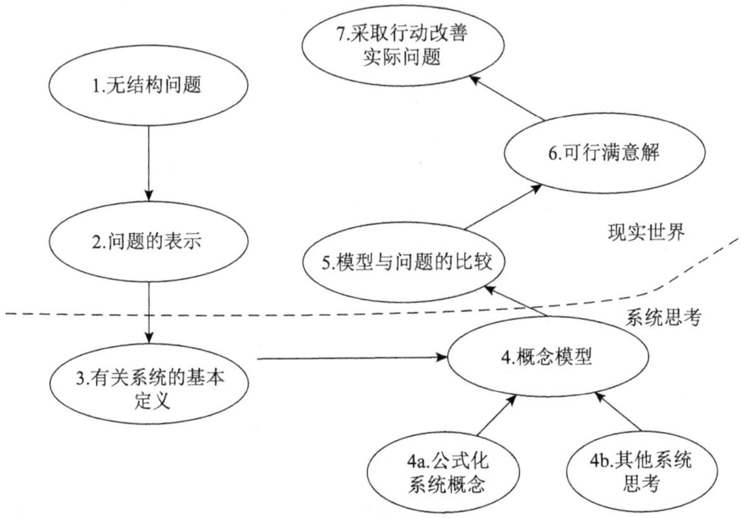

图 2-10 软系统工程方法论

切克兰德方法论工作步骤的核心不是最优化，而是比较或学习，从对模型和现状的比较中学习改善现状的途径。比较的含义包括组织讨论和听取各方面的意见，因而不拘泥于建立数学模型来定量描述系统的最优解。这正是反映了社会经济系统的特点和人在这类系统中的积极因素。

2.4.3 软系统工程方法论的特点

软系统方法论具有一些如下特点。

(1) 与目标不明、非结构化的“麻烦”有关，因此明确目标就显得极为重要。

(2) 强调过程，在过程中学习，在过程中理解，在过程中形成与完善决策。

(3) 与感性认识、世界观及人类对系统与环境的界定有关。

(4) 会使用一些模型，但其中最主要的模型通常是非数量型的。

(5) 依靠加深对问题情景的理解来改进它，因此情景分析很重要。

(6) 依赖于对社会的理论解释，不同的解释会得到不同的结论。

(7) 与对统治人类社会的社会规则的理解有关，因此不同制度下解决问题的思路不同。

综上所述，软系统工程方法论与硬系统工程方法论相比有许多不同，表 2-1 大致给出了它们之间的差异。

表 2-1　软系统工程方法论与硬系统工程方法论比较

分类标准	硬系统工程方法论	软系统工程方法论
处理对象	技术系统、人造系统	有人参与的系统
处理的问题	明确，良结构	不明确，不良结构
处理的方法	定量模型，定量方法	概念模型，定性方法
价值观	一元的，要求优化，有明确的好结果（系统）出现	多元的，满意解，系统有好的变化或者从中学到了某些东西

2.5　以钱学森为代表的综合集成方法论

定性到定量

我国对系统工程方法论的研究起步较晚，但取得了较多的成果。比较有代表性的有钱学森提出的从定性到定量的综合集成方法和顾基发提出的物理-事理-人理系统方法。这些方法的共同特点是体现了在复杂系统研究中的综合集成思想。

2.5.1　从定性到定量的综合集成方法

20 世纪 70 年代末，针对复杂系统问题，钱学森提出将还原论方法与整体论方法辩证统一起来，在此基础上吸收了两者的长处，创新系统论方法。他认为，在应用系统论方法时，要从系统整体出发将系统进行分解，在分解后研究的基础上，再综合集成到系统整体，实现 1+1>2 的整体涌现，最终是从整体上研究和解决问题。

20 世纪 80 年代末到 90 年代初，钱学森又先后提出“从定性到定量综合集成方法”及它的实践形式“从定性到定量综合集成研讨厅体系”(以下将两者合称为综合集成方法)，并将运用这套方法的集体称为总体部。这就将系统论方法具体化了，形成了一套可以操作的行之有效的方法体系和实践方式。从方法和技术层次上看，它是人机结合、人网结合以人为主的信息、知识和智慧的综合集成技术。从应用和运用层次上看，是以系统总体为实体进行的综合集成工程。

综合集成方法的实质是把专家体系、信息与知识体系及计算机体系有机结合起来，构成一个高度智能化的人机结合与融合体系，这个体系具有综合优势、整体优势和智能优势。它能把人的思维、思维的成果、人的经验、知识、智慧及各种情报、资料和信息统统集成起来，从多方面的定性认识上升到定量认识。具体体现在将专家群体、数据和多种信息与计算机技术有机地结合起来；把各种学科的理论与人的经验知识结合起来，发挥它们的整体优势和综合优势；定性分析与定量分析相结合，最后上升到定量认识；

自然科学与社会科学相结合；科学理论与经验知识相结合；宏观与微观相结合；各类人员的结合；人与计算机的结合。

综合集成方法的运用是专家体系的合作及专家体系与机器体系合作的研究方式和工作方式(梁樑和王周华，2003)。具体的说，是通过从定性综合集成到定性、定量相结合综合集成再到从定性到定量综合集成这样三个步骤来实现的。这个过程不是截然分开的，而是反复比较、逐次逼近的。复杂系统与复杂巨系统(包括社会系统)问题，通常是非结构化问题。通过上述综合集成过程可以看出，在逐次逼近过程中，综合集成方法实际上是用结构化序列去逼近非结构化问题。图 2-11 是综合集成方法用于决策问题研究的示意图，图 2-12 是综合集成方法的总体框架。

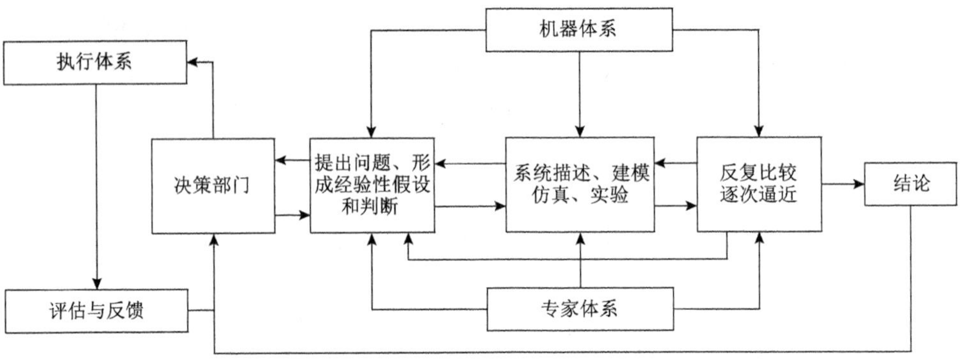

图 2-11 决策研究中的综合集成方法

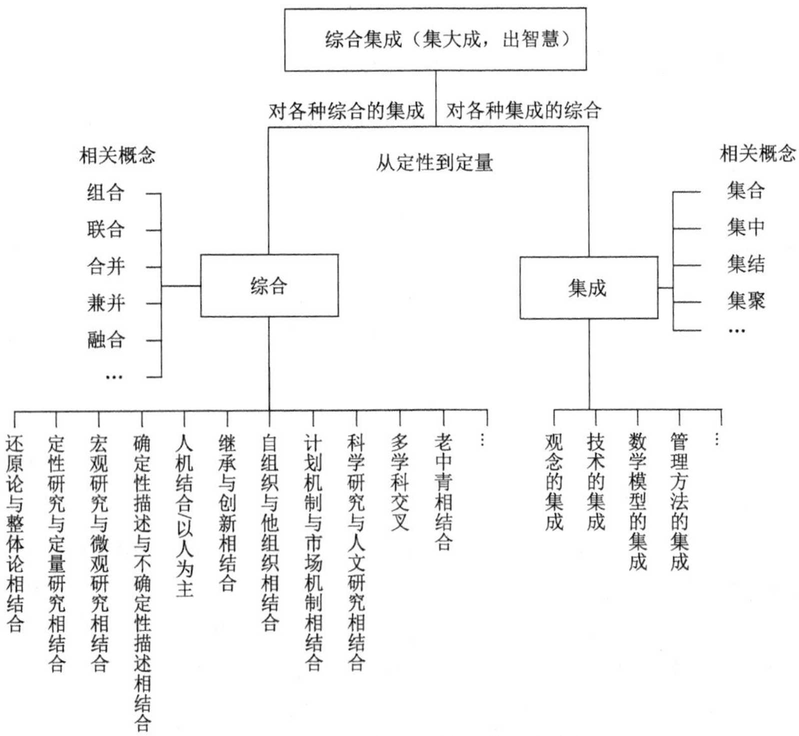

图 2-12 综合集成方法的总体框架

科技日报：钱学森的系统科学成就和贡献

专栏 2-2　“小罗克韦尔奖章”获得者钱学森

1989 年 6 月 29 日，在美国纽约召开的国际技术与技术交流大会上，为表彰钱学森对中国火箭导弹技术、航天技术和系统工程理论所做的重大贡献，决定授予他“小罗克韦尔奖章”“世界级科技与工程名人”和“国际理工研究所名誉成员”称号。“小罗克韦尔奖章”是国际理工研究所于 1982 年设立的最高奖赏，每年授予至多 3 位在国际理工界有很高声望的科学家，同时入选“世界级科技与工程名人”录，这是现代理工界所能入选的最高荣誉等级。到目前为止，获得“世界级科技与工程名人”称号的科学家共 16 人，钱学森教授是其中唯一的中国学者。他在超声速及跨声速气动力学、薄壳稳定理论、工程控制论、物理力学、航天技术、系统工程等方面都有很深的造诣和卓越的成就，是 20 世纪流体力学的开创者之一，也是现代航空科学与火箭技术的先驱、工程控制论的创始人。

2.5.2　物理-事理-人理系统方法论

在 1994 年，顾基发教授在英国 Hull 大学时与朱志昌共同提出了物理-事理-人理系统方法论。在物理-事理-人理系统方法论中，物理指涉及物质运动的机理，它既包括狭义的物理，还包括化学、生物、地理、天文等。通常要用自然科学知识主要回答物“是什么”，物理需要的是真实性，研究客观实在。大学理学院和工学院传授的知识主要用于解决各种物理方面的问题。事理指做事的道理，主要解决如何去安排所有的设备、材料、人员。通常用到运筹学与管理科学方面的知识来回答“怎样做”，典型的例子是美国阿波罗登月计划、核电站的建设和供应链的设计与管理等。大学工学院中的系统工程、工业工程，管理学院的管理科学及工程，理科中的运筹学和控制理论等都是传授用于回答事理方面问题的基本知识的，目前已有一些有关事理学的专门研究。人理指做人的道理，通常要用人文与社会科学的知识去回答“应当怎样做”和“最好怎么做”的问题。实际生活中处理任何事和物都离不开人去做，而判断这些事和物是否应用得当，也由人来完成，所以系统实践必须充分考虑人的因素。人理的作用可以反映在世界观、文化、信仰、宗教和情感等方面，特别表现在人们处理一些事和物中的利益观和价值观上。在处理认识世界方面可表现为如何更好地去认识事物、学习知识，如何去激励人的创造力、唤起人的热情、开发人的智慧。人理也表现在对物理与事理的影响。大学的人文学院和管理学院有分析人理方面问题的基本知识的课程教育。

系统实践活动是物质世界、系统组织和人的动态统一。我们的实践活动应当涵盖这三个方面和它们之间的相互关系，即考虑物理、事理和人理，从而获得满意的关于所考察对象的全面的认识和设想(scenario)，或是对考察对象的更深一层的理解，以便采取恰当可行的对策。表 2-2 简要列出物理、事理、人理的主要内容。

表 2-2 物理、事理、人理的主要内容

要素	物理	事理	人理
对象和内容	客观物质世界法则、规则	组织、系统管理和做事的道理	人、群体、关系、为人处世的道理
着重点	是什么？功能分析	怎样做？逻辑分析	应当怎样做？人文分析
原则	诚实，追求真理	协调，追求效率	讲人性，和谐，追求成效
需要的知识	自然科学	管理科学，系统科学	人文知识，行为科学，心理学

物理、事理和人理是系统实践中需要综合考察的三个方面。仅重视物理和事理而忽视人理，做事难免机械，缺乏变通和沟通，没有感情和激情，也难以有战略性的创新，很可能达不到系统的整体目标，甚至走错方向或者提不出新的目标；一味地强调人理而违背物理和事理，则同样会导致失败，如某些面子工程、首长工程等事先不做好充分的调查研究，仅凭领导或少数专家主观愿望而导致有些工程的失败就充分说明了这一点。“懂物理、明事理、通人理”就是物理-事理-人理系统方法论的实践准则。

物理-事理-人理系统方法论的主要步骤有以下几个：①理解意图；②制定目标；③调查分析；④构造策略；⑤选择方案；⑥协调关系；⑦实现构想。这些步骤不一定严格依照顺序进行，其中，协调关系始终贯穿于整个过程。不仅仅是协调人与人的关系，而且包括协调每一步实践中物理、事理和人理的关系；协调意图、目标、现实、策略、方案、构想间的关系；协调系统实践的投入、产出与成效的关系。这些协调都由人完成，着眼点与手段应根据协调的对象而有所不同。

对于难度自增值系统，上海交通大学王浣尘教授提出了“旋进原则”，即不断地跟踪系统的变化，选用多种方法，采用循环交替结合的方式，逐步推进问题的深度和广度。席酉民教授近年来提出了和谐管理理论，他提出通过“和则”来处理人之间的关系，通过“谐则”来处理物之间的关系，而人与物之间的协调则通过“和谐耦合”来实现。这些方法论的提出带有鲜明的东方哲学思想，是对系统工程方法论的有益补充。

➢思考题与习题

1. 什么是系统分析？系统分析的基本要素有哪些？
2. 举例说明用系统寿命周期开发一个系统的过程。
3. 什么是霍尔三维结构？其与系统分析方法论及系统寿命周期方法论的关系是什么？
4. 什么是硬系统工程方法论？什么是软系统工程方法论？两者在解决问题时有何区别？
5. 从定性到定量的综合集成方法论的实质是什么？
6. 举例说明系统工程方法论的应用。

第3章

系统环境分析

环境与系统是相对应的概念，环境与系统由于物质、能量、信息的交换而相互关联，环境变化往往影响着系统，甚至对系统产生不可估量的影响。例如，重大疫情出现，出于疾病控制需要政府采取了一系列措施，对企业系统必然产生多方面的影响，由于限制人员流动、居家隔离，导致员工不能正常上班，由于交通限制、物流中断，导致产业链、供应链中断，销售受阻。如果没有有效应对措施，企业将面临严重亏损甚至破产风险。因此，环境分析是系统认识并应对环境不确定性的重要手段。

3.1 系统环境与边界

3.1.1 系统环境的概念

系统环境是指存在于系统之外的，系统无法控制的自然、经济、社会、技术、信息和人际关系的总称。系统环境因素的属性和状态变化一般通过输入使系统发生变化，这就是环境开放性。系统与环境是依据时间、空间、研究问题的范围和目标划分的，因此系统与环境是相对的概念。图 3-1 中，S 表示系统，$\overline{S}$ 表示环境，若把 S 和 $\overline{S}$ 作为一个整体看，就组成了一个新的更大的系统 Ω，新系统的环境需要重新确定。

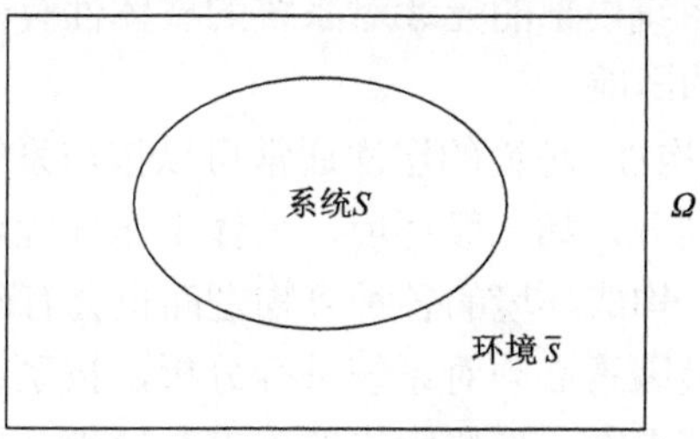

图 3-1　系统与环境概念的相对性

环境的变化对系统有很大的影响，系统与环境是相互依存的，系统必然要与外部环境产生物质的、能量的和信息的交换。能够经常与外部环境保持最佳适应状态的系统，属于积极的开放系统，因而也是理想的系统；不能适应环境变化的系统是难以存在的。比如，企业产品计划的制订必然要考虑市场环境与经济环境大背景的实际情况，企业的计划不能脱离环境的制约，否则将难以保证产品计划的顺利完成；反过来，企业产品的供给也会给市场的需求带来倾向性的影响，企业产品的结构和创新将导致市场需求的变化，从而为企业带来更好的收益。

从系统分析的角度来看，系统环境分析具有如下实际意义。

(1) 环境变化是系统工程新课题的来源。环境发生某种变化，如某种材料发生短缺，或者发现了新材料，都将引出系统工程的新课题。

(2) 系统边界的确定要考虑环境因素。这说明在系统边界的确定过程中，要根据具体的系统要求划分系统边界，如有无外协要求或技术引进问题。

(3) 系统分析与决策的材料来源于环境。例如，企业决策所需的市场动态资料、外企业新产品开发情况等都必须依赖环境提供。

(4) 系统的外部约束通常来自环境。这是环境对系统发展目标的限制。比如，资源、财源、人力、时间等方面的限制都会制约系统的发展。

3.1.2 系统环境的边界

定义了系统也就定义了环境，而使得系统与环境可以识别的界限称为系统的边界(图 1-2)。从空间结构看，边界是把系统与环境分开来的所有点的集合。从逻辑上看，边界是系统构成关系从起作用到不起作用的界限，系统从出现到消失的界限。这样说来，系统与环境的边界应该是明确的，但实际划分时却要具体问题具体分析。比如，国土的边界是明确的，但国家的边界是较难确定的，特别是在对外关系中如何保护国家的权力和利益就十分复杂。总的来说，划分系统与环境之间的边界需要遵守如下原则。

(1) 系统与环境之间应有一个界限。研究系统时首先要明确哪些是属于系统之内的元素，哪些是系统之外的环境。虽然在一些时候系统与环境的边界比较模糊，常常是你中有我，我中有你，但也有一定的规律可循。一般而言，系统环境边界在宏观层次上比较明确，在微观层次上就比较模糊；物质系统的边界比较明确，概念系统的边界就比较模糊。

(2) 系统与环境是“内外有别”的。系统内部的组成部分或元素，与不属于系统的其他事物之间有本质区别。系统内部的元素对系统的整体性有确定的影响，而属于环境中的事物却只对系统有偶然的影响。

(3) 环境有层次性和结构性。环境的层次通常可以按与系统的相对位置和与系统关系的密切程度、作用大小来划分，如一般环境、具体工作环境等。此外，环境也不是系统之外所有事物的杂乱堆砌，构成环境的各种事物之间也会有确定的关系和结构。

实际中，为了确定环境因素必须对系统进行分析，按系统构成要素或子系统的种类特征，寻找与之关联的环境要素。环境因素的确定与评价，要根据系统问题的性质和特点，因时、因地、因条件地加以分析和考察。通常要注意以下几点。

(1) 适当取舍。将与系统联系密切、影响较大的因素列入系统的环境范围，既不能太多，也不能过少。

(2) 对所考虑的环境因素，要分清主次，分析要有重点。

(3) 不能孤立地、静止地考察环境，必须明确地认识到环境是一个动态发展的有机整体，应以动态的观点来探讨环境对系统的影响及后果。

(4) 尤其要重视某些间接、隐蔽、不易被察觉的，但可能对系统有着重要影响的环境因素。

总之，对系统的环境因素及它们间的边界关系进行分析是认识、改造和构造系统的基本前提。

3.2　系统环境的主要内容

系统总是处在一定的客观环境之中，因此了解系统所处的环境是解决问题的第一步。系统工程研究的对象是开放系统，随着系统相关的环境因素属性或状态的改变，通过输入会使系统发生变化。从系统的观点看，全部的环境要素大致可分为三大类别(图 3-2)，即物理技术环境、社会人文环境和经济管理环境。

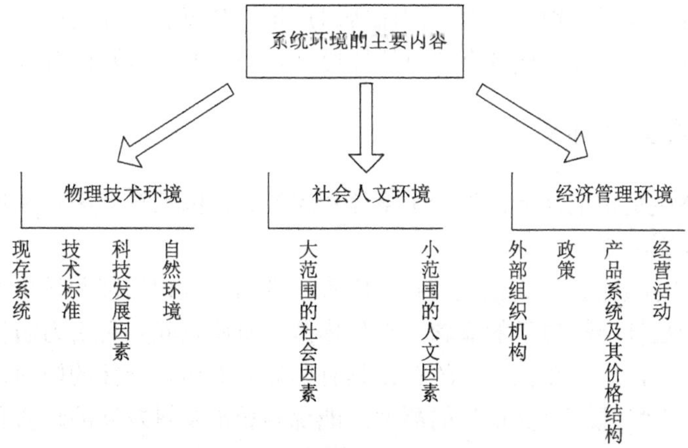

图 3-2　系统环境的主要内容

3.2.1　物理技术环境

物理技术环境是系统得以存在的基础，它是由事物的属性产生的联系而构成的因素和处理问题中的方法性因素，主要包括以下几项。

(1) 现存系统。现存系统的现状和有关知识对于系统分析是必不可少的，因为任何一个新系统的分析与设计都必须与现存系统结合起来。新系统与现存系统的并存性和协调性、现存系统的各项指标是进行系统分析必须考虑的因素。这就要求从产量、容量、生产能力、技术标准等方面考虑它们之间的并存性和协调性，同时要考虑现存系统的技术指标、经济指标、使用指标，以便使新系统的设计更为合理。此外，现存系统也是系统分析中收集各种数据资料的重要来源，如有关系统功能分析、实验数据、成本资料、材料类别、市场价格等，只有通过现存系统的实践才能提供。

(2) 技术标准。技术标准之所以成为物理技术环境因素，是因为它对系统分析和系统设计具有客观约束性质。实际上，技术标准是制定系统规划、明确系统目标、分析系统结构和系统特征时应遵循的基本约束条件。不遵守技术标准，不仅使系统分析和系统设计的结果无法实现，而且会造成多方面的浪费。反之，使用技术标准可以提高系统分析和设计的质量，节约分析时间，提高分析的经济效果。

(3) 科技发展因素。科技发展因素的估量分析对于系统的分析与设计是至关重要的。只有在对现有科技的发展充分了解的基础上才能使设计的系统发挥较高的效率，才能避免使设计的新系统在投产前就已过时。科技发展因素的分析，主要涉及在新系统发展之前是否有可用的科技成果或新发明出现，是否有新加工技术或工艺方法出现，是否有新的维修、安装、操作方法出现等三个方面的问题。这就要求在进行系统分析时，对上述三个方面的问题进行详细调研和分析，做到心中有数。

(4) 自然环境。与自然环境之间保持正确的适应关系是任何系统分析得以成功的基础，从某种意义上说，人类的全部创造都是在利用和征服自然环境的条件下取得的。因此，系统分析师把自然环境因素作为约束条件来考虑。自然环境主要包括地理位置、地形地貌、水文、气象、矿产资源、动植物等，它们是系统分析和系统设计的条件与出发点，如地理位置、原料产地、水源、河流等对厂址选择就有明显的影响。系统工作者在进行系统分析时必须充分估计到有关自然环境因素的影响，做好调查统计工作。

3.2.2 社会人文环境

社会人文环境是指把社会作为一个整体考虑的大范围的社会因素和把人作为个体考虑的小范围的人文因素。

(1) 大范围的社会因素。大范围的社会因素主要考虑人口潜能和城市形式两个方面的因素。人口潜能是社会物理学的概念，它是模拟物质质点间具有引力的物理概念提出来的。人口潜能表明，人们在社会中的存在具有明显的群居和交往的倾向，从人口潜能研究得出的“聚集”“追随”“交换”的测度，能说明城市乡村发展的趋势和速率，可用于产品及服务的市场估计。城市形式的研究主要是说城市是现在社会中物质和精神文明的汇集地，是人类的一大创造，城市的本质特征是规模、密度、构造、形状和格式。每个城市在它的应用结构和空间方法上都表现出一定的特征，研究城市形式可为城市规划、建筑、交通、商业、供应、通信等系统的分析和设计提供参考依据。

(2) 小范围的人文因素。在系统分析中，人的因素可以划分为两组：一是通过人对需求的反应而作用于创造过程和思维过程的因素；二是人或人的特性在系统开发、设计、应用中应予以考虑的因素，包括人的主观偏好、文化素质、道德水准、社会经验、能力、生理和心理上的特征等。

3.2.3 经济管理环境

经济管理环境是系统得以存在的根本，要使设计的系统发挥最大的经济效益，就必须充分考虑和分析系统与经济管理环境的相互关系。任何系统的经济过程都不是孤立进行的，它是全社会经济过程的组成部分，因此系统分析只有与经济管理环境相互联系才能得出正确的结果。

(1)外部组织机构。未来系统的行为将与外部组织机构发生直接或间接的联系，如同类企业、供应企业、科研咨询机构等。通过机构间的联系产生各种对口关系，如合同关系、财务关系、技术转让关系、咨询服务关系等。概括起来就是系统与外部组织机构之间存在着各种输入和输出关系。正确建立和处理这些关系对企业系统的生存与发展往往举足轻重。

(2)政策。政策对于系统的开发起到指导性的作用，它是一种最为重要的经济管理环境。在某种意义上是政策指出了企业的经营发展方向，政策影响着企业追求目标上的判断。因此，系统分析不得不充分估计到政策的影响和威力，系统分析人员必须懂得政策和制定政策的重要性。根据作用范围，政策可分为两类：一类是政府的政策，另一类是企业内部的政策。政府政策对企业起到管理、调解和约束的作用，企业内部政策则是在适应政府政策的前提下求取生存和发展的重要手段。

(3)产品系统及其价格结构。产品系统反映了社会的总需求及其供给情况，产品价格结构取决于国家的政策和市场供求关系，即经济管理环境是确定产品系统及其价格结构的出发点。在进行有关系统的分析时必须了解产品和服务存在的社会原因、工艺过程及技术经济要求、价格和费用构成，以及价格和利率结构变动的趋势，必须掌握这些变化对成本、收入及其他经济指标与社会的影响。上述因素是确定产品系统及其价格结构的直接依据，也是制定系统目标和系统约束的出发点，产品能否获得市场，价格是其重要的经济杠杆。

(4)经营活动。经营活动主要指与市场和用户等有直接关系的因素的总和。经营活动必须适应经营环境的要求，否则将一事无成。经营活动通常是指与商品生产、市场销售、原材料采购和资金流通等有关的全部活动，它的目的是获取更大的经营效果，不断促进企业发展壮大。在产品需求量稳定的情况下，经营目标要以提高市场占有率和资金利润率为主。在需求量不稳定的情况下，则以发展新产品和提高经济指标为主。改善经营活动的主要方面包括增强企业实力、搞好经营决策和提高竞争力。增强企业实力是基础，搞好经营决策是手段，提高竞争力是目的。

3.3 系统环境的分析方法

3.3.1 PEST 分析法

PEST 分析法是用来分析社会经济系统(特别是行业和企业)外部宏观环境的一种常见方法。宏观环境又称一般环境，是指影响一切行业和企业的各种宏观力量。对宏观环境因素做分析，不同行业和企业根据自身特点与经营需要，分析的具体内容会有差异，但一般都应对政治(political)、经济(economic)、技术(technological)和社会(social)这四大类影响行业和企业的主要外部环境因素进行分析，称为 PEST 分析法。图 3-3 简单描述了 PEST 分析法的主要内容。

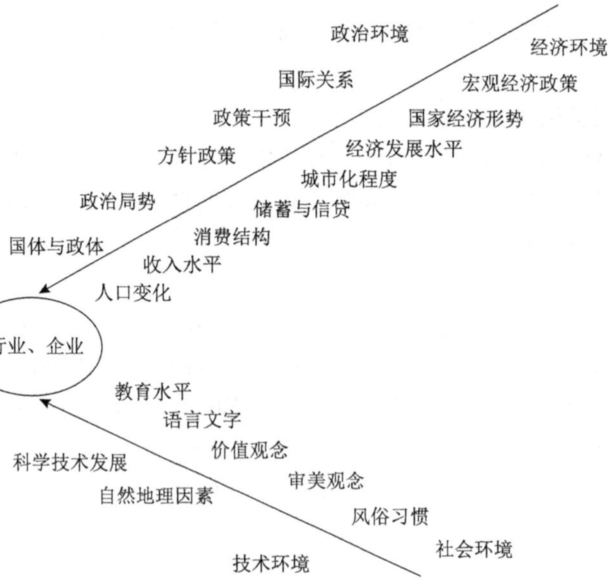

图 3-3　PEST 分析法的主要内容

3.3.2　SWOT 分析法

对环境因素进行分析时，除了分析一般环境外，还必须考虑系统的自身条件，把系统的内部环境与外部环境结合起来。经常采用的方法是 SWOT 分析法。SWOT 分析法也称态势分析法，在 20 世纪 80 年代初由美国旧金山大学的管理学教授韦里克提出，经常被用于企业战略制定、竞争对手分析等场合。SW 是指系统内部的优势和劣势；OT 是外部环境存在的机会和威胁。在分析内部环境时，既要考虑自身的优势，又要考虑自身的不足，并尽可能抓住外部环境提供的机遇、避免威胁因素对系统可能产生的不良影响。图 3-4 给出了在不同环境组合条件下企业系统可能的策略重点。

外部因素 \ 内部因素	优势	劣势
机会	SO 依靠内部优势 利用外部机会	WO 克服内部劣势 利用外部优势
威胁	ST 依靠内部优势 回避外部威胁	WT 克服内部劣势 回避外部威胁

图 3-4　SWOT 分析法的组合分析

➢思考题与习题

1. 什么是系统环境分析？为什么要进行系统环境分析？
2. 举例说明重大技术突破对某系统可能产生的影响。
3. 系统一般环境与具体工作环境有时会发生转变，试举例。
4. 举例对一个系统的环境进行详细分析。

第二篇

系统分析技术和方法

第4章

系统建模理论与方法

系统分析是系统工程方法论中的重要内容，无论是硬系统工程方法论，还是软系统工程方法论，都离不开系统分析这一重要环节。通过系统分析，有助于深刻把握系统的主要因素及其关系，而将这些因素与关系通过一定的方式加以表征，不仅有利于人们获得关于系统的知识并形成共识，而且可以简化系统，排除干扰因素，以便于对系统进行必要的操作与选择，达到人们期望的状态。而如何表征一个系统就是系统建模问题。

4.1 建模在系统分析中的作用

系统分析的一般步骤包括：划分系统边界、确立系统目标、分析系统现状、收集信息、确定判据、建立系统模型、优化系统、评价优化方案。其中建立系统模型是系统分析的重要一环，一个合适的系统模型不仅是对系统认识的进一步深化，而且是实现系统优化的重要途径。

4.1.1 模型的定义

为了更好地达到系统优化的目的，人们越来越重视对现实系统进行抽象和综合，而系统建模正是对系统进行抽象的过程。

实体是一切客观存在的事物及其运动形态的统称。它可以是有形的(如机器)，也可以是无形的(如气体)；可以是具体的，也可以是抽象的(如场)。模型是相对于实体而言的，模型是实体系统本质特征的抽象表述。具体而言，模型是对实体的特征要素、相关信息和变化规律的表征和抽象。模型只用于反映实体的主要本质(实体的主要构成要素、要素之间的联系、实体和环境之间的信息交换等)，而不是实体的全部。模型在一定意义上可以代替实体，通过对模型的研究，方便掌握实体本质。模型和实体之间的关系见图 4-1。

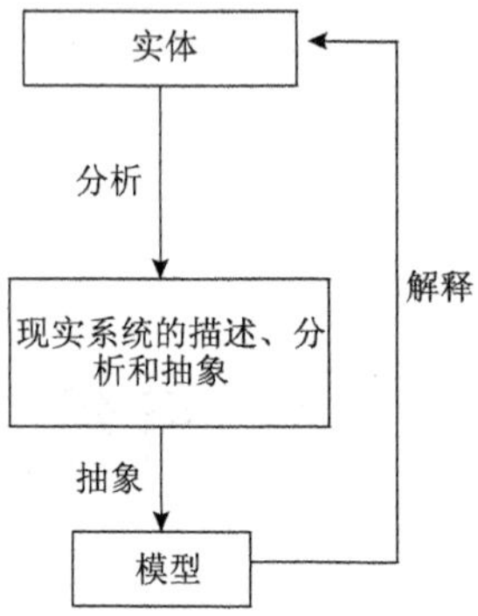

图 4-1 实体系统与模型

对实体进行建模以后可以利用某些方法对实体进行优化分析。但优化分析还必须结合原有实体的实际情况进行，否则可能导致模型分析的结果和现实严重不符。另外，实体的建模是一个反复过程，需要不断地将所建立的模型和实体进行对比分析，不断地对模型进行修正，可能是模型参数的修正，也可能是模型结构的修改。

影响系统的因素是系统建模时必须考虑的。通常根据所起作用的不同，影响系统的因素可分为以下几类：第一类因素在模型中可以忽略不计；第二类为对模型起作用但不属于模型描述范围的因素，这类因素为系统外部环境因素，在模型中可视为外生变量(exogenous variables)，或者叫参数和输入变量(input variables)，或者叫自变量(independent variables)；第三类是模型所需研究的因素，这类因素是描述模型行为的因素，叫内生变量(endogenous variables)，或者叫输出变量(output variables)，或者叫因变量(dependent variables)。根据输入变量是否可控，将变量划分为控制变量(决策变量)和干扰变量。通常只能通过改变控制变量来进行系统优化。

例如，某企业以最大利润为目标来确定产品可以接受的最大成本，系统分析人员可以根据利润、产量、市场和成本等因素来构建系统模型。其中，利润为因变量，而产量、市场、成本为自变量。

对系统因素进行分类意义重大，如果选择不当会致使模型过于复杂难以求解；或者模型过于简单，不能反映现实系统。

4.1.2 模型的作用

建模的目的是根据系统目标，描述系统的主要构成要素，分析各个构成要素之间的联系，研究系统和环境之间的信息传递关系及明确实现系统目标的约束条件等。建模在系统分析中的作用可以概括为以下几点。

(1)方便对系统的理解和认识：尤其对于复杂系统而言，模型只是系统的抽象，通过对模型的学习，人们容易掌握系统的运行原理和主要构成，所以模型可以帮助人们认识和理解系统(谭跃进等，1999)。而且，只有对系统进行充分的理解才能对系统进行正确分析。

(2)建模在整个系统分析过程中起到承上启下的作用：系统分析中系统目标的确立、

历史信息的收集等都是为系统建模服务的，而系统建模的结果是系统优化方案的构建及方案选择的依据。

(3) 系统模型用于系统分析：有些实体很难通过实验进行相关性质的测定，但所有系统都可以通过建模来进行系统可靠性、稳定性分析。

(4) 建立模型便于揭示系统的本质规律：通过模型参数变化得到的研究结果可更容易揭示系统的本质规律。

4.2　系统建模的一般原理

4.2.1　系统建模的基本理论

系统建模的基本理论有黑箱理论、白箱理论和灰箱理论。

(1) 黑箱理论：黑箱理论是将整个系统看作未知的黑箱，通过控制系统可控因素的输入、观测系统的输出来模拟系统所实现的功能、确定系统运行规律的理论方法。黑箱理论适用于对系统内部结构、内部要素之间的联系不清楚的系统进行分析。

(2) 白箱理论：若系统建模人员对系统的内部结构、内部要素之间的联系及系统和环境之间的联系很清楚，可以利用白箱理论来进行系统建模。白箱理论可以控制系统模型的输入和输出来引起系统状态的变化，进而描述系统规律。

(3) 灰箱理论：若对系统的内部构成和各构成要素之间的联系情况，只有部分是清楚的，其他部分不清楚的系统，可采用灰箱理论来描述系统规律。

4.2.2　系统建模的原则

我们所面临的系统是各种各样的，需要建立的模型也是多种多样的，但是不管建立什么样的模型，都必须遵循以下原则。

(1) 现实性：建模的目的是抽象现实系统和改进现实系统，所以模型必须立足于现实系统，否则建立模型是没有意义的。

(2) 准确性：准确性一方面指模型中所使用的各种变量和数据公式、图表等信息要准确，因为这些信息是求解模型和研究模型的依据；另一方面指模型要能准确反映系统的本质规律。

(3) 可靠性：模型既然是实际系统的替代物，它必须能反映事物的本质，且有一定的精确度。如果一个模型不能在本质上反映实际系统，或者在某个关键部分缺乏一定的精确度，那就存在着潜在的危险。

(4) 简明性：模型的表达方式应明确、简单，变量的选择不能过于烦琐，模型的数学结构不宜过于复杂。对于复杂的实际系统，若建立的模型也很复杂，则构造和求解模型的费用太大，甚至由于因素太多，模型难以控制和操纵，这就失去了建模的意义。

(5) 实用性：模型必须能方便用户进行处理和计算。因此要努力使模型标准化、规范化，要尽量采用已有的模型。这样既可以节省时间和精力，又可以节约建模费用。

(6) 反馈性：人们对事物的认识总是一个由浅入深的过程，建模也是一样的。开始可以构建系统的初步模型，然后逐步对模型进行细化，最后达到一定的精确度。

(7) 鲁棒性：由于系统环境等因素的多变性，不可能不断对系统进行建模，这要求模型对现实问题的变动有一定的不敏感性。

4.2.3 系统建模的基本步骤

虽然对于不同的系统应该建立不同的模型，但是系统建模的步骤常常大同小异。系统建模之前通常要分析现实系统、收集相关信息、找出主要因素、找出系统的变量并对变量进行分类、确定变量之间的关系、确定模型结构、检验模型的效果、改进和修正模型及将模型应用于实际。

(1) 分析现实系统：包含系统目标、系统的约束、系统的范围、系统的环境，并确定模型的类型。

(2) 收集相关信息：根据上面对现实系统的分析收集资料，并确保信息的正确性和有效性。

(3) 找出主要因素：影响系统的因素有很多，包含内部因素和外部因素。但要找出关键因素并分析各个因素之间的关系。

(4) 找出系统的变量并对变量进行分类：通过对因素进行分析得到相应的变量，并对变量进行分类。

(5) 确定变量之间的关系：根据因素之间的关系及变量的类别确定变量之间的关系，另外还要分析变量的变动对目标实现的影响。

(6) 确定模型结构：根据系统的特征、建模对象、各变量之间的关系构造模型结构。

(7) 检验模型的效果：检验模型是否能在一定的精度范围内反映现实问题。

(8) 改进和修正模型：若模型不能在精度约束下反映原有问题，要检查出原因，并根据原因对模型的结构或者参数进行改进和修正。

(9) 将模型应用于实际：对于满足要求的模型可以在实际中加以应用，但是每次应用该模型都必须要进行再次检验，尤其是社会经济系统的模型，因为社会经济系统的环境因素变化太快，而且社会经济系统受环境因素的影响很大。

4.3 系统模型的分类

采用不同的分类标准，可以将系统模型划分为不同的种类，如按建模的对象进行分类，可将模型划分为经济模型、社会模型、生态模型和工程模型等；按建模对象的规模进行分类，可将模型划分为宏观模型、中观模型和微观模型；按模型的用途进行分类，可将模型划分为预测模型、结构模型、过程模型、决策模型、性能模型、组织模型、行为模型、最优化模型等；按模型中变量的性质进行分类，可将模型划分为动态模型和静态模型、连续模型和离散模型、确定性模型和随机模型等。

下面介绍按形态对模型进行的分类，其分类结果如图 4-2 所示。

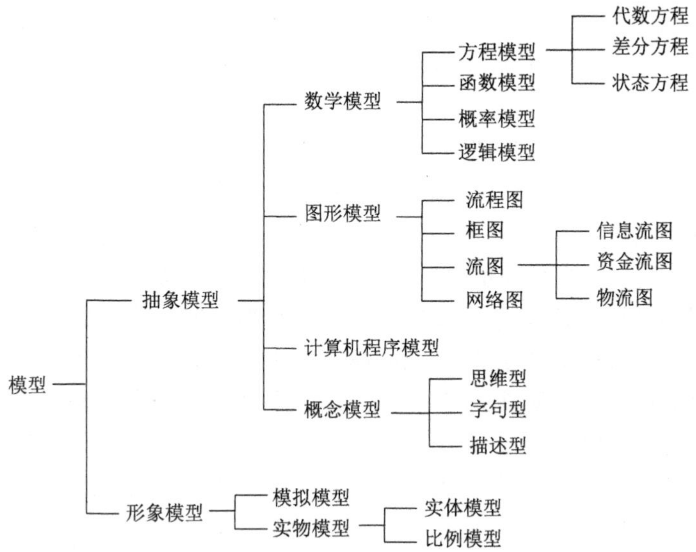

图 4-2　模型的分类

4.3.1　形象模型

形象模型是指用少量文字、简明的数字、不同形式的直线和曲线所构成的图形来直观、生动、形象地表示系统的功能、结构，揭示系统的本质和规律的模型。如教学用的原子模型、汽车模型、地形的沙盘模型等。但并不是所有系统都能建立形象模型，只有有形的实体系统才能建立形象模型。

形象模型又可以划分为模拟模型和实物模型。其中模拟模型是用物理属性来描述系统的模型，它在构成要素上可能和原系统不同，但是在模型的活动上和原系统类似。模拟模型的目的是用一个容易实现控制或求解的系统替代或近似描述一个不容易实现控制或求解的系统。通常模拟模型既可用实体形式抽象，又可用数学形式抽象。而用数学形式抽象出的系统模拟模型称为数学模拟模型(如系统动力学模型)；用实体形式抽象出的系统模拟模型称为实物模拟模型。实物模型则是原系统的放大或者缩小版，无论是构成要素还是活动都和原系统相似，如教学中的原子模型。

4.3.2　抽象模型

抽象模型是指用数字、字符或运算符号等非物质形态来描述系统的模型，它没有具体的物理结构。例如，用数学公式描述的模型、用逻辑关系描述的框图、用类比方法描述的类比模型等。这类模型的特点是，只是在本质上与系统相似，只反映系统的本质特征，但从模型表面上已看不出系统原型的形象。具体细分，抽象模型又可分为数学模型、图形模型、计算机程序模型和概念模型。

1. 数学模型

数学模型是指用字母、数字和各种数学符号来描述系统的模型，具体又可分为方程模型(静态投入—产出模型)、概率模型(指用已有的数据按概率统计的方法建立模型，如随机服务系统模型)、函数模型(如柯布-道格拉斯生产函数)和逻辑模型(逻辑变量按逻辑运算法则建立模型)(梅长林和周家良，2002)。数学模型是现实利用率最高的，主要有以下几点原因。

(1)数学模型是定量化的基础。自然科学及工程技术领域数量上精确与否直接关系着质量的优劣，其重要性自不待言。社会科学领域中只凭热情和定性，主观片面进行决策的后果更为严重。因此，定量化问题和决策质量的关系已引起各方面的重视。

(2)数学模型是科学实验的重要补足手段，是预测的重要工具。有的系统的活动要耗费大量物资、花费很高代价才能取得成果；有的则很难做实验，甚至不可能做实验。这时，只有依靠建立的数学模型进行预测或模拟，才能经济方便地得知结果。

(3)数学模型是现代管理科学的重要工具。世界上任何资源都是有限的。如何利用有限的资源取得最佳的经济效果，是组织和管理中最重要和最为人所关心的课题。数学模型在这方面有特殊的优越性，是其他类型的模型所无法比拟的。因此，它在系统工程和运筹学中占有重要的地位。

2. 图形模型

图形模型指用少量文字、不同形式的直线与曲线所构成的图和表来描述系统结构及系统机理的模型。这类模型可以直观反映系统的本质和规律。根据所使用图形的不同，又可以将其划分为流程图、框图、网络图、流图等。

(1)流程图：反映某种实体系统各项活动的流转过程，如生产流程图。

(2)框图：系统通常可以细分为子系统，框图模型是利用方框来代表子系统从而简化了对系统和子系统之间的关系、系统运行的机理的描述。

(3)网络图：用来描述系统构成要素之间的逻辑联系、结构层次、空间分布等，如管理决策的层次结构、企业的组织结构。

(4)流图：根据其反映内容不同，又可分为信息流图、资金流图和物流图。信息流图反映系统内部及系统和环境之间信息的传递关系；资金流图是对系统中与资金有关的活动进行模拟，以达到最大限度地降低成本、获得最高收益的目的；物流图是模拟系统中物资的流动方向、流量、距离和费用等内容，对研究工厂布局、计算运费、确定运输工具有重要意义。

3. 计算机程序模型

计算机程序模型是一类用来描述系统和对系统的动态行为进行研究的特殊模型，这类模型往往抽象程度较高。在系统分析中，计算机程序模型通常用来对系统进行模拟，刻画系统的动态特性，并可对方案进行性能比较，但计算机程序模型的基础是系统的结构与功能关系模型，且运行环境必须借助于计算机。

4. 概念模型

概念模型是通过人们的经验、知识和直觉形成的，这种模型往往最为抽象，即在缺乏资料的情况下，凭空构想一些资料，建立初始模型，再逐渐扩展而成。它们在形式上可以是思维型、字句型或描述型。当人们试图系统地想象某一系统时，就用到这样的模型。

4.3.3　几种基本的建模工具

常用基本的建模工具主要有矩阵、文氏图、树形图和卡氏图。下面用案例分别说明上述几种建模工具的引用。

案例：按照教授职称和工程师职称两项指标将大学教师进行分类。设 A 表示具有教授职称，B 表示具有工程师职称，相应的 $\overline{A}$ 和 $\overline{B}$ 分别表示没有教授职称与没有工程师职称的大学教师，所以待分类对象必然归属于下述四类中的一类：AB、$A\overline{B}$、$\overline{A}B$ 和 $\overline{A}\overline{B}$。

1. 矩阵

用矩阵的形式进行系统建模。例如，将上面的例子用矩阵来表示，如图 4-3 所示。

	B	$\overline{B}$
A	AB	$A\overline{B}$
$\overline{A}$	$\overline{A}B$	$\overline{A}\overline{B}$

图 4-3　大学教师分类矩阵

假设要对 100 名大学教师进行分类，其中 20 人为教授，50 人为工程师，则可以推算属于 AB 类的人数不能大于 20。假设其分类矩阵如图 4-4 所示。

	B	$\overline{B}$	
A	9	11	20
$\overline{A}$	41	39	80
	50	50	

图 4-4　大学教师分类矩阵举例

矩阵模型一般不能给出确切的分类结果，但是从中可以得到一些信息，便于进行进一步分析。

2. 文氏图

用文氏图进行系统建模对于简单的系统很实用。下面对上例用文氏图来进行建模（图 4-5）。

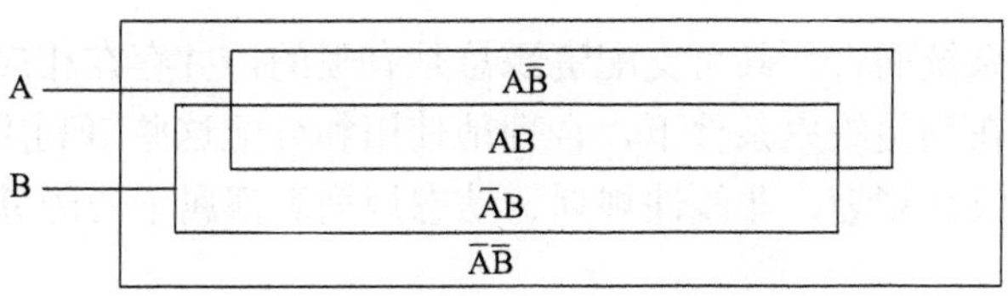

图 4-5　大学教师分类文氏图

3. 树形图

树形图是另外一种常用的建模工具，常用于构造分类模型，仍然利用对大学教师进行分类的例子来进行说明(图 4-6)。图 4-6 中首先用 A 作为标准来进行分类，然后在子类中用 B 作为标准进行分类。

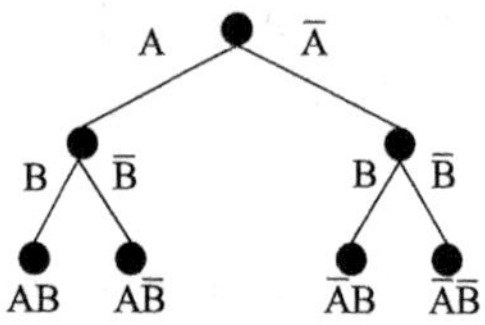

图 4-6 大学教师分类树形图

4. 卡氏图

卡氏图也是一种常用的建模工具，下面利用对大学教师进行分类的例子来进行说明(图 4-7)。

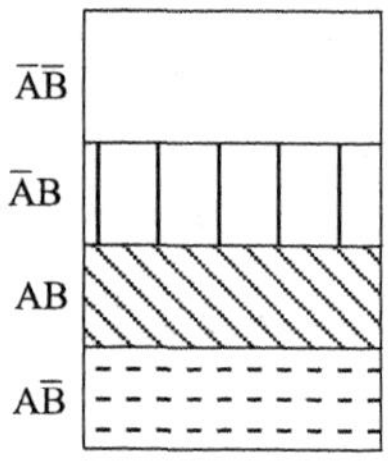

图 4-7 大学教师分类卡氏图

随着系统分类的因素增多，用矩阵、文氏图、树形图和卡氏图建立的模型的复杂度会增加。

4.4 常用的几类经济数学模型

经济数学模型是经济管理系统优化分析的主要工具，通常我们根据研究对象的不同，采用不同的经济数学模型来分析系统或各子系统的投入产出特性并对系统方案进行评价与优化。下面介绍几种常用的经济数学模型。

4.4.1 资源分配模型

对于任何一个系统而言，其可支配资源总是有限的，并存在相应的环境约束。资源分配模型的目的是在满足约束条件下，合理地使用和分配这些可利用资源使得系统达到最佳效益。常用的线性规划、非线性规划、动态规划等都属于资源分配模型。

4.4.2 存贮模型

为了使生产经营系统得以正常运转，一定量的资源储备是必要的。如何合理地确定各种资源的储备数量，从而使资源的采购成本、存储费用和资源短缺所造成的损失之和最小，就是存贮模型需要解决的问题。通常采用的存贮模型有库存模型和动态规划模型。

4.4.3　输送模型

输送模型需要解决的问题是在一定的资源约束下(车辆、道路和资金等)如何使总的系统的单位运输费用达到最低，运输效率达到最高。常用的输送模型有图论、网络模型、运输规划。

4.4.4　等待服务模型

排队系统通常可以划分为两个部分：要求服务的对象和提供服务的机构。等待服务模型要解决的问题是如何使服务对象的总体等待时间最短，提供服务的机构利用率达到最高，所需要的服务机构最少。为了对等待服务模型进行求解通常要用概率统计的理论和方法找出服务对象到达的概率分布、服务的规则等问题。常用的等待服务模型有排队模型。

4.4.5　指派模型

任务的分配、生产的安排及加工顺序问题是日常生产和生活中常见的问题，如何进行资源分配和任务安排，使得完成全部任务所花费的时间最短、消耗的费用最低，这就是指派性问题。常用的指派模型有整数规划模型和动态规划模型等。

4.4.6　决策模型

决策分析是系统分析中重要的环节之一，其要解决的问题是从众多方案中选择最优或者是非劣方案(林齐宁，2003)。决策模型相对于上面所提到的模型要复杂得多，需要众多的技术支持，而且通常难以完全量化。常用的决策模型主要包括决策分析模型与博弈论模型。

4.4.7　其他模型

经济和管理系统中的问题通常复杂度较高，需要解决的问题很多，可以利用的模型也很多，除了上面介绍的模型以外，还有解释预测模型、投入产出模型、评价模型等。

系统分析是一项很复杂的工作，不仅涉及定量的问题，还会涉及定性的问题；不仅涉及经济问题，还会涉及政治和法律问题。另外，系统在各个阶段的目标也会存在差异。因此，对于不同的系统要建立不同的模型，对于系统的不同阶段也要建立不同的模型。还有系统用到的可能是多种模型的综合而不是单一模型。

➢思考题与习题

1. 简述系统建模的复杂性和重要性。
2. 确定系统建模的原则有哪些，并解释原因。
3. 阅读一篇论文，阐述其模型运用。

第5章

系统结构模型化方法

通过模型对系统进行描述，是我们对系统本质特征的认知过程；通过模型对系统进行刻画，是我们对系统进行再设计、再优化的过程。模型有千千万，而结构模型是一类通过图与矩阵反映系统的结构特点和因果关系的模型，由于其充分发挥了直观性的特点，从而成为认识与研究复杂系统的有效手段。

5.1 系统结构的概念

5.1.1 概念

系统结构是指组成系统的各要素(子系统)之间在数量上的比例和空间或时间上的联系方式，即系统内诸要素相互依赖、相互作用的内在方式，也就是各要素在时间或空间上排列和组合的具体形式。

一切系统均有结构，结构是系统的普遍属性。没有无结构的系统，也没有离开系统的结构。无论是宏观世界还是微观世界，一切物质系统都无一例外地以一定结构形式存在、运动和变化着。

结构具有不同的形式，其基本形式有数量结构、时序结构、空间结构和逻辑结构。另外，还可以把结构划分为平衡结构与非平衡结构、有序结构与非有序结构等形式。各构成要素之间的联系排列方式保持相对不变的系统结构称为平衡结构，如晶体结构，这种系统结构中的各个要素有固定位置，它的结构稳定性非常明显。系统的各组成要素对环境经常保持着一定的活动性，系统必须与环境不断进行物质、能量、信息交换才能保持有序性的系统结构，称为非平衡结构，这种结构本质上是一种动态结构。有序结构与非有序结构的划分主要是以系统内有无固定的秩序为标志。

5.1.2 整体与结构的关系

整体与结构的关系是系统关系的基本内容。搞清这一关系不但有助于我们深入揭示系统的整体特征及其发展变化的根源，同时有利于我们根据系统整体的不同需要而去规划、设计各种人造系统的内部结构，实现系统结构的最优化。整体与结构的关系表现为以下四个方面。

1. 结构是系统整体存在的基础

任何系统都作为一个整体而存在。结构紧凑而合理，系统整体性就强；结构松散而不合理，系统整体性就差；结构一旦解体，整体也就不存在了。在系统中，结构联系为相互结合的各种要素提供了新的活动条件，弥补了原来各种要素在孤立状态时的缺陷，因而系统便形成新的属性和功能。

2. 结构的变化将导致系统整体性能的变化

以下四种情况将导致系统整体性能的变化：构成整体的要素不变，其空间关系发生变化；构成整体的要素不变，其时间次序发生变化；构成整体的要素之间发生数量比例关系的变化；构成整体的要素之间的相互协调程度的变化。

3. 结构是整体与部分相互联系、相互作用的纽带

整体只有通过结构才能控制部分、支配部分，而部分只有处于一定结构中，才能反作用于整体。

4. 结构受整体的制约

结构是整体存在和发展的基础，但同时它又受到整体的制约。任何结构都是一定整体的结构，结构随整体特性的变化而变化。任何结构都是适应整体变化需要而诞生的，当一个结构不能满足这种要求时，它就要被新的结构所取代。

5.2　系统结构的特性

结构是系统要素内在有机联系的具体形式，通常具有以下特点。

5.2.1　系统结构的稳定性

系统之所以能够保持它的有序性，是因为系统各要素之间有着稳定的联系。稳定是指系统整体状态能持续出现，这种持续出现可以是静态的，也可以是动态的。系统受到外界环境的干扰，有可能偏离某一状态而不稳定，但一旦干扰消除，系统又可恢复原来状态，继续保持稳定，系统总是趋向于保持某一状态。

5.2.2　系统结构的层次性

系统结构的层次性包括两方面含义：等级性和多侧面性。等级性是指任何一个复杂系统都可以从纵向上分为若干等级，其中低一级的系统结构是高一级系统结构的有机组成部分。例如，从公司到厂、车间、工段、班组、岗位等就是一种等级系统结构。多侧面性则是指任何同一级的复杂系统，又可以从横向上分为若干相互联系而又各自独立的平行部分。例如，公司经营活动的组织形式可分为研发中心、销售中心、制造中心、物流中心、投资中心等。

系统结构的层次性反映了系统要素在构成上的等级和次序，也反映了要素构成系统过程中存在的质变。通常，系统层次结构的划分结果随着研究系统目的的不同而不同。但是所有的系统层次结构都满足中下层元素对上层元素是服从和支撑关系，而上层元素对中下层元素是控制关系。

针对实体系统而言，系统由部分构成，部分由子系统构成，而子系统由配件构成等。表 5-1 是这类系统层次结构的一般描述。

表 5-1 系统的层次

层次	描述
系统	有特定目标的部分集成体，如“神舟”系列载人飞船
部分	是系统的主要构成，如航天员系统、飞船应用系统、运载火箭系统、发射场系统、载人飞船系统、测控通信系统和着陆场系统
子系统	部分中可实现独立功能的配件集成体，如运载火箭系统有箭体结构、控制系统、动力装置、故障检测处理系统、逃逸系统、遥测系统、外测安全系统、推进剂利用系统、附加系统、地面设备等十个子系统
配件	由子配件构成，并且它组成了子系统，如构成逃逸系统的五种固体发动机及整流罩的上半部分等
子配件	组分的集成体，由它组成配件，如构成高空逃逸发动机的若干部分
组分	由零件组成
零件	系统最底层的可识别的主体

5.2.3 系统结构的相对性

系统结构的层次性决定了系统结构和要素之间的相对性。在系统结构的无限层次中，高一级系统内部结构的要素又包含着低一级系统的结构，复杂大系统内部结构中的要素又是一个简单的结构系统。因此，结构与要素是相对于系统的等级和层次而言的。

树立系统结构具有相对性这个观点使人们在认识事物时，可以减少简单化和绝对化：既注意到把一个子系统当作大系统结构中的一个要素来对待，以求得统一和协调；又注意到一个子系统不仅是大系统中的一个要素，它本身又包含着复杂的结构，应予以区别对待。一般来说，高一级的结构层次对低一级的结构层次有着较大的制约性，而低一级结构又是高一级结构的基础，它也反作用于高一级的结构层次，它们之间具有辩证的关系。如航空发动机作为一个系统，其机体子系统与进气道、压气机、燃烧室、涡轮和尾喷管等其他的子系统之间有着密切的关系，存在着相互制约又相互依存的关系。

5.2.4 系统结构的开放性

系统可以分为开放系统和封闭系统，但任何系统结构都不会是绝对封闭和绝对静态的，任何系统总存在于环境之中，总要与外界环境进行能量、物质、信息的交换，系统的结构在这种交换过程中总是不断变化，由量变到质变，这就是系统结构的开放性。任何系统结构在本质上都是开放的，总处于不断变化的过程中，坚持系统结构的开放性观点，才是分析事物的科学态度。

5.3　系统结构的逻辑关系分析方法

系统结构的逻辑关系分析是系统结构分析的重要组成部分，系统结构分析是系统分析和系统设计的理论基础。

系统结构是系统保持整体性和使系统具备必要的整体功能的内部依据，是反映系统内部要素之间相互联系、相互作用形式的形态化，是系统中元素秩序的稳定化和规范化。

系统结构的出发点是目的性，主要内涵特征是集合性、相关性和层次性，整体性和环境适应性是系统内、外部协调的表征。系统结构的逻辑关系分析就是为了找到系统应具有的合理结构。

在总目标和环境因素约束下，系统的元素集合、元素关系集合及它们在层次分布上的优化组合，将使系统得到优化输出。

系统结构的逻辑关系分析方法通常有如下三种：Delta 框图、因果关系法、结构模型法。结构模型法将在后面详细讨论。

5.3.1　Delta 框图

Delta 是组成 Delta 框图的五个元素的英文首字母的缩写，这五个元素是决策框(D)、事件框(E)、逻辑框(L)、时间箭头(T)和活动框(A)。Delta 框图还包含连接矩阵和接地符号两个元素，接地符号是用来表示结束的。Delta 框图的七个符号如图 5-1 所示。它们可以像流程图一样用来表示系统结构、系统总体设计的概念和作业流程等。

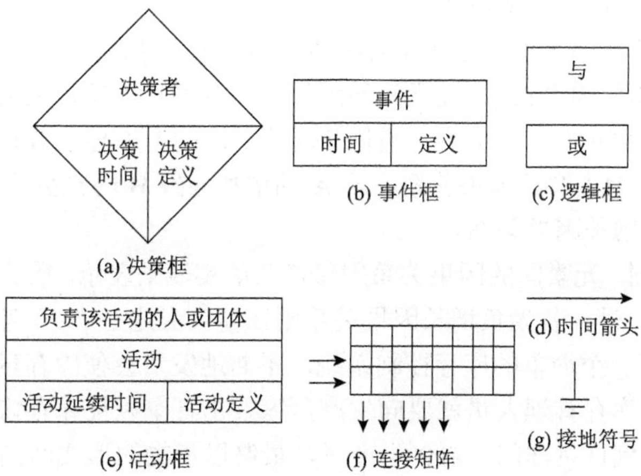

图 5-1　Delta 框图的七个符号

Delta 框图中不仅有事件框和活动框，还有决策框和逻辑框，因而这允许 Delta 框图有选择性并且可以有反馈回路。事件和活动代表的意义也可以在图中标明，在 Delta 框图中：①决策框代表可以在两者或多者之间进行选择；②事件框代表一个活动的完成，如商品被送到超市；③逻辑框代表“与”或“或”的逻辑关系；④时间箭头表明完成一项活动需要的时间；⑤活动框表明正进行或将要完成的动作，如商品正在被送往超市；⑥连接矩阵是表明活动框输入与输出关系的一种简捷方便的方式。输入从矩阵的左边引入，输出从矩阵底部引出；⑦接地符号是一个活动或项目的结束标记。

图 5-1 中，Delta 框图中有些符号根据具体问题可以作一定的简化，如可以省掉日期、延续时间、定义和连接矩阵等。如果再将 Delta 框图中的逻辑框省略，那么所得出的 Delta 框图基本类似于传统框图。

Delta 框图的自解释性及其清晰性是它的主要优点，它可以被大多数人所理解。在 Delta 框图的各种应用中，主要表现出如下一些优点。

(1) 当群体共同完成一个项目时，Delta 框图能使群体较快地认识系统结构，明白如何发挥各自的功能才能很好地完成最终目标。

(2) Delta 框图的清晰性使它成为一种很有用的相互交流的工具。

(3) 按框图行事，则可大大提高效率。

(4) Delta 框图提供了一种可以有效地、清晰地描述复杂系统相互关系的工具。采用这种工具可以先认识系统的结构，再认识整个系统，从而可以使复杂系统易于理解。

(5) Delta 框图尤其适用于元素较多、风险较大的系统。

5.3.2 因果关系法

因果关系法可描述系统中元素间的因果关系、系统的结构和系统的运行机制。这对系统建模来说是非常有用的。只有把握了系统的结构和运行机制，才能建立起高质量的模型。

因果关系法可分以下几个步骤。

(1) 确定系统的主要元素。这些元素应能表明系统的状态。

(2) 找出元素间的因果关系。元素间的因果关系分为正增长因果关系和负增长因果关系。例如，元素 A 和元素 B 之间存在着因果关系。A 的增加导致 B 的增加，A 的减少导致 B 的减少，这即为正增长因果关系；若 A 的增加导致 B 的减少，而 A 的减少导致 B 的增加，这即为负增长因果关系。

(3) 绘制因果图。元素间的因果关系用带箭头的实线来表示。若为正增长因果关系则在箭头旁注上“+”号；若为负增长因果关系则在箭头旁注上“−”号。

图 5-2 反映了一个简单的库存控制系统。不断地发货会使库存量减少，当库存量减少至某一水平时，库存管理人员就要向生产厂家发出订单以使库存恢复。这样关于当前库存的信息就传递到订货部门，再到生产者，最终以货物的形式回到库存部门。

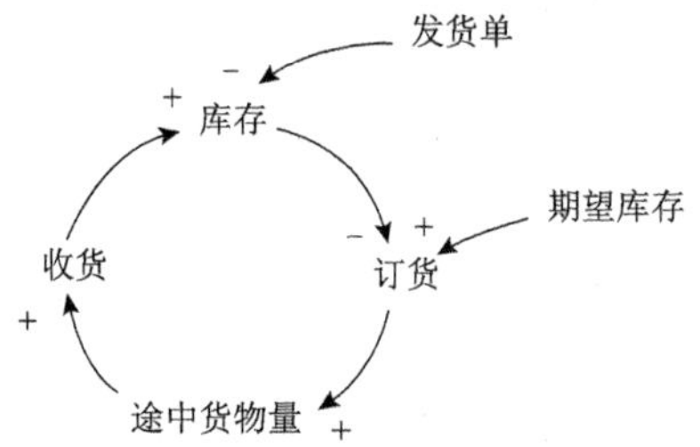

图 5-2 库存控制系统

如果某一因果关系环中全是正增长因果关系或有偶数个负增长因果关系，那么说明这个系统是正反馈环，是系统自增强的，这种系统往往是不稳定的。

社会经济系统的发展最终总是要受到资源的限制，因而一般所考虑的社会经济系统都是负反馈环，均不同程度地存在着负反馈机制，具有系统的自调节功能，形成稳定的系统。所以，要正确认识系统的结构和运行机制，才能建立高质量的模型，得到正确的结果。

5.4　系统的结构表述

要分析系统的结构，必须先弄清楚该系统中含有哪些要素，以及这些要素之间存在怎样的相互影响和相互制约关系。

5.4.1　系统要素的选取及其关系的确定

目前还没有哪种定量的方法能够自动识别系统的要素，并判定要素的构成。因此，系统要素的选择主要还是依靠系统分析人员的智慧。系统要素的选择及要素间相互关系的确定的主要步骤如下。

1. 挑选系统分析人员

成员数以 10 人左右为宜，所选成员应对所选问题持关心态度，应保证持有各种不同观点的人入选。

2. 设定问题

由于小组成员掌握的情况、分析的目的是散乱的，各自站在不同立场，为了使研究工作很好地开展，预先必须使用 K. J.法[①]、“5W2H”疑问法等方法，明确规定所研究的问题。

3. 选择构成问题的要素

NGT(nominal group technique)——名义分组法，这种方法能把个人的想法与小组的集体创造性思考很好地结合在一起，它的程序如下。

(1) 选择对问题比较熟悉的人员，组成 7～8 人的小组，选出一名领导、一名记录员。领导应熟悉所研究的问题，对过程起着组织的作用，并具有高度概括的能力。

(2) 进行问题的设定。一定要使每个成员非常清楚地了解所研究的问题。

(3) 针对提出的问题，每个成员把各自想到的事情写在纸上，一般限制在 15min 左右。

(4) 每个成员要讲出自己的想法，记录员要把这些想法用全体成员都能看到的大字写在一张纸上(或黑板上)，或通过计算机投影到屏幕上。

(5) 全体成员边看边讨论、修改、明确，同时把意义和内容相似的方案(要素)归纳为一个。

(6) 各成员为修正了的各个方案定上顺序，这就是 NGT 的结论。

用这种方法能在较短时间内得到很多方案，而且使小组成员参与计划的意识保持旺

① 由日本文化人类学家川喜田二郎(Kawakita Jiro)所创造。

盛状态，要素项目以 10～30 项为宜，过多或过少会使模型的理解产生困难。

4. 建立要素之间的关系

决定要素间有无关系，在结构模型的程序中最为重要。开始必须明确关系的含义(因果关系、优先关系、包含关系、影响程度、重要程度等)。判断时最好靠直觉进行，这样得出的是要素间的直接关系，若经过分析和讨论，就会包含间接的关系。如果最终意见难以统一，可构造两种或两种以上的结构模型。

从结构模型实施的整个过程我们可以了解到：结构模型是从明确问题开始的。当系统的研究对象确定后，参加制定模型的人员根据对系统及其组成部分的了解和调查，在意识中已经形成一些不完整的有关系统结构的知识。也就是说，对于系统各元素或子系统 $s_1, s_2,\cdots,s_n$ 之间的相互关系有了相当程度的掌握，能够回答所有或大部分“s_i”是否可达“s_j”，即“$s_iRs_j(i=1,2,\cdots, n;\ j=1,2,\cdots,n)$”的问题。通常称这种了解为“意识模型”，再经过相互之间的讨论形成一致的或大体一致的看法(本着求同存异的原则)。要把要素间关系输入计算机，由人和计算机经过多次对话逐渐构成结构模型所对应的矩阵。整个过程如图 5-3 所示。最终得出的结构图可以将结果与原先构思的模型进行比较。针对比较结果，或修正结构模型，或修正矩阵模型，或修正系统元素集合，直到满意为止。这个过程也是一个统一工作人员思想、提高工作人员认识的过程。

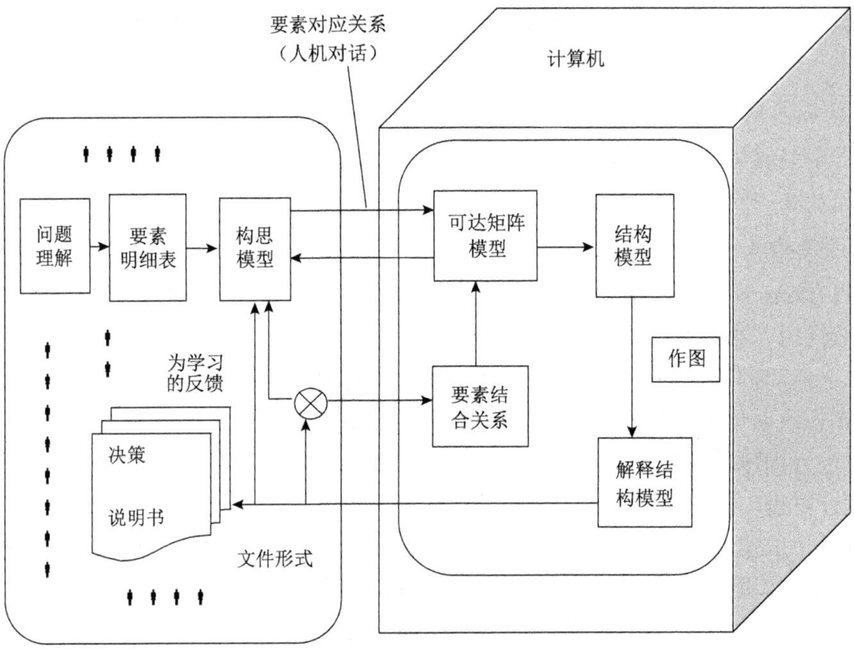

图 5-3 人机对话解释性的结构模型

5.4.2 系统结构的构成

任一系统都含有若干要素，而且要素之间存在着一定的逻辑关系，这些关系可理解为“影响”“取决于”“先于”“需要”“导致”或其他的含义。我们分别记：系统 S 的要

素集为 X，关系集为 R。即

$$X=\{s_1,s_2,\cdots,s_n\}，n\text{为要素数目}$$

$$R=\{r_{ij}\}，i,j=1,2,\cdots,n，r_{ij}=(s_i,s_j)\text{或者 } r_{ij}=s_iRs_j(s_i\text{ 同 } s_j\text{ 存在二元关系})$$

则系统 S 可表达为

$$S=(X,R)$$

图 5-4 是一个由四个要素组成的系统。

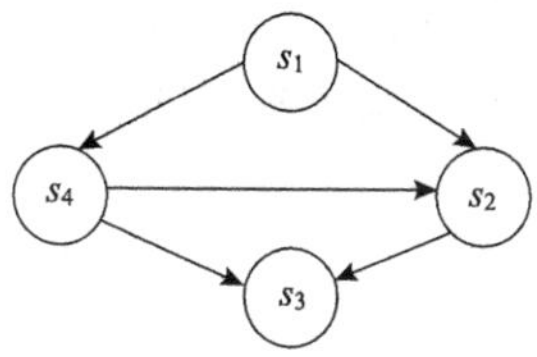

图 5-4　系统构成定义

图 5-4 所示的系统 $S=(X,R)$。其中 $X=\{s_1,s_2,s_3,s_4\}$，$R=\{(s_1,s_2),(s_1,s_4),(s_2,s_3),(s_4,s_2),(s_4,s_3)\}$。

在系统中，由于要素间的关系都是有一定方向的，如因果关系、从属关系、支配关系等。不失一般性地，本书均把 R 看成有方向性的关系集，$r_{ij}=s_iRs_j$，表示 s_i 影响 s_j。

5.4.3　系统结构的图形表示

系统结构图是由节点和连接节点的枝所构成的。在 X 上的二元关系 (X,R) 中，当 X 是有限集合的时候，若把 X 的要素表达成点，把要素间关系 (s_i,s_j) 表达成从点 s_i 指向点 s_j 的具有方向的枝，则系统构造就可表达成系统的有向连接图。

图形表示的最大优点在于可直观、容易、明白地表示出系统的构造，并使系统的信息传递路径一目了然。

但是，如果系统为大规模系统或者复杂系统时，系统的有向连接图就会变得错综复杂而难以看清。这时图形表示直观的优越性也丧失了。并且，复杂系统的图形表示不方便演算。因此，采用更有逻辑性的且能够演算的表达形式十分必要。

5.4.4　系统结构的矩阵表示

在系统 (X,R) 中，X 是有限集合时，把 X 的要素取作行和列，并且构成矩阵 A：

$$A=\begin{array}{c} \\ s_1 \\ s_2 \\ \vdots \\ s_n \end{array}\begin{array}{c} \begin{array}{cccc} s_1 & s_2 & \cdots & s_n \end{array} \\ \begin{bmatrix} a_{11} & a_{12} & \cdots & a_{1n} \\ a_{21} & a_{22} & \cdots & a_{2n} \\ \vdots & \vdots & & \vdots \\ a_{n1} & a_{n2} & \cdots & a_{nn} \end{bmatrix}\end{array}$$

其中，

$$a_{ij}=\begin{cases}1, & s_iRs_j\\0, & s_i\overline{R}s_j\end{cases}$$

A 是一个二值矩阵即布尔矩阵，它的运算可用布尔运算进行。布尔运算关系为

$$\begin{matrix}1+1=1 & 1+0=1 & 0+1=1 & 0+0=0\\1\times1=1 & 1\times0=0 & 0\times1=0 & 0\times0=0\end{matrix}$$

这样就建立了系统结构与矩阵之间的一一对应关系。

【例 5-1】 根据图 5-4 可得表达系统构造的布尔矩阵，如图 5-5 所示。

$$A=\begin{matrix} & s_1 & s_2 & s_3 & s_4\\ s_1 & 0 & 1 & 0 & 1\\ s_2 & 0 & 0 & 1 & 0\\ s_3 & 0 & 0 & 0 & 0\\ s_4 & 0 & 1 & 1 & 0\end{matrix}$$

图 5-5 系统布尔矩阵

把布尔矩阵与图 5-4 相对照，可以看出布尔矩阵就是一种表达系统有向连接图的矩阵，它将图的点取作相应的行和列，把元素 a_{ij} 取作：

$$a_{ij}=\begin{cases}1, & \text{从点}s_i\text{到点}s_j\text{有连线（枝）}\\0, & \text{从点}s_i\text{到点}s_j\text{无连线（枝）}\end{cases}$$

把这种矩阵叫作图的邻接矩阵，它表示的是各相邻单元之间的直接关系。通过对邻接矩阵的运算，还可以得到更多的有关系统的信息。

由于 A 是布尔矩阵，因此有必要叙述布尔矩阵的几个性质。

(1) 布尔矩阵同二元关系(图)一一对应，若二元关系确定了，则布尔矩阵也就唯一确定了。反之，若布尔矩阵确定了，则二元关系也就唯一确定了。

(2) 布尔矩阵的转秩表示把二元关系的所有方向改换，即在图中使箭头方向变为反向。

(3) 布尔矩阵的运算与通常矩阵的运算相同，元素的运算根据布尔运算关系进行。

逻辑和(并)：$A\cup B=\{a_{ij}\cup b_{ij}\}=\max\{a_{ij},b_{ij}\}$。

逻辑乘(交)：$A\cap B=\{a_{ij}\cap b_{ij}\}=\min\{a_{ij},b_{ij}\}$。

A 与 B 的乘积：$A\times B=\left\{\sum_{k=1}^{n}a_{ik}\cdot b_{kj}\right\}=\max\{\min\{a_{ik},b_{kj}\}\}$。

(4) 布尔矩阵的积

$$A^n=A\times A\times\cdots\times A$$

表示在图中存在长度为 n–1 的路径。

【例 5-2】 考虑图 5-6 所示的系统构造。

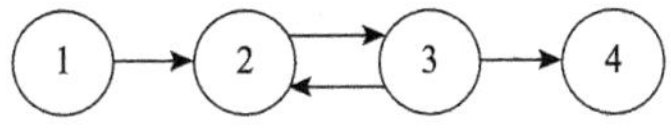

图 5-6　系统结构图

布尔矩阵 A 及它的幂积如下所示。

$$A=\begin{array}{c}\\ s_1\\ s_2\\ s_3\\ s_4\end{array}\begin{array}{c}\begin{array}{cccc}s_1 & s_2 & s_3 & s_4\end{array}\\ \begin{bmatrix}0&1&0&0\\0&0&1&0\\0&1&0&1\\0&0&0&0\end{bmatrix}\end{array}\qquad A^2=\begin{array}{c}\\ s_1\\ s_2\\ s_3\\ s_4\end{array}\begin{array}{c}\begin{array}{cccc}s_1 & s_2 & s_3 & s_4\end{array}\\ \begin{bmatrix}0&0&1&0\\0&1&0&1\\0&0&1&0\\0&0&0&0\end{bmatrix}\end{array}$$

$$A^3=\begin{array}{c}\\ s_1\\ s_2\\ s_3\\ s_4\end{array}\begin{array}{c}\begin{array}{cccc}s_1 & s_2 & s_3 & s_4\end{array}\\ \begin{bmatrix}0&1&0&1\\0&0&1&0\\0&1&0&1\\0&0&0&0\end{bmatrix}\end{array}\qquad A^4=\begin{array}{c}\\ s_1\\ s_2\\ s_3\\ s_4\end{array}\begin{array}{c}\begin{array}{cccc}s_1 & s_2 & s_3 & s_4\end{array}\\ \begin{bmatrix}0&0&1&0\\0&1&0&1\\0&0&1&0\\0&0&0&0\end{bmatrix}\end{array}$$

$$A^5=\begin{array}{c}\\ s_1\\ s_2\\ s_3\\ s_4\end{array}\begin{array}{c}\begin{array}{cccc}s_1 & s_2 & s_3 & s_4\end{array}\\ \begin{bmatrix}0&1&0&1\\0&0&1&0\\0&1&0&1\\0&0&0&0\end{bmatrix}\end{array}$$

它们分别表示在步长为 1、2、3、4、5 的路径上可能到达的点的存在。因此，若二元关系是可以递推的(即如果 s_iRs_k，s_kRs_j，则 s_iRs_j)，则通过 A^n 的计算就可以把系统结构上相互关联的要素搞清楚。

(5) 在布尔矩阵中如果有一列元素(如第 i 列)全是 0，则 s_i 是系统的源点；如果有一行元素(如第 k 行)全为 0，则 s_k 是系统的汇点。

(6) 如果需要知道从某一要素 s_i 出发可能到达哪一些要素，则可以把 A(直接的)，A^2(间接的)，…，A^n(间接的)结合在一起进行研究，取 $M=A\cup A^2\cup\cdots\cup A^n$。

有时为了方便起见，本书认为任何 s_i 都可以到达它本身，这样应再加一单位矩阵 I，取 $M=I\cup A\cup A^2\cup\cdots\cup A^n$。

M 即为系统的可达矩阵。它的每个元素 m_{ij} 表明 s_i 能否到达(不论路有多长) s_j。

利用上面的公式计算 M 是很麻烦的，尤其是在计算机上计算，$A, A^2, \cdots, A^n$ 都要存起来，要占用许多存贮单元。为了使计算简便，可以用这样的办法：考虑到

$$(I\cup A)^2=[I(I\cup A)]\cup[A(I\cup A)]=I\cup A\cup A^2$$

以此类推：

$$(I\cup A)^n=I\cup A\cup A^2\cup\cdots\cup A^n=M$$

所以只要计算$(I\cup A)^n$就行了，这时不仅计算量小，而且需要存贮的中间结果少。

【例 5-3】

$$M=(I\cup A)^4=\begin{bmatrix}1&0&0&0\\0&1&0&0\\0&0&1&0\\0&0&0&1\end{bmatrix}\cup\begin{bmatrix}0&1&0&0\\0&0&1&0\\0&1&0&1\\0&0&0&0\end{bmatrix}^4=\begin{bmatrix}1&1&1&1\\0&1&1&1\\0&1&1&1\\0&0&0&1\end{bmatrix}$$

它表明：1 可到达 1、2、3、4；2 可到达 2、3、4；3 可到达 2、3、4；4 只能到达它本身。

(7) 当给定布尔矩阵时，可达矩阵就唯一确定了，但反过来却不成立。把给定的可达矩阵中 1 的个数最少的布尔矩阵叫作最小布尔矩阵。

【例 5-4】 可达矩阵

$$M=\begin{bmatrix}1&1&1\\1&1&1\\1&1&1\end{bmatrix}$$

的布尔矩阵有多个，如

$$A_1=\begin{bmatrix}0&1&0\\1&0&1\\0&1&0\end{bmatrix}\quad A_2=\begin{bmatrix}0&1&0\\0&0&1\\1&0&0\end{bmatrix}\quad A_3=\begin{bmatrix}0&1&0\\0&0&1\\1&0&1\end{bmatrix}$$

(8) 可达矩阵 M 和它的转置矩阵 M^{T} 的共同部分 $M\cap M^{\mathrm{T}}$ 表示系统图中的强连接部分。

【例 5-5】 在前面的系统图中，若

$$M\cap M^{\mathrm{T}}=\begin{bmatrix}0&0&0&0\\0&1&1&0\\0&1&1&0\\0&0&0&0\end{bmatrix}$$

则表示要素 2 和要素 3 构成强连接部分图(回路)。

如果计算出 M 是满阵(各元素 m_{ij} 全是 1)，那么整个系统是强连接的。

一般，对于矩阵 B，当置换矩阵 P 存在，使得

$$P^{-1}BP=\begin{bmatrix}B_{11}&B_{12}\\B_{21}&B_{22}\end{bmatrix}$$

当 B_{12}=0 或者 B_{21}=0 时，矩阵 B 叫作可约的。即对矩阵适当地进行行和列的置换而

能变成分块三角矩阵时，则称此矩阵为可约的，否则称为既约的。

(9) 对于布尔矩阵 A，当且仅当它的图为强连接图时，它才成为既约的。

(10) 如果图中没有回路，则必有这样一个 $v(v<n)$ 存在。使 $A^k=0$，$k>v$。

如果从可达矩阵看，则必然是 $M \cap M^{\mathrm{T}} = I$。

5.5 系统结构建模方法

下面介绍两种常用的系统结构建模方法：DEMATEL (decision making trial and evaluation laboratory，决策试验与评价实验) 方法和 ISM 方法 (interpretative structural modeling method，解释结构模型方法)。

5.5.1 DEMATEL 方法

复杂的系统含有要素众多，并且要素之间关系复杂，如何筛选主要要素、简化系统结构分析的过程。是进行系统建模的关键。DEMATEL 方法可以很好地帮助我们解决这一问题。

DEMATEL 方法是 1971 年 Bottelle 研究所为了解决现实世界中复杂、困难的问题而提出的方法。该方法是一种运用图论与矩阵工具进行系统要素分析的方法，通过分析系统中各要素之间的逻辑关系与直接影响关系，可以判断要素之间关系的有无及其强弱。目前，该方法已经成功应用于企业创新能力评价、旅游城市评价等多个领域中。

针对一个系统，聚集相关人员集思广益，收集有关内部、外部信息，以确定系统包含的一切要素，这需要认真选定有代表性的人员，确定收集的信息全面、客观，确保能够对系统进行正确的分析。下面是该方法的实施步骤。

(1) 分析系统要素：收集相关信息，剖析系统要素。假设某系统含有 n 个要素，记为 $s_1,s_2,\cdots,s_n$。

(2) 确定要素间的直接影响程度：分析系统各要素之间直接影响关系的有无及其强弱，如果要素 s_i 对要素 s_j 有直接影响，则由 s_i 画一个箭头指向 s_j，同时在图中的箭头上用数字表明要素之间关系的强弱，其中“强”标上 3，“中”标上 2，“弱”标上 1。反之，如果有一个箭头从 s_i 出发指向 s_j，则说明要素 s_i 对要素 s_j 有直接影响，箭头上的数字反映了两者之间关系的强弱，如图 5-7 所示，其中 a、b、c、d、e、f 表示要素之间关系的强弱。

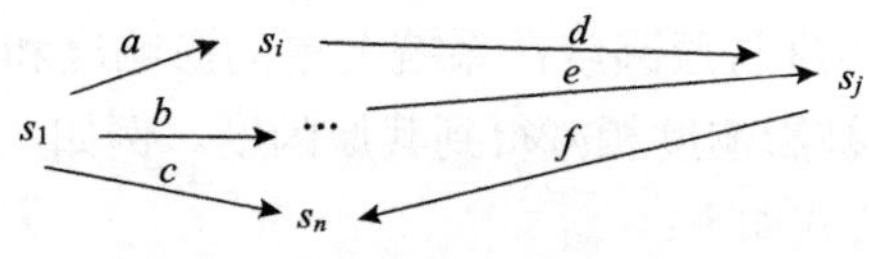

图 5-7　因素相互影响有向图

注意：当 n 充分大时，可以用式 $G(I-G)^{-1}$ 近似计算综合影响矩阵 T，其中 I 为 $n\times n$ 单位矩阵。

(3) 构建直接影响矩阵：将上述各要素之间的直接影响关系用矩阵表示。对于包含 n 个因素的系统而言，用 n 阶矩阵 $X=(a_{ij})_{n\times n}$ 表示各要素之间的直接影响关系。其中 a_{ij} 为图 5-7 中要素 s_i 和 s_j 间连线上的数据，即要素 s_i 对要素 s_j 有直接影响。若要素 s_i 和 s_j 间无联系，则 $a_{ij}=0$ 。

(4) 计算规范化直接影响矩阵：将直接影响矩阵进行规范化处理得到规范化直接影响矩阵 G ($G=[g_{ij}]_{n\times n}$)，

$$G=\frac{1}{\max\limits_{1\le i\le n}\sum\limits_{j=1}^{n}x_{ij}}X$$

(5) 确定综合影响矩阵：为了分析各要素之间的关系，需要求综合影响矩阵，具体方法如图 5-8 所示。

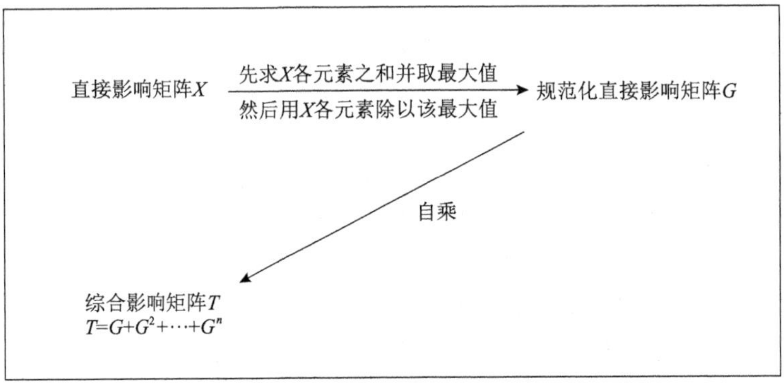

图 5-8　DEMATEL 方法的算法步骤图

(6) 计算要素的影响度和被影响度：将矩阵 T 中元素按行相加得到相应要素的影响度，将矩阵 T 中元素按列相加得到相应要素的被影响度。例如，要素 $s_i(i=1,2,\cdots,n)$ 的影响度 f_i 和被影响度 e_i 的计算公式如下：

$$f_i=\sum_{j=1}^{n}t_{ij}\text{，}\ i=1,2,\cdots,n$$

$$e_i=\sum_{j=1}^{n}t_{ji}\text{，}\ i=1,2,\cdots,n$$

(7) 计算各要素的中心度与原因度：系统要素的影响度和被影响度相加得到其中心度，系统要素的影响度和被影响度相减得到其原因度。例如，要素 $s_i(i=1,2,\cdots,n)$ 的中心度 m_i 和原因度 n_i 的计算公式如下：

$$m_i=f_i+e_i\text{，}\ i=1,2,\cdots,n$$

$$n_i=f_i-e_i\text{，}\ i=1,2,\cdots,n$$

如果原因度 $n_i>0$，表明该要素对其他要素影响大，称为原因要素；如果原因度 $n_i<0$，表明该要素受其他要素影响大，称为结果要素。

(8)提出建议：通过上述计算，可以根据影响度和被影响度判断出要素间的相互影响关系，以及它们对系统整体的影响程度，再根据各要素的中心度可判断出各个要素在系统中的重要程度，还可根据原因度的大小，确定各要素在系统中的所处位置。这样我们可以根据上述量化关系，删减要素的数量，简化要素之间关系的复杂程度。

定理 5-1　DEMATEL 方法求得的各要素的中心度和原因度与指标的顺序无关。

证明

(1)不妨设 X_1 是由影响要素 $F_1,F_2,\cdots,F_n$，按照 $1,2,\cdots,n$ 排列得到的直接影响矩阵，X_2 是按照 $1,2,\cdots,n$ 的另一种排列 $1,2,\cdots,i-1,j,i+1,\cdots,j-1,i,j+1,\cdots,n$ 得到的直接影响矩阵，这里 $j>i$，则不难看出，直接影响矩阵 X_1 经过交换第 i,j 列后，再交换第 i,j 行即可得到直接影响矩阵 X_2，即有初等变换矩阵 $P(i,j)$ 使得

$$X_2 = P(i,j)X_1P(i,j)$$

又因为 $P(i,j)^{-1} = P(i,j)$，所以 $X_2 = P(i,j)^{-1}X_1P(i,j)$

即

$$X_1 = P(i,j)X_2P(i,j)^{-1}$$

也就是说，X_1 与 X_2 是等价的。

由于

$$\begin{aligned}
T_1 &= X_1(X_1 - I)^{-1} \\
&= P(i,j)X_2P(i,j)^{-1}(P(i,j)X_2P(i,j)^{-1} - I)^{-1} \\
&= P(i,j)X_2P(i,j)^{-1}P(i,j)(X_2 - I)^{-1}P(i,j)^{-1} \\
&= P(i,j)X_2(X_2 - I)^{-1}P(i,j)^{-1} \\
&= P(i,j)T_2P(i,j)^{-1}
\end{aligned}$$

反之亦有

$$T_2 = P(i,j)^{-1}T_1P(i,j)$$

所以 T_1 与 T_2 是等价的。

下面证明根据综合影响矩阵 T_1 所求的要素 s_i 的中心度 m_i 和原因度 n_i 与根据综合影响矩阵 T_2 所求的相等。

根据综合影响矩阵 T_1，由中心度 m_i 的定义可得，m_i 是 T_1 的第 i 行与第 i 列的和；而根据综合影响矩阵 T_2，由中心度 m_i 的定义可得，m_i 是 T_2 的第 j 行与第 j 列的和。由于 $T_2=P(i,j)^{-1}T_1P(i,j)$，其中 $P(i,j)$ 是互换两行或者两列的变换矩阵，互换行不改变列和，互换列不改变行和，所以综合影响矩阵 T_1 的第 i 行的行和与第 i 列的列和分别与综合影响矩阵 T_2 的第 j 行的行和与第 j 列的列和相等，因此根据综合影响矩阵 T_1 所求的要素 s_i 的中心度 m_i 和原因度 n_i 与根据综合影响矩阵 T_2 所求的相等。

(2)对于一般的情况，X_1 是由影响要素 $s_i\,(i=1,2,\cdots,n)$ 构成，按照从 $1,2,\cdots,n$ 的任意一

种排列得到的直接影响矩阵，X_2 按照从 $1,2,\cdots,n$ 的任意另一种排列得到的直接影响矩阵，则不难看出，X_1 与 X_2 仍然是等价的，即存在一个可逆矩阵 P，且 $P=P(i_1,j_1)P(i_2,j_2)\cdots P(i_t,j_t)$，这里 $P(i_t,j_t)$ 是互换两行或者两列的变换矩阵，使得 $X_1=PX_2P^{-1}$ 成立。同理可证得 T_1 与 T_2 是等价的，由(1)的结论得出，根据综合影响矩阵 T_1 所求的要素 s_i 的中心度 m_i 和原因度 n_i 与根据综合影响矩阵 T_2 所求的相等。

综上所述可知，利用 DEMATEL 方法求得的各要素的中心度与原因度与指标的顺序无关。该性质保证我们建立直接影响矩阵时，不需要考虑指标顺序。下面以例 5-6 说明 DEMATEL 方法。

【例 5-6】 图 5-9 和图 5-10 分别用图和矩阵反映要素间的关系。

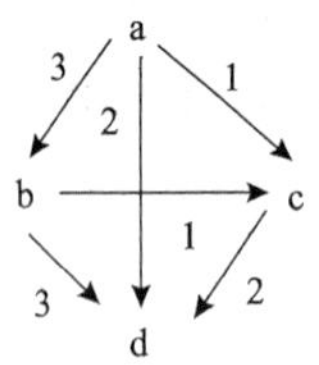

图 5-9 有向图表示

$$X=\begin{array}{c|cccc} & a & b & c & d \\ \hline a & 0 & 3 & 1 & 2 \\ b & 0 & 0 & 1 & 3 \\ c & 0 & 0 & 0 & 2 \\ d & 0 & 0 & 0 & 0 \end{array}$$

图 5-10 直接影响矩阵

按照 DEMATEL 算法步骤，我们可以得到各要素之间的综合影响关系及各要素的中心度与原因度，如表 5-2 所示。

表 5-2 各要素之间的综合影响关系及其原因度与中心度

要素	a	b	c	d	行和	原因度	中心度
a	0.00	0.50	0.25	0.67	1.42	1.42	1.42
b	0.00	0.00	0.17	0.56	0.72	0.22	1.22
c	0.00	0.00	0.00	0.33	0.33	–0.08	0.75
d	0.00	0.00	0.00	0.00	0.00	–1.56	1.56
列和	0.00	0.50	0.42	1.56	0.00		

根据表 5-2，我们可以看出，各要素在系统中的重要程度依次是 d、a、b、c，原因要素是 a、b，结果要素是 c、d。在该系统中，c 的原因度较小，中心度最小，可以考虑删除该要素，达到减少要素的目的。

我们虽然通过 DEMATEL 方法减少了系统要素的构成，并简化了系统要素之间的关系，但是对于大的复杂系统，如社会、经济、环境、生态系统，仍然难以分析，因此，需要使用 ISM 方法将大系统分解成若干子系统或者将大系统划分成层次结构。

5.5.2 ISM 方法

ISM 方法是美国 J. 华费尔特教授于 1973 年作为分析复杂的社会经济系统有关问题的一种方法而开发的。它是结构模型化技术的一种。其特点是把复杂的系统分解为若干子系统(要素)，利用人们的实践经验和知识，以及电子计算机的帮助，最终将系统构造成一个多级递阶的结构模型。特别适用于变量众多、关系复杂而结构不清晰的系统分析中，也可用于方案的排序等。

目前，ISM 方法的应用范围很广，涉及能源、资源等国际性问题，地区开发、交通事故等国内范围的问题，以及企业、个人范围内的问题。它在系统工程的所有阶段(明确问题、确定目标、计划、分析、综合、评价、决策)都能应用，尤其对统一意见很有效。一般来讲，适于运用 ISM 方法的准则有：①想抓住问题的本质；②想找到解决问题的有效对策；③想得到多数人的同意等。

ISM 方法的操作步骤除了包含挑选实施 ISM 方法的成员、设定问题、选择构成问题的要素、建立要素之间的关系外，还包含构建结构模型和解释结构模型的意义。其中构建结构模型又分两个阶段：第一阶段根据问题建立可达矩阵；第二阶段根据可达矩阵建立解释结构模型。由于本章前面已经介绍过可达矩阵的计算，本节着重介绍系统结构模型的建立。在介绍上述实施 ISM 方法的详细步骤之前，首先介绍一些基本定义。

1. 基本概念

假设某系统 X 的要素集为 $X=(s_1,\cdots,s_n)$，系统的可达矩阵为 $M=(m_{ij})_{n\times n}$。

(1)没有回路的上位集。要素 s_i 没有回路的上位集记作 $A(s_i)$。其中 $A(s_i)$ 中的要素与 s_i 无关，而 s_i 与 $A(s_i)$ 中的要素有关，即有向图上从 s_i 到 $A(s_i)$ 存在有向边，而从 $A(s_i)$ 到 s_i 却不存在有向边。

(2)有回路的上位集。要素 s_i 有回路的上位集记作 $B(s_i)$。其中 $B(s_i)$ 中的要素与 s_i 有关，s_i 与 $B(s_i)$ 中的要素也有关，即有向图上从 s_i 到 $B(s_i)$ 存在有向边，而从 $B(s_i)$ 到 s_i 也存在有向边。

(3)无关集。要素 s_i 的无关集记作 $C(s_i)$。其中 $C(s_i)$ 中的要素与 s_i 无关，s_i 与 $C(s_i)$ 中的要素也无关，即有向图上从 s_i 到 $C(s_i)$ 不存在有向边，而从 $C(s_i)$ 到 s_i 也不存在有向边。

(4)下位集。要素 s_i 的下位集记作 $D(s_i)$。其中 $D(s_i)$ 中的要素与 s_i 有关，s_i 与 $D(s_i)$ 中的要素无关，即有向图上从 s_i 到 $D(s_i)$ 不存在有向边，而从 $D(s_i)$ 到 s_i 存在有向边。

图 5-11 反映了要素 s_i 与 $A(s_i)$、$B(s_i)$、$C(s_i)$ 和 $D(s_i)$ 之间的关系。

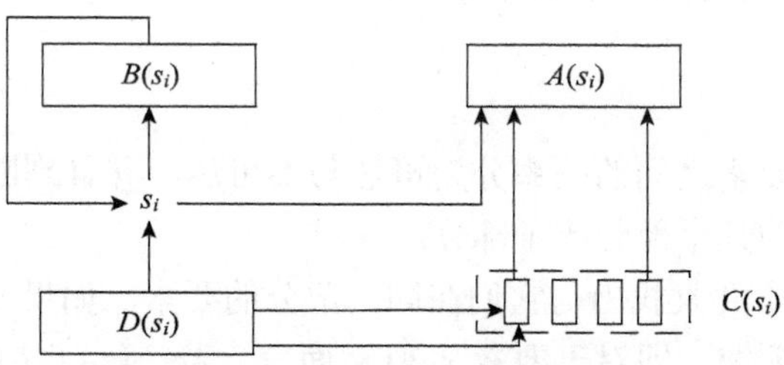

图 5-11　要素 s_i 及其上位集、无关集和下位集之间的关系图

(5)可达集合。要素 s_i 的上位集[包含没有回路的上位集 $A(s_i)$ 和有回路的上位集 $B(s_i)$]又称为可达集合，记作 $L(s_i)=\{s_j\in X \mid m_{ij}=1\}$。从有向图上看，即从 s_i 节点出发能够去到 $L(s_i)$ 节点的集合。

(6)先行集合。与可达集合相对应，要素 s_i 的下位集又称为先行集合，记作 $F(s_i)=\{s_j\in X \mid m_{ji}=1\}$。先行集合又被称为前向集合。从有向图上看，即所有可达到 s_i 节点的 $F(s_i)$ 节点的集合。

2. 实施ISM方法的步骤

实施ISM方法的详细步骤可以归纳如下。

第1步：找出影响系统问题的主要因素，判断要素间的直接(相邻)影响关系。

第2步：考虑因果等关系的传递性，建立反映诸要素间关系的可达矩阵(该类矩阵属于反映逻辑关系的布尔矩阵)。

第3步：考虑要素间可能存在的强连接(相互影响)关系，仅保留其中的代表要素，形成可达矩阵的缩减矩阵。

第4步：缩减矩阵的层次化处理，分为两步。

(1)按照矩阵每一行“1”的个数的少与多，从前到后重新排列矩阵，此矩阵应为严格的下三角矩阵。

(2)从矩阵的左上到右下依次找出最大单位矩阵，逐步形成不同层次的要素集合。

第5步：作出多级递阶有向图。作图过程如下。

(1)按照每个最大单位子矩阵框定的要素，将各要素按层次分布。

(2)将第3步被缩减掉的要素随其代表要素同级补入，并标明其间的相互作用关系。

(3)用从下到上的有向弧来显示逐级要素间的关系。

(4)补充必要的越级关系。

第6步：经直接转换，建立解释结构模型。

3. 区域分解

基于可达矩阵，将系统的要素分解为几个相互无联系或联系极少的区域。其具体操作如下。

1)确定各要素的可达集合和前向集合

依据可达集合和前向集合的定义，确定系统中各要素的可达集合和前向集合。

2)分析要素的共同集合

系统要素的共同集合记为T。其中$T=\{s_j \in X \mid L(s_i) \cap F(s_i)=F(s_i)\}$，$T$中的要素为底层要素。

3)区域划分

区域划分就是把要素之间的关系分为可达与不可达，并且判断这些要素的连通性，即把系统分为有关系的几个部分或子部分。

分析T中的要素，并且找出与它们在同一部分的要素。如果要素在同一部分内，则它们的可达集的交集非空。即对于要素s_i和s_j而言，若$L(s_i) \cap L(s_j)=\varnothing$，则它们分别属于两个联通域；否则它们属于同一联通域。

经上述操作，可将系统X划分为若干个区域，记为

$$\Pi(X)=P_1,P_2,\cdots,P_M$$

式中，M——分区数目。

【例5-7】 重大工程项目的开展对区域的影响是多方面的。以某水利发电站建设项目为例，假设其对某区域的影响可以用环境改善、生态维护、经济增长、就业吸纳、科技创新、生活水平提升、能源结构优化七个要素进行描述。为了矩阵的表达方便，上述

七个要素分别用 1-7 这七个标号进行表述。假设这七个要素的直接影响矩阵为 M：

$$
M=\begin{array}{c}\\1\\2\\3\\4\\5\\6\\7\end{array}\begin{array}{c}\begin{array}{ccccccc}1&2&3&4&5&6&7\end{array}\\\begin{bmatrix}1&0&0&0&0&0&0\\1&1&0&0&0&0&0\\0&0&1&1&1&1&0\\0&0&0&1&1&1&0\\0&0&0&0&1&0&0\\0&0&0&1&1&1&0\\1&1&0&0&0&0&1\end{bmatrix}\end{array}
$$

为了对 M 进行区域分解，计算系统中各要素的可达集合和先行集合及两者的共同集合，如表 5-3 所示。

表 5-3　可达集合、先行集合和共同集合

i	$L(s_i)$	$F(s_i)$	$L(s_i)\cap F(s_i)$
1	1	1，2，7	1
2	1，2	2，7	2
3	3，4，5，6	3	3
4	4，5，6	3，4，6	4，6
5	5	3，4，5，6	5
6	4，5，6	3，4，6	4，6
7	1，2，7	7	7

由表 5-3 可知，$T=\{s_3,s_7\}$。

由于 $L(s_3)\cap L(s_7)=\varnothing$，$s_3$ 与 s_7 分别属于两个区域中。

另外，由于 s_4、s_5 和 s_6 的可达集合与 s_3 的可达集合交集非空，s_4、s_5、s_6 和 s_3 在同一区域。同理，s_1、s_2 和 s_7 在同一区域。

故整个系统可划分为两个区域：

$$
\Pi(X)=P_1,P_2
$$

式中，$P_1=\{s_3,s_4,s_5,s_6\}$；$P_2=\{s_1,s_2,s_7\}$。

依据区域划分的结构，可将可达矩阵中的要素进行重新排列，得到矩阵 M_{H}：

$$
M_{\mathrm{H}}=\begin{array}{c}\\3\\4\\5\\6\\1\\2\\7\end{array}\begin{array}{c}\begin{array}{ccccccc}3&4&5&6&1&2&7\end{array}\\\begin{bmatrix}1&1&1&1&&&\\0&1&1&1&&0&\\0&0&1&0&&&\\0&1&1&1&&&\\&&&&1&0&0\\&0&&&1&1&0\\&&&&1&1&1\end{bmatrix}\end{array}
$$

和矩阵 M 不同，矩阵 M_H 的结构更为清晰。

4) 区域内级间划分

级间划分就是将系统中的所有要素划分成不同级(层)次。

依据可达集合和先行集合的定义，可得到：在一个多级结构中，系统的最上级要素的可行集只能由其本身及其强连接要素组成。两要素的强连接是指这两个要素是互为可达的，在有向连接图中表现为都有连线指向对方。具有强连接性的要素称为强连接要素。最高级要素的先行集只能由其本身和结构中下一级可能到达该要素的要素及要素的强连接要素构成。因此，系统的最上级要素 s_i 必须满足以下条件：

$$L(s_i) \cap F(s_i)=L(s_i)$$

找出最上级要素后，在可达矩阵中划除它们，然后继续寻找划除后的最上级要素，直至划除了所有要素。级间分解的步骤可归纳如下。

(1) 如果 $L(s_i) \cap F(s_i)=L(s_i)$，则 s_i 属于第一级要素。

(2) 在可达矩阵 M 中划除该要素所对应的行和列，重复步骤(1)得到次一级要素。

(3) 继续步骤(1)和步骤(2)，直至对所有要素分级。

(4) 根据分级的先后次序重新对矩阵进行排列。

根据以上级间分解原理和方法，对前面经过区域分解的分块可达矩阵 M_H 中的区域 P_1 和 P_2 进行分级。同表 5-3 中可达集合、先行集合、共同集合的划分办法一样，可取表 5-3 中 i=3,4,5,6 的部分，得表 5-4。

表 5-4 要素 s_3,s_4,s_5,s_6 可达集合、先行集合和共同集合

i	$L(s_i)$	$F(s_i)$	$L(s_i) \cap F(s_i)$
3	3，4，5，6	3	3
4	4，5，6	3，4，6	4，6
5	5	3，4，5，6	5
6	4，5，6	3，4，6	4，6

依据表 5-4，进行区域间层级分析。

(1)

$$\begin{aligned} L_1 &= \{s_i \in P_1 \mid L(s_i) \cap F(s_i) = L(s_i)\} \\ &= \{s_i \in \{s_3, s_4, s_5, s_6\} \mid L(s_i) \cap F(s_i) = L(s_i)\} \\ &= \{s_5\} \end{aligned}$$

即第一级要素为 s_5，剩余要素为

$$\begin{aligned} \{P - L_1\} &= \{s_3, s_4, s_5, s_6\} - \{s_5\} \\ &= \{s_3, s_4, s_6\} \end{aligned}$$

计算剩余要素的可达集合、先行集合及两者的共同集合，得表 5-5。

表 5-5　要素 s_3,s_4,s_6 可达集合、先行集合和共同集合

i	$L(s_i)$	$F(s_i)$	$L(s_i)\cap F(s_i)$
3	3，4，6	3	3
4	4，6	3，4，6	4，6
6	4，6	3，4，6	4，6

(2)

$$\begin{aligned}L_2&=\{s_i\in\{P_1-L_1\}\mid L(s_i)\cap F(s_i)=L(s_i)\}\\&=\{s_i\in\{s_3,s_4,s_6\}\mid L(s_i)\cap F(s_i)=L(s_i)\}\\&=\{s_4,s_6\}\end{aligned}$$

即第二级要素为 s_4 和 s_6，剩余要素为

$$\begin{aligned}\{P-L_1-L_2\}&=\{s_3,s_4,s_5,s_6\}-\{s_5\}-\{s_4,s_6\}\\&=\{s_3\}\end{aligned}$$

剩余要素见表 5-6。

表 5-6　要素 s_3 可达集合、先行集合和共同集合

i	$L(s_i)$	$F(s_i)$	$L(s_i)\cap F(s_i)$
3	3	3	3

(3)

$$\begin{aligned}L_3&=\{s_i\in P_1-L_1-L_2\mid L(s_i)\cap F(s_i)=L(s_i)\}\\&=\{s_i\in\{s_3\}\mid L(s_i)\cap F(s_i)=L(s_i)\}\\&=\{s_3\}\end{aligned}$$

即第三级要素为 s_3，剩余要素为

$$\begin{aligned}\{P-L_1-L_2-L_3\}&=\{s_3,s_4,s_5,s_6\}-\{s_5\}-\{s_4,s_6\}-\{s_3\}\\&=\phi\end{aligned}$$

至此，所有要素均被分级。故区域 P_1 共分为三级：

第一级元素 s_5
第二级元素 s_4, s_6
第三级元素 s_3

同理，可将区域 P_2 进行分级，则可得第一级为 s_1，第二级为 s_2，第三级为 s_7，用公式表达为

$$P_1=L_1^1,L_2^1,L_3^1=\{s_5\},\{s_4,s_6\},\{s_3\}$$

$$P_2=L_1^2,L_2^2,L_3^2=\{s_1\},\{s_2\},\{s_7\}$$

依据层级分解的结果，将可达矩阵 M_H 按级变位，得 M'_H：

$$
M'_{\mathrm{H}}=\begin{array}{c}\\5\\4\\6\\3\\1\\2\\7\end{array}\begin{array}{c}\begin{array}{ccccccc}5&4&6&3&1&2&7\end{array}\\\left[\begin{array}{ccccccc}1&0&0&0&&&\\1&1&1&0&&0&\\1&1&1&0&&&\\1&1&1&1&&&\\&&&&1&0&0\\&0&&&1&1&0\\&&&&1&1&1\end{array}\right]\end{array}
$$

需要注意的是，对于结构不太复杂的系统，级间分解可直接在可达矩阵上进行。如图 5-12 所示，首先找出矩阵元素全部为 1 的各列，把该列与其相对应的行抽去，作为第一级，然后得到一个新的缩减矩阵 M'；再用同样方法找出矩阵元素全部为 1 的新一列，再抽出其相应的列与行，作为第二级；如此重复下去，直到分解完为止。

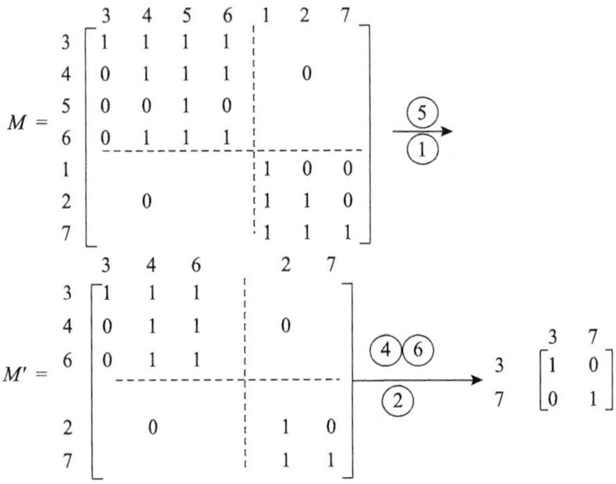

图 5-12　分解过程图

5) 强连通块划分

从矩阵 M'中可知，$\{s_4, s_6\}$的相应行和列的矩阵元素完全一样。因此，可以把两者当作一个系统来对待，从而可缩减相应的行和列，得到新的递阶结构分块可达矩阵 M'(称为缩减矩阵)。将 s_6 除去后，得

$$
M'=\begin{array}{c}\\5\\4\\3\\1\\2\\7\end{array}\begin{array}{c}\begin{array}{cccccc}5&4&3&1&2&7\end{array}\\\left[\begin{array}{cccccc}1&0&0&&&\\1&1&0&&0&\\1&1&1&&&\\&&&1&0&0\\&0&&1&1&0\\&&&1&1&1\end{array}\right]\end{array}
$$

6）结构模型的建立

在区域划分和级间分解的基础上，可求解结构模型。求解结构模型就是要建立结构矩阵，这个结构矩阵主要用来反映系统多级递阶结构的问题，使系统层次分明，结构清晰。令 A'代表结构矩阵，它可以由缩减后的可达矩阵 M'通过一系列的计算求得。下面给出一个简易的计算方法。缩减矩阵 M'减去单位矩阵 I，得到一个新的矩阵 M''，再从 M''中分析找出结构矩阵。这个步骤正好等于把对系统进行整理而求得的可达矩阵再还原回去，得到原系统的分级递阶结构有向连接图。但它已实现了对系统更高一级的认识。

现仍以例 5-7 求解，因为前面缩减矩阵 M'已知，故可继续求 M''，即

$$
M''=M'-I=\begin{array}{c} \\ 5\\4\\3\\1\\2\\7 \end{array}
\begin{array}{c} \begin{array}{cccccc}5&4&3&1&2&7\end{array} \\
\begin{bmatrix}
0&0&0&&&\\
1&0&0&&0&\\
1&1&0&&&\\
&&&0&0&0\\
&0&&1&0&0\\
&&&1&1&0
\end{bmatrix}\end{array}
$$

在矩阵 M''中，先找第一级与第二级之间的关系，再找第二级与第三级之间的关系，直到把每一分区的各级找完为止，则可求出结构矩阵 A'来。

从矩阵 M''中可知，$m_{45}''=1$，说明节点 s_4 与处于第一级的节点 s_5 有关，即 $s_4\to s_5$，然后抽去 s_5 的行和列再找第二级与第三级之间的关系，又知 $m_{34}''=1$，说明节点间 s_3 和 s_4 有 $s_3\to s_4$ 的关系。依此可把 P_2 区域中的节点间关系也找出来。

$m_{21}''=1$，则有 $s_2\to s_1$

$m_{72}''=1$，则有 $s_7\to s_2$

最后，把 $m_{45}''=1$，$m_{34}''=1$，$m_{21}''=1$，$m_{72}''=1$ 作为结构矩阵的元素，得出结构矩阵 A' 如下：

$$
A'=\begin{array}{c} \\ 5\\4\\3\\1\\2\\7 \end{array}
\begin{array}{c} \begin{array}{cccccc}5&4&3&1&2&7\end{array} \\
\begin{bmatrix}
0&0&0&&&\\
1&0&0&&0&\\
0&1&0&&&\\
&&&0&0&0\\
&0&&1&0&0\\
&&&0&1&0
\end{bmatrix}\end{array}
$$

有了结构矩阵 A'，就可以绘制出系统的多级递阶有向结构图来，如图 5-13 所示。

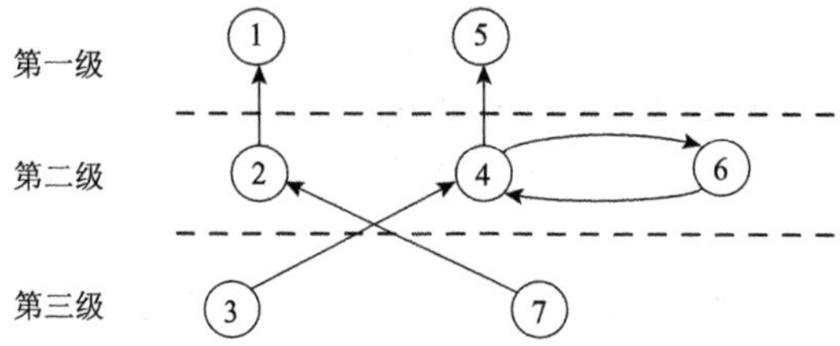

图 5-13　多级递阶有向结构图

这个实例看起来很简单，通过观察也可以画出其多级递阶有向结构图。但实际中系统的元素之间的关系要比这复杂得多。

➢思考题与习题

1. 简述系统结构及其特性。
2. 阐述系统结构的表达形式。
3. 系统结构的逻辑关系分析方法有哪些？各自的特点是什么？
4. 请给出图 5-14 和图 5-15 相应的系统结构和布尔矩阵。

$$
\begin{array}{c} \\ \\ A= \\ \\ \end{array}
\begin{array}{c} \\ S_1 \\ S_2 \\ S_3 \\ S_4 \end{array}
\begin{array}{c} \begin{array}{cccc} S_1 & S_2 & S_3 & S_4 \end{array} \\ \begin{bmatrix} 0 & 0 & 0 & 1 \\ 0 & 1 & 1 & 1 \\ 0 & 0 & 0 & 0 \\ 0 & 1 & 1 & 0 \end{bmatrix} \end{array}
$$

图 5-14　案例系统要素矩阵

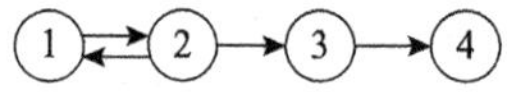

图 5-15　案例系统结构图

5. 请结合实际案例分析 DEMATEL 方法的实际应用情景及其应用过程中的主要问题。
6. 阐述 ISM 方法的实施步骤和需要注意的问题。
7. 请辨析可达矩阵与邻接矩阵的联系与区别。
8. 按照 DEMATEL 算法步骤，写出图 5-16 的直接影响矩阵，并计算各要素的中心度与原因度。

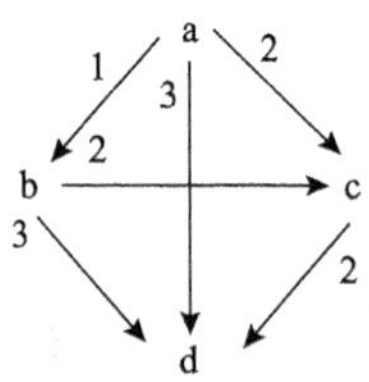

图 5-16　案例系统影响关系图

第6章

系统仿真

系统复杂性日益突出，加剧了人类社会、经济、工业等几乎所有领域复杂系统产品研制、管理决策的难度和风险。对于复杂系统，尤其是难以构建数学模型及解析求解的复杂系统问题，可以通过实验的方法建立仿真模型，以刻画基于组成要素及其相互关联的系统结构，并通过不同情景下的定量仿真与分析，探寻系统问题的杠杆解，为决策优化提供可靠依据。经过长期的发展应用，系统仿真已逐渐成为继理论研究和科学实验研究之后认识和改造客观世界、应对系统复杂性的一种重要方法。

6.1 系统仿真概述

系统仿真概述

6.1.1 仿真与系统仿真

采用数学模型来描述系统，是人们经常采用的一种系统问题求解方法。对于某一系统来说，系统与环境之间或者系统内部各环节之间常常存在着一定的关系，如果这种关系比较简单，我们可以建立相应的数学模型并利用解析的方法来求解。现有的数学工具已经可以成功地描述并解决一系列简单问题，如微分方程可用于解决连续变化系统问题，运筹学中的线性规划可用于解决资源配置问题等。

然而，对于比较复杂的系统，很难通过建立数学模型，用数学解析的方法得到问题的答案，这时就需要通过系统仿真的办法来解决(刘晓平等，2008)。“仿真”一词译自英语单词“simulation”，有时也被译作“模拟”，因此，系统仿真有时也可以被称为“系统模拟”。

系统仿真就是根据系统研究的目的，在分析系统各要素性质及其相互关系的基础上，建立能描述系统结构和行为且具有一定逻辑关系和数学性质的仿真模型，根据仿真模型对系统进行实验和定量分析，从而获得决策所需的信息。

在现实生活中，仿真的例子比比皆是。如飞机设计时，工程师往往先制造一个按比例缩小的飞机模型，在这个模型上进行力学、风洞等实验，获取飞机性能的某些参数，从而更好地对设计方案进行改进。由于这类仿真是通过物理模型来描述真实事物的，这类仿真被称为物理仿真。且由于经济管理系统通常无法通过物理模型来描述，物理仿真通常只被用来解决工程技术领域的问题。

6.1.2 系统仿真的实质

系统仿真的实质体现在以下几个方面。

(1)系统仿真是一种数值方法，是一种对系统问题求数值解的计算技术。在许多情况下，由于实际系统过于复杂，以致无法或很难建立数学模型并用解析法求解，在这种情况下，仿真技术往往能够有效地实现或应对这类问题的求解。

(2)系统仿真是一种实验手段，但它区别于普通的物理或化学实验。系统仿真依据的不是现实系统，而是作为现实系统“映象”的一个系统模型及其仿真的“人造”环境。显然，仿真结果的可信度取决于构建的模型和输入数据是否能够客观地反映现实系统。

(3)系统仿真是对系统状态在时间序列中的动态描述。在仿真时，尽管要研究的只是某些特定时刻的系统状态(或行为)，但仿真却可以对系统状态(或行为)在时间序列内的全过程进行描述。换句话说，它可以比较真实地描述系统的运行及演变过程。

(4)计算机是系统仿真的主要工具。目前来看，系统仿真主要在计算机上实现，从某种意义上讲，系统仿真在很大程度上指的就是计算机仿真。

6.1.3 系统仿真的分类

依据不同的分类标准，可对系统仿真进行不同的分类。

1. 确定性仿真和随机性仿真

这种分类方法主要根据仿真模型的输出结果进行划分。确定性仿真是指系统在某一时刻的状态完全由系统的以前状态所决定，因而其输出结果完全由输入来确定。

随机性仿真是指相同的输入经过系统转移后会得到不同的输出结果，这些结果虽然不确定，但是服从一定的概率分布。现实中大多数经济管理的仿真属于随机性仿真。

2. 连续系统仿真和离散系统仿真

根据系统状态的变化与时间的关系，可以将系统仿真划分为连续系统仿真与离散系统仿真。前者是指系统状态随时间的推移呈连续性的变化，后者是指系统状态随时间的推移呈间断性变化，即系统状态仅在有限的时间点发生跳跃性的变化。无论是连续系统仿真还是离散系统仿真，其仿真时间都可以是连续的，也可以是离散的。

6.1.4 系统仿真的优点与不足

1. 系统仿真的优点

系统仿真的优点主要如下。

(1)仿真的过程也是实验的过程，而且是系统地收集和积累信息的过程。尤其是对于一些复杂的随机问题，应用仿真技术是提供所需信息的唯一令人满意的方法。

(2)对于一些难以建立物理模型或数学模型的对象系统，可通过仿真模型来顺利地解决系统预测、分析和评价等问题。

(3)通过系统仿真，可以把一个复杂的系统降阶成若干子系统以便于分析，并能指出各子系统之间的各种逻辑关系。

(4)通过系统仿真，能启发新的策略或新思想的产生，或能暴露出系统中隐藏着的实质性问题。同时，当有新的要素增加到系统中时，仿真可以预先指出系统状态中可能会出现的瓶颈现象或其他问题。

2. 系统仿真的缺点

系统仿真的缺点主要如下。

(1)系统仿真的每次运行只能提供系统在某些条件下的特殊解而不是通解。为获得最优解(或较优解)则需要给定大量的不同条件的仿真运行。这不但需要大量的时间、费用和计算机内存，且通过一组不同条件下的离散解往往只能获得接近最优解的较优解。

(2)仿真模型的建立是以对实际系统的精确理解为前提的。但是为简单起见，在建模过程中往往需要对某些条件进行假设或简化，这容易导致忽略某些看似不重要的细节问题。

(3)一般来说，确定仿真问题的初始条件比较困难，仿真精度比较难控制与测定。

6.2 系统仿真的建模过程

在进行系统仿真之前，需要构建系统模型。模型通常是真实系统的一种简化。真实系统和模型都用参数表示它们的特征和属性，真实系统的输入和输出都会在模型中有所体现，一般来说，真实系统和模型的输入应当是一致的，但是两者的输出却有可能并不完全一致。当真实系统和模型都被看作输出对输入的变换函数时，则一个理想的模型的输出可以用来预测和推断它所代表的真实系统的输出，这就是仿真的实质。图 6-1 给出了建模的图解结构。

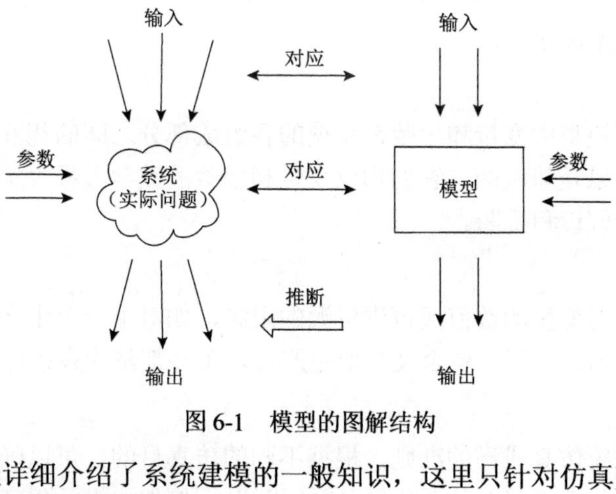

图 6-1 模型的图解结构

由于前面已经详细介绍了系统建模的一般知识，这里只针对仿真建模作详细介绍。

6.2.1 系统仿真模型的结构

系统仿真的模型虽然形式多样，但是其基本都包含系统的组成要素、变量、参数、函数关系、约束条件和目标。一般地，可将系统表示成以下的数学形式：

$$E = f(X_i, Y_i)$$

式中，E——系统效益；

X_i——可以控制的变量和参数；

Y_i——不可控制的变量和参数；

f——X_i 和 Y_i 之间的关系。

1. 组成要素

组成要素指组成系统的各部分或子系统，它是构成系统的实体，系统一般被看作一组相互独立、相互作用的可以实现各自特定功能的实体集合。例如，在一个城市系统中，工业系统、交通系统、科技系统、教育系统、商业系统等都是组成要素。

2. 变量

模型中的变量用以描述系统状态。变量分为两类：外生变量和内生变量。外生变量又称输入变量，它起源于或产生于系统外部。内生变量产生于系统内部。当内生变量描述系统的状态或条件时，被称为状态变量，当有些变量离开系统时，称为输出变量。

按照变量的相互依赖关系，变量可以划分为自变量和参变量。在系统仿真中，主要的自变量通常为仿真时间，而参变量随着系统环境及仿真的目的不同而不同。

3. 参数

参数不同于变量，在一次仿真中只能赋予参数以定值。例如，服务系统中到达的顾客数服从泊松分布，变量 x 的概率为

$$P(x) = \mathrm{e}^{-\lambda} \times \lambda^{x} / x!$$

式中，λ——参数。不同的 λ 对应不同的概率分布，每次运行时应赋予 λ 不同的数值，但在每次仿真中其值不能改变。

4. 函数关系

函数关系表征模型中变量和参数在系统的各组成部分之间的相互关系。函数关系可以是确定的，也可以是随机的，它们均以变量和参数的数学方程表示，并可以用数学方法或统计方法进行假设和推断。

5. 约束条件

约束条件是指对变量的数值或可供资源的限制，如对于一个生产计划系统而言，市场需求量、生产能力、物资、资金及其他生产技术条件都是约束条件。

6. 目标

目标是评价系统仿真成果的准则。根据不同的仿真目的，可以确定不同的目标。通过运行系统获得优化系统目标的最优解(或较优解)。例如，设计生产计划系统可确定下述的一项或几项目标：最大利润、最高生产率、最低成本、最低产品不良率、最少流动资金和最少周转天数等。

6.2.2 系统仿真过程

构建系统仿真的实验模型前，需要建立仿真的逻辑结构，即分析系统要素的构成、子系统的组成，并考察系统要素间及子系统间的动态特性。图 6-2 给出了建立系统仿真模型逻辑结构的步骤。

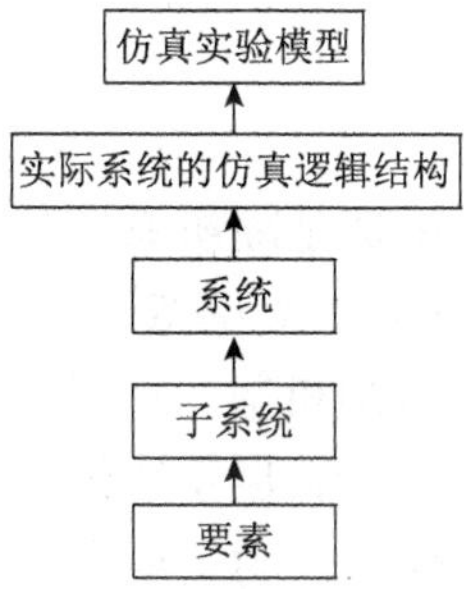

图 6-2 仿真逻辑结构建立过程

基于逻辑结构，可构建系统仿真的实验模型。系统仿真并不是一蹴而就的，而是一个迭代过程。它需要逐步修正，从而逼近最优结果。图 6-3 给出了系统仿真的流程图。

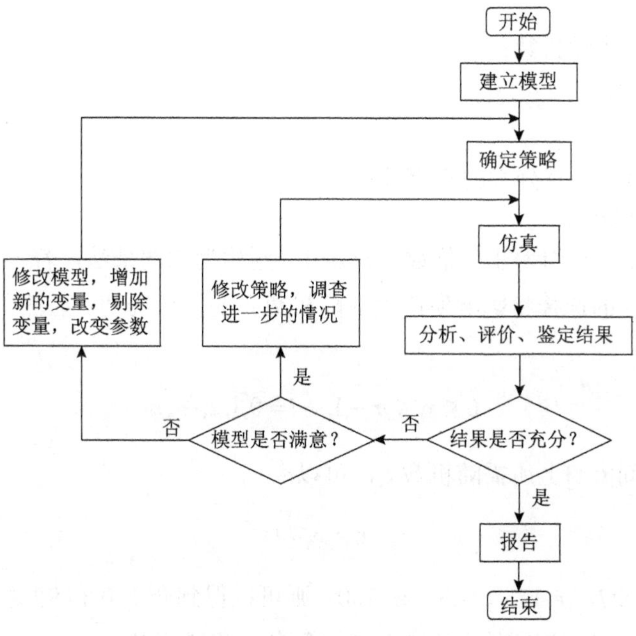

图 6-3 系统仿真的流程图

6.3 离散事件系统仿真

离散事件系统常常是许多随机因素共同作用的结果，因此在仿真过程中必须要处理大量的随机因素。在仿真模型中，这些随机因素是通过随机数和随机变量来表示的。产生随机变量的基础是产生[0,1]区间上均匀分布的随机数，也称为随机数发生器。其他的分布类型，如正态分布、γ 分布、β 分布、泊松分布等，都可以由均匀分布按一定的方法变换得到。下面首先介绍随机数和随机变量，然后介绍离散事件系统的仿真策略，最后介绍两类典型的离散事件系统——排队系统和库存系统。

6.3.1 随机数与随机变量

1. 随机数的产生

用程序自动产生均匀分布的随机数是随机系统仿真中常用的方法。但是计算机中的随机数发生器所产生的随机数，不是概率论意义下真正的随机数，故称之为伪随机数(pseudo random numbers)。虽然是伪随机数，但是它已经能够有效地模拟随机数的均匀分布性和独立性的理想特性，因此可以满足系统仿真的需要。

产生随机数的算法很多，其中代表性的主要有以下几种。

1)线性同余法

线性同余法是由 Lehmer 在 1951 年提出的。它是目前在离散事件系统仿真中应用最广泛的伪随机数产生方法。线性同余法按照以下递归关系式产生随机数。

$$x_i = (ax_{i-1} + c) \bmod m \tag{6-1}$$

式中，x_i ——第 i 个随机数；

a——乘子；

c——增量；

m——模数(取充分大的正整数)；

x_0 ——随机种子。

x_i、a、c、m、x_0 均为非负整数，若 a=1，则称为加同余法，若 c=0，则称为乘同余法。常数 a、c、m 的选择将影响所产生的随机数列的循环周期。显然，由式(6-1)得到的随机数 x_i 满足：

$$0 \leqslant x_i \leqslant m-1, \quad i = 0,1,2,\cdots,n$$

为了得到区间[0,1]上所需随机数 r_i，可以令

$$r_i = x_i / m$$

例如，取 x_0=27，a=17，c=43，m=100，则可以得到介于 0 和 99 之间的一组随机数，根据上式，则可以得到相应的介于 0 和 1 之间的一组随机数：

$$x_0 = 27$$

$$x_1 = (17 \times 27 + 43) \bmod 100 = 2, \ r_1 = 2/100 = 0.02$$

$$x_2 = (17 \times 2 + 43) \bmod 100 = 77, \ r_2 = 0.77$$

以此类推。

对于一般的线性同余法，当且仅当参数 m、a、c 的选择满足下列三个条件时，随机数发生器才具有满周期，即循环周期等于模数 m。

(1) m 与 c 互素。

(2) 如果 q 是 m 的一个素因子，则 q 也是 $a-1$ 的因子。

(3) 如果 m 能被 4 整除，则 $a-1$ 也能被 4 整除。

2) 中值平方法

中值平方法由 von Neumann 及 Metropolis 于 20 世纪 40 年代中期提出。该方法的主要思路是，首先给出一个初始数称为种子，对该数的平方取中间的位数，数前放小数点就得到一个随机数。中间位数再平方，按同样方法产生第二个随机数，以此类推。例如，

$$
\begin{aligned}
&x_0 = 5497 \\
&x_0^2 = (5497)^2 = 30\,217\,009 \quad \Rightarrow \quad x_1 = 2170, \quad r_1 = 0.2170 \\
&x_1^2 = (2170)^2 = 4\,708\,900 \quad \Rightarrow \quad x_2 = 7089, \quad r_2 = 0.7089
\end{aligned}
$$

以此类推。

中值平方法最终会出现退化现象，即会出现反复产生同一数值或退化为零。由于种子的选取无法保证伪随机数有较对称的循环周期，该方法在实际应用中较难操作。

目前，大部分计算机高级语言及仿真语言或软件都提供了产生随机数的方法，用户可以根据需要调用。需要提醒的是，即使随机数通过检验，也应当有一定的警惕性，必要时需要自行开发随机数发生器。关于随机数产生的更多资料，请参考相关文献。

2. 随机变量的产生

常用的产生随机变量的方法有反变换法、组合法、接受一拒绝法和查表法等。本书仅介绍如何采用反变换法产生随机变量，其他方法可以参考相关文献。

反变换法是最常用且最直观的方法，它以概率积分变换定理为基础。

设随机变量的分布函数为 $F(x)$。为了得到随机变量的抽样值，先产生[0,1]区间上均匀分布的独立随机变量 μ，由反分布函数 $F^{-1}(\mu)$ 得到的值即为所需的随机变量 x。

$$
x = F^{-1}(u) \tag{6-2}
$$

由于这种方法是对随机变量的分布函数进行反变换，故取名为反变换法。其原理可用图 6-4 加以说明。

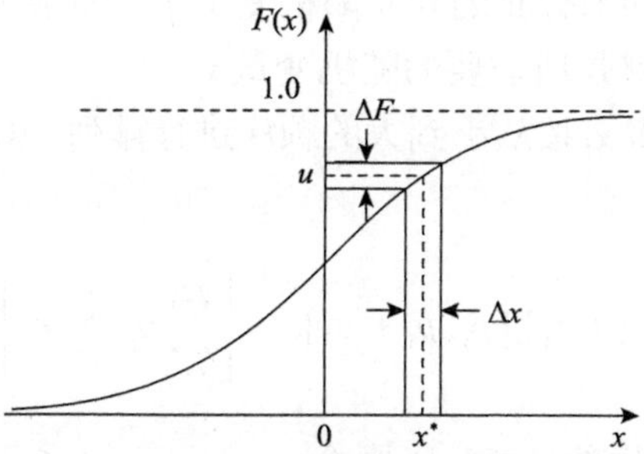

图 6-4 连续分布函数的反变换法原理

随机变量概率分布函数 $F(x)$ 的取值范围是[0,1]。现以在[0,1]上均匀分布的独立随机变量作为 $F(x)$ 的取值规律，则落入 Δx 的样本个数的概率就是 ΔF；从而随机变量 x 在区间 Δx 内出现的概率密度函数的平均值为 $\Delta F / \Delta x$；当 $\Delta x \to 0$ 时，随机变量 x 就等于 dF/dx，这与由概率论直接定义的概率密度 $f(x)$ 是一致的，满足正确性要求。

【例 6-1】 设随机变量 x 是 $[a, b]$ 上均匀分布的随机变量，即

$$f(x)=\begin{cases}\dfrac{1}{b-a}, & a \leqslant x \leqslant b \\ 0, & \text{其他}\end{cases}$$

试用反变换法产生 x。

解 由 $f(x)$ 得到 x 的分布函数：

$$F(x)=\begin{cases}0, & x<a \\ \dfrac{x-a}{b-a}, & a \leqslant x \leqslant b \\ 1, & x>b\end{cases}$$

用随机数发生器产生随机变量 $u \sim U(0,1)$，并令

$$u=F(x)=\frac{x-a}{b-a}, \quad a \leqslant x \leqslant b$$

从而可得

$$x=a+(b-a)u$$

由例 6-1 可以看出，用反变换法产生随机变量时，首先必须用随机数发生器产生在[0,1]上均匀分布的独立随机变量 u，以此为基础得到的随机变量 x 才能保证分布的正确性，可见选择一个均匀性和独立性较好的随机数发生器在产生随机变量中的重要地位。

当 x 是离散随机变量时，其反变换的形式略有不同。

设离散随机变量 x 分别以概率 $p_1, p_2, \cdots, p_n$ 取值 $x_1, x_2, \cdots, x_n$，其中 $0<p_i<1$，且 $p_1+p_2+\cdots+p_n=1$。

为利用反变换法获得离散随机变量，先将[0,1]区间按 $p_1, p_2, \cdots, p_n$ 的值分为 n 个子区间，然后产生[0,1]区间上均匀分布的独立随机变量 u；如果 u 的值落入某个子区间，则相应区间对应的随机变量就是所需要的随机变量 x_i。

在实际实现时，先要将 x_i 按从小到大的顺序进行排列，即 $x_1<x_2<\cdots<x_n$，从而得到分布函数子区间：

$$[0, p_1],[p_1, p_1+p_2],\cdots,\left[\sum_{i=1}^{n-1} p_i, \sum_{i=1}^{n} p_i\right]$$

若由随机数发生器产生的 $u \leqslant p_1$，则令 $x=x_1$；若 $p_1<u \leqslant p_1+p_2$，则令 $x=x_2$；……

以此类推。

6.3.2 离散事件系统的仿真策略

1. 仿真时钟的推进

仿真时钟是离散事件系统仿真不可缺少的组成部分，是仿真的时间控制部件。离散事件系统仿真中仿真时钟的推进方法是系统仿真的基础。离散事件系统仿真的仿真时钟推进方法有事件法和时间间隔法两种。

(1)事件法。事件法即按事件单位推进，又称面向事件的仿真时钟推进法。它按照下一个最早发生事件的发生时间来推进仿真时钟，仿真以不等距的时间间隔推进。具体而言，该方法是在处理完当前事件所引起的系统变化后，从未来将发生的各类事件中挑选最早发生的任何一类事件，将仿真时钟推进到该事件发生时刻，再做以上重复处理直到仿真运行满足某终止条件为止。

(2)时间间隔法。时间间隔法又称面向时间间隔的仿真时钟或固定增量推进法。采用该方法之前需确定某一时间间隔 T 作为仿真时钟推进的固定时间步长。仿真从开始即按 T 等距推进(跳跃)，每次推进都需要扫描所有的活动，检查该时间区间内是否有事件发生。若无，则仿真时钟继续推进；若有，则记录此时间区间，从而得到有关事件的时间参数。若有若干事件同时发生，除了记录这些事件的时间参数外，还需事先规定这种情况下对各事件处理的优先序列。

时间间隔法的缺点是时间增量 T 的确定较难。若 T 过大，则引入误差较大；若 T 过小，则由于每步都要检查是否有事件发生，增加了执行时间。因此，除了具有较强的事件发生时间周期性的系统外，大部分离散事件系统的仿真采用事件法。

2. 仿真策略

一般而言，离散事件系统的仿真策略有事件调度法、活动扫描法和进程交互法三种。

(1)事件调度法。该方法通过事件的产生和处理，直接对事件进行调度。其基本思想是用事件的观点来分析真实系统，通过定义事件及每个事件发生时系统状态的变化，按时间顺序确定并执行每个事件发生时有关的逻辑关系。

用事件调度法建立仿真模型时，所有事件连同其发生时间均需放在事件表中。模型中有一个时间控制模块，不断地从事件表中选择具有最早发生时间的事件，推进仿真时钟到该事件发生时间，并调用与该事件类型相对应的事件处理模块，处理完后再返回时间控制模块。如此重复执行，直到满足仿真终止条件为止。

(2)活动扫描法。采取系统仿真时钟、实体仿真时钟或条件处理模块，对满足条件的活动通过调用相应的活动子例程进行处理。实质上，事件调度法是一种预定事件发生时间的方法。然而，有时事件除了与时间有关，还需满足另外某些条件才能发生。因此，由于这类系统的活动持续时间的不确定性，无法预定活动的开始与结束时间，仿真建模一般采用活动扫描法。

(3)进程交互法。该方法采用进程来描述系统。应用该方法需要将模型中能主动产生活动的实体历经系统时所发生的事件与活动按时间顺序进行组合，形成进程表。实体一旦进入进程，它将完成该进程全部有关活动。

6.3.3 排队系统仿真

排队是日常生活中经常遇到的现象。例如，病人到医院看病、顾客到理发馆理发常常要排队等待。一般来说，当某个时候要求服务的数量超过服务机构的容量时，就会出现排队现象。在排队现象中，服务对象可以是人，也可以是物，或者是某种信息。在交通、通信、生产自动线、计算机网络等系统中都存在排队现象。在各种排队系统中，对象到达的时刻与接受服务的时间都是不确定的，随着不同时间与条件而变化，因此排队系统在零时刻的状态也是随机的，排队现象几乎是不可避免的。排队越长就意味着浪费的时间越多，这一系统的效率也就越低；但盲目地增加服务设备，就要增加投资或发生空闲浪费，未必能提高利用效率。所以管理人员必须考虑如何在这两者之间取得平衡，以期提高服务质量，降低成本。

排队问题实质上是一个平衡等待时间和服务台空闲时间的问题，也就是如何确定一个排队系统，能使实体(指等待服务的人、物体或信息)和服务台两者都有利。排队论就是解决上述问题的一门学科，它又称随机服务理论，因为实体到达和接受服务的时间常常是某种概率分布的随机变量。

1. 排队论的基本概念

1)排队系统的组成

一般的排队系统都有以下三个基本组成部分。

(1)到达模式。到达模式指动态实体按怎样的规律到达，描写实体到达的统计特性。

(2)服务机构。服务机构指同一时刻有多少服务台可以接纳动态实体。它们的服务需要多少时间，服从什么样的分布规律。

(3)排队规则。排队规则指对下一个实体服务的选择原则。

排队系统的基本结构可用图 6-5 表示。

图 6-5 排队系统基本结构

如何通过已知的到达模式和服务时间的概率分布来研究排队系统的队列长度和服务机构“忙”或“闲”的程度，就是离散事件仿真所要解决的问题。

2)到达模式

到达模式是指顾客按照怎样的规律到达系统。它一般用顾客相继到达的间隔时间来描述。根据间隔时间的确定与否，到达模式可以分为确定性到达与随机性到达。

确定性到达模式是指顾客有规则地按照一定的间隔时间到达。这些间隔时间是预先确定的或者固定的。等距到达模式就是一个常见的确定性到达模式，它表示每隔一个固定的时间段就到达一位顾客的到达模式。

随机性到达模式是指顾客相继到达的间隔时间是随机的、不确定的。它一般用概率分布来描述。常见的随机性到达模式有以下几种。

(1)泊松到达模式。泊松到达模式一般需要满足四个条件，即平稳性、无后效性(独立性)、普通性和有限性。其到达的分布函数为

$$A_0(t) = P(T \geqslant t) = \begin{cases} e^{-\lambda}, & t \geqslant 0 \\ 1, & t < 0 \end{cases}$$

式中，λ——平均到达速度，即单位时间内到达的顾客数。

泊松分布是一种很重要的概率分布，出现在许多典型的系统中。例如，商店顾客的到来、机器到达维修点等均近似于泊松到达模式。

(2)爱尔朗分布到达模式。爱尔朗分布到达模式常用于典型的电话系统。其到达的分布函数$A_0(t)$为

$$A_0(t) = e^{-k\lambda t} \sum_{n=0}^{k-1} \frac{(k\lambda t)^n}{n!}$$

式中，λ——平均到达速度；

k——大于零的正整数。

(3)一般独立到达模式。一般独立到达模式也称任意分布的到达模式，指到达间隔时间相互独立，分布函数$A_0(t)$是任意分布的到达模式。这种分布往往可以用一个离散的概率分布表加以描述。

此外，还有超指数到达模式、成批到达模式等。前者主要用于概率分布的标准差大于平均值的情况；后者则与到达时间间隔的分布无关，只是在每一到达时刻，到达的顾客个数不是一个，而是一批。

3)服务机构

服务机构和顾客(被服务者)组成了排队系统，服务机构的结构与顾客被服务的内容与顺序组成了整个排队系统的仿真对象。

A. 服务机构(服务台)

服务机构是指同一时刻有多少服务台可以提供服务，服务台之间的布置及关系是什么样的。由于服务机构与队列的形成形式不同，排队系统的结构也不同，从而整个服务系统的结构也不相同。常见的随机服务系统的基本结构一般由若干级串行组成，而每一级又可以由多个服务台并列而成。单队列单服务台结构、多队列单服务台并联且共同拥有一个队列的结构、多个服务台并联且每个服务台前有一个队列的结构是一些典型而基本的结构。

一个较为复杂的随机服务系统结构往往是由以上几种基本结构组合而成的，如一条较为复杂的加工生产线可视为几个基本结构的组合系统。

B. 服务时间

服务台为顾客服务的时间可以是确定的，也可以是随机的。实际的排队系统的服务时间常常为随机的，即服务时间往往不是一个常量，而是受许多因素影响不断变化的，这样我们对于这些服务过程的描述就要借助概率函数。服务时间的分布有以下几种。

(1) 定长分布：这是最简单的情形，所有顾客被服务的时间为常数。

(2) 指数分布：当服务时间完全随机时，可以用指数分布来表示它。

(3) 爱尔朗分布：它用来描述服务时间的标准差小于平均值的情况。

(4) 超指数分布：与爱尔朗分布相对应，用来描述服务时间的标准差大于平均值的情况。

(5) 一般服务分布：用于服务时间是相互独立但具有相同分布的随机情况。上述四个分布是一般服务分布的特例。

(6) 正态分布：在服务时间近似于常数的情况下，多种随机因素的影响使得服务时间围绕此常数值上下波动，一般用正态分布来描述服务时间。

(7) 服务时间依赖于队长的情况：即排队顾客越多，服务速度越快，服务时间越短。

4) 排队规则

当顾客进入系统后或顾客进入各级服务台前都有可能因为服务台忙而需要排队等待服务，即不能立即被服务，顾客在排队等待服务时有不同的规则。

排队规则确定了顾客在队列中的逻辑次序，即服务台空闲时哪一个顾客被选择服务，以及顾客按什么样的次序与规则接受服务。

排队规则有以下几种。

(1) 损失制：若顾客到达时，系统所有的服务机构均为非空，则顾客自动离去，不再回来。

(2) 等待制：若顾客到达时，系统所有服务机构均为非空，则顾客就形成队列等待服务。它具体包括以下几种。

先到先服务：即按照到达次序接受服务，这是最常见的情况。

后到先服务：与先到先服务相反，后到达的顾客先接受服务。例如，乘电梯的顾客通常是后进先出的，仓库中堆放的大件物品也是如此。最后到达的信息往往是最有价值的，因而常采用后到先服务的规则。

随机服务：服务台空闲时，从等待的队列中任选一个顾客进行服务，而不管到达的先后顺序。这时队列中每一个顾客被选中的概率相等。

按优先权服务：当顾客有着不同的接受服务的优先权时，有两种情况：一是服务台空闲时，队列中优先级别最高的顾客先接受服务；二是当有一个优先权高于当前被服务顾客的顾客到达时，则中断当前服务转而对有优先权的顾客进行服务。常见的如医院中急诊病人总是优先得到治疗。

最短处理时间服务：服务台空闲时，首先选择需要最短服务时间的顾客来进行服务。

(3) 混合制：这是损失制与等待制混合的类型。它包括以下几种。

限制队长的排队规则：设系统存在最大允许队长 N，顾客到来时，如果队长小于 N，则加入排队，否则自动离去。

限制等待时间的排队规则：设顾客排队等待的时间最长为 T，则当顾客等待时间大于 T 时顾客自动离去。

限制逗留时间的排队规则：逗留时间包括等待时间与服务时间。如果逗留时间大于最长允许逗留时间，则顾客自动离去。

5) 排队系统的符号表示

排队系统的表示方法通常采用 $A/S/C/N/K$ 的表示形式，其中，A 表示相继到达时间间隔的分布；S 表示服务时间的分布；C 表示并列的服务台的数目；N 表示排队的规模；K 表示顾客源(总体)规模。当 N、K 为无穷时，也可以写成 $A/S/C$ 的形式。

常用的表示相继到达时间间隔和服务时间的概率分布的符号如下。

M——负指数分布(M 是指 Markov 性，因负指数分布具有无记忆性即 Markov 性)。

D——确定性。

E_k——k 阶爱尔朗分布。

GI——一般相互独立的随机分布。

G——一般随机分布。

例如，M/M/1 表示相继到达间隔时间为负指数分布，服务时间为负指数分布，单服务台的模型；D/M/2 表示确定的到达时间间隔，服务时间为负指数分布，两个平行服务台(但顾客是一队)的模型；GI/G/l 表示单服务台，有一般相互独立的随机到达和一般随机服务时间的模型。

2. 单服务台排队系统的仿真

单服务台排队系统是排队系统中最简单的结构形式。在该类系统中有一级服务台，这一级中也只有一个服务台。如只有一个职员的邮局、只有一台机器加工一个工序的加工系统等。它的结构如图 6-6 所示。

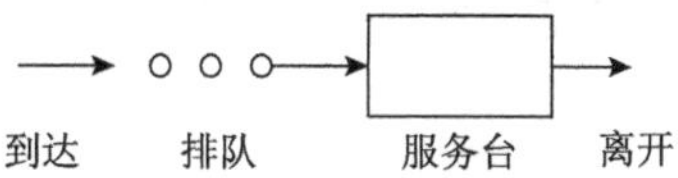

图 6-6 单服务台排队系统的结构

1) 事件类型

单服务台排队系统有两类原发事件，即到达和离开，每一原发事件又带有一个后续事件，所以共有四类事件，如表 6-1 所示。

表 6-1 单服务台排队系统的事件类型

事件类型	性质	事件描述	带后续事件
1	原发	到达系统	3
2	原发	服务结束，顾客离开	4
3	后续	顾客接受服务	
4	后续	服务台寻找服务	

2) 事件处理子程序框图

每一类事件都有一个事件处理子程序，在单服务台排队系统中四类事件的子程序流程如图 6-7 所示。

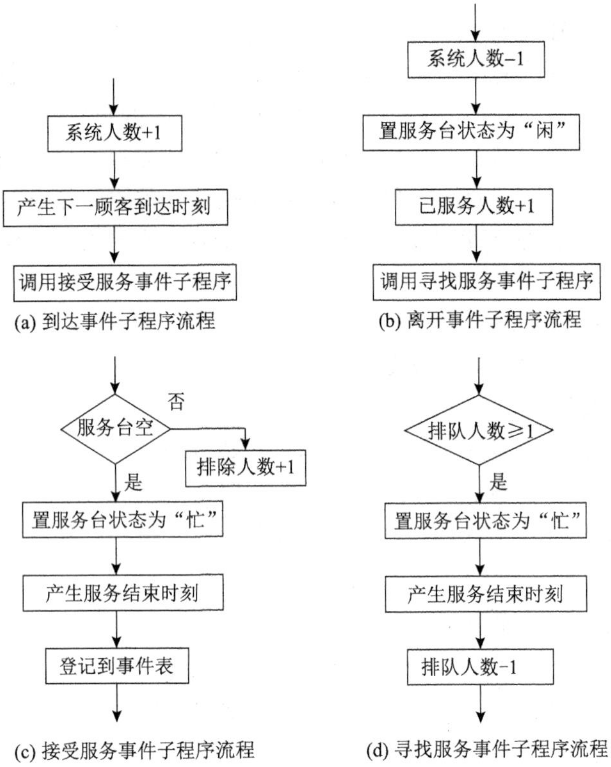

图 6-7 单服务台排队系统的四类事件子程序

3) 仿真过程

下面举一个单服务台的例子，以便更好地理解排队系统的仿真过程。

在只有一个职员的邮局排队系统中，服务参数为 M/M/1，$\lambda=\mu=0.1$，排队规则为先到先服务，仿真时钟以 min 为单位，仿真时长 240min。

表 6-2 中第 1 列与第 2 列组成了一个事件表，它列出了原发事件(到达与离开)发生的特定时刻，仿真时钟按事件表中的特定时刻从 0min 逐渐跳跃到 240min。

表 6-2 单服务台排队系统仿真表

仿真时钟/min	事件类型	顾客	下一个顾客到达时刻/min	队长	等待时间/min	服务开始时刻/min	服务时间/min	离开时刻/min	服务台状态
0	—	—	—	0	—	—	—	—	0
0	1	1	7	0	0	0	10	10	1
7	1	2	25	1	3	10	6	16	1
10	2	1	—	0	—	—	—	10	1
16	2	2	—	0	—	—	—	16	0
25	1	3	26	0	0	25	5	30	1
26	1	4	28	1	4	30	53	83	1
28	1	5	30	2	55	83	34	117	1

续表

仿真时钟/min	事件类型	顾客	下一到达时刻/min	队长	等待时间/min	服务开始时间/min	服务时间/min	离开时间/min	服务台状态
30	2	3	—	1	—	—	—	30	1
30	1	6	46	2	87	117	12	129	1
⋮	⋮	⋮	⋮	⋮	⋮	⋮	⋮	⋮	⋮
236	2	13	0	0	—	—	—	—	1
238	2	14	0	0	—	—	—	—	0
240	1	—	—	—	—	—	—	—	1

注：事件类型 1 表示顾客到达系统，事件类型 2 表示服务结束，顾客离开；服务台状态忙为 1，闲为 0

表 6-2 描述了整个仿真模型的运行过程。仿真开始，仿真时钟置为 0，设置初始状态为邮局刚开始营业。第一个事件是第一个顾客到来事件(1 类事件)，到达的时刻为 0，产生下一个顾客到来时刻(当前顾客到达时刻+到达时间间隔)为 7min；因为服务台状态为闲，队长为 0，顾客立即得到服务，系统中顾客数为 1，顾客等待时间为 0；服务时间为 10min，服务结束时刻(到来时刻+等待时间+服务时间)为 10min，顾客在系统中逗留时间(等待时间+服务时间)为 10min。比较下一个顾客到达时刻(7min)与此顾客离去时刻(10min)的大小，按事件调度法原理，下一最早事件是 1 类事件，由此得出表中第三行有关的数据：事件类型为 1 类，仿真时钟推进到 7 min，第二个顾客到达，到达时刻为 7 min，产生下一同类事件(到达事件)，发生时刻为 25 min。由于第一个顾客还未离开，该顾客等待，队长为 1，系统中顾客数为 2(即 1+1)。第二个顾客只有在前一个顾客离开后才能得到服务，因此该顾客的服务开始时刻等于前一个顾客离开的时刻，从而可以计算出其排队等待时间(服务开始时刻－到达时刻)为 3 min，服务开始时刻为 10min，服务时间为 6min，顾客离开时刻为 16 min，逗留时间为 9 min。再比较下一个顾客到达时刻(25 min)与正在接受服务顾客的离开时刻(16 min)，可知下一最早发生事件是 2 类事件，由此得出表中第四行的相关数据，事件类型为 2，仿真时钟推进到 10min，离开的是第一个顾客，离开时刻为 10min，表示已服务顾客人数增加 1 名。这时第二个顾客开始接受服务，队长和系统中顾客数均减 1，继续比较下一个顾客到达时刻(25min)与正在接受服务的第二个顾客的离开时刻(16 min)，可知下一最早发生事件仍是 2 类事件，于是得到第五行的有关数据，当第二个顾客离开时，队列中无顾客等待，服务台变空，一直到第三个顾客到来(25 min)。计算服务台闲置时间(25－16＝9 min)，如此持续进行，直到仿真时钟(如 242 min)大于设定的仿真时间(240 min)为止。

6.3.4 库存系统仿真

企业的生产过程既是产品的制造过程，也是物资的消耗过程。“库存是万恶之源”，良好的库存控制不但可以保障企业生产经营的正常进行，而且可以降低成本，加速资金周转，减少资金占用。可以说，能否有效控制库存量，已经成为一个企业管理水平的重要标志之一。

1. 库存系统结构

图 6-8 描述了一个库存系统。它主要包括三个方面：库存状态、补充和需求。库存状态是指存货随着时间的推移而发生的盘点数量的变化。其数量随着需求过程而减少，又随补充过程而增加。需求是系统的输出，它可以有不同的形式，包括连续需求、间断需求、已知的确定性需求和随机需求等。无论哪一种形式，一般来说均不受控制。给定了需求形式，系统的输出特性也就相应确定了。补充是系统的输入，补充策略是根据系统的目标和需求方程来确定的。不同的需求与补充决定了库存系统的库存状态，它是一个随时间变化而变化的动态过程。

图 6-8 库存系统

2. 库存系统的参数

库存系统常用的参数如下。

(1) 需求速率 D：也称为平均用量，是指材料在单位时间内耗用的平均量。它可以是一个定值，表示需求稳定，也可以是个变量。既可以是确定性值，也可以是一个随机量。

(2) 库存量：表示当前的库存状态。

(3) 最高库存量 M：为特定时间内库存的最高限额，即存量限制的目标。

(4) 最低库存量 L：是一种额外持有的库存，用来补偿在订货提前期内实际需求超过了期望需求或实际订货提前期超过期望提前期的情况下所产生的额外需求，以免停工待料产生损失，也称为安全存量。

(5) 订货量：每次订货的数量，可以是一个确定量，也可以是根据当前库存量而定的一个变量。

(6) 订货提前期 B：从货物订购到货物入库所需时间，通常也是个随机量。

(7) 订货周期长度 N：订货时一般使用固定周期，即到一定的时间点进行订货，但是也可以是不固定周期，根据库存量来决定是否订货。

(8) 存储费用。库存系统中发生的主要费用可以分为以下三类。

第一，库存持有成本：应包括搬运、储存、损耗、保险及存货利息等，随订货量增加而增加。

第二，缺货损失：单位时间内每单位产品所承担的待料损失，随每批订货量增加而减少。

第三，订货费：随每批订货所发生的支出，如印花税、报送费、通信费、采购部门的办公费用等。

3. 库存状态的动态变化

根据系统参数特性的不同，可以将系统分为确定型库存系统和随机型库存系统，这两类系统的库存状态变化是不同的。确定型库存系统的需求过程是确定的或稳定均匀的，补充过程也是确定的，即订货提前期为零或是固定的时间段。确定型库存系统可以确知其需求特性和补充过程，其存货的控制比较容易，可以通过解析的方法来寻找最佳订货点(order point，OP)和订货量以确保库存系统寿命周期内发生的费用最小。

随机型库存系统的状态影响因素是随机的、不确定的。其随机性主要表现为需求的随机性和订货提前期的不确定性。对于不同的库存系统，影响因素的类型是不同的，有的系统仅输入过程或输出过程存在随机性，而更多的库存系统输入和输出两方面都是随机的。

需求速率 D 随机变化时，每次订货量也将随之变化，而系统的库存状态也不同于确定型的，即是随机变化的。

由于受到需求、订货提前期、不同时期存储费用等多种不确定因素的影响，随机型库存系统往往具有复杂性、动态性等特征。求解这类复杂的库存系统问题，数学解析方法往往变得无能为力，而仿真的方法用来解决随机过程服从一定分布的库存系统问题是非常合适的。在这类系统中，存在的确定性因素非常少，系统欲实现费用最小的目标，可以控制的因素主要有两点：订货点和每批订货量。

4. 库存系统的基本类型

事实上任何一个库存系统总有其确定性的影响因素和不确定性的影响因素，对于不同的库存系统，确定和不确定因素的类型也往往是不同的。根据这种影响因素的不同，可以将常见的库存系统分为以下几类。

1)无缺货零提前期批量模型

在这类系统中，由于缺货损失无限大，不允许出现缺货现象。另外，货物也是可以及时补充的，不需要提前订货，货物随订随到。对于这一类系统，费用发生仅涉及订货费用与存储费用。

2)有订货提前期和延期交货的库存系统

在这类系统中，有了订货提前期，即要求系统提前订货，即在期望货物入库的时间点之前订货。当一个库存系统的缺货费用有限时，允许一定量的缺货将会实现一些经济利益，更有利于存货量的控制。这时存储费用将包括三个方面：库存持有成本、缺货损失和订货费。

3)制造批量模型

在制造批量模型中，货物的入库是一个逐渐的过程，而不是一次完成的。这种系统中补充过程也会受到不确定性因素的影响，因而补充速度也可能是随机的，当然，上述订货提前和缺货问题也可能在这类系统中发生。

4)数量折扣模型

通常在采购物品增加时，会得到一个价格上的折扣，当一次采购量达到或超过折扣点时，货物往往会在单位价格上降低，有时可能会有多个折扣点。对于这类问题，库存系统在控制存储费用时，必须考虑折扣因素的影响，加大订货量会增加库存持有成本，但同时又会减少订货费和缺货损失并带来折扣优惠，有必要在增加和减少之间权衡。常见的做法是在各折扣价格下找出总费用极低的订货量，最后在所有费用极低订货量中确定出费用最小的量，享受这一订货批量档上的价格优惠。

5)涨价模型

当一个库存系统确知在未来某一时间货物价格将要上升时，需要存储大量的货物以备未来消耗，力图降低价格上涨带来的影响。与此同时，货物的存储费用也会上升，权衡两者确定最佳存储量是这类模型要解决的问题。

5. 蒙特卡罗法仿真库存问题

蒙特卡罗(Monte-Carlo)法是以概率和统计的理论、方法为基础的一种计算方法，将所求解的问题同一定的概率模型相联系，用电子计算机实现统计模拟或抽样，以获得问题的近似解，故又称统计模拟法或统计实验法。

蒙特卡罗法的基本思想是，首先为所要处理的问题建立一个概率模型，然后产生该问题的统计抽样样本，最后分析这些样本的特性，并以此作为原问题的解。其主要的理论依据是概率论中的大数定理。采用蒙特卡罗法时，需要做大量的统计模拟才能获得原问题的近似解，因而计算量非常大。随着计算机技术的迅速发展，这一制约蒙特卡罗法应用的主要因素已经得到解决。

下面通过一个多周期随机库存问题的实例来说明蒙特卡罗法的应用。

某公司订购并销售某种商品，基本资料如下。

(1)连续性盘点，每次订货费为 100 元，每单位商品的购价为 100 元，单件货物的存储费用为 50 元。

(2)采用缺货不供应处理方式，单件缺货损失费为 30 元。

(3)商品的年需求量预计为 1000 个。

(4)商品每天需求量为随机变量，订货期亦为随机变量。根据以往的统计资料，它们的概率分布如表 6-3 所示。

表 6-3　某商品每天的需求量及订货期概率分布

需求量/(个/天)	需求量分布概率	订货期/天	订货期分布概率
0	0.05	0	0.00
1	0.10	1	0.15
2	0.15	2	0.20
3	0.40	3	0.50
4	0.15	4	0.15
5	0.15		

由于在订货期及需求量上的随机性，有必要确定最佳的存储策略，如最佳订货量和最佳订货点。

第一步：用蒙特卡罗法模拟商品需求过程，从而确定订货期中商品需求量的分布。

为了计算订货期中需求量的概率分布，要把订货期和需求量两个分布进行合成。这一步骤一般是采用数值方法来计算的，对于本例必须计算 20(即 4×5)种组合，每种组合还会有各种不同的情况，计算十分烦琐，而且在订货期和需求量分布的级数很多的情况下，这种计算是不可能的。此时采用蒙特卡罗法则十分方便。

(1)对订货期和需求量分布概率进行随机数编码。随机数采用两位数字(00～99)。具体如表 6-4 和表 6-5 所示。

表 6-4 需求量分布概率的随机数编码

需求量/(个/天)	概率	累积概率	随机数编码
0	0.05	0.05	00～04
1	0.10	0.15	05～14
2	0.15	0.30	15～29
3	0.40	0.70	30～69
4	0.15	0.85	70～84
5	0.15	1.00	85～99

表 6-5 订货期分布概率的随机数编码

订货期/天	概率	累积概率	随机数编码
1	0. 15	0. 15	00～14
2	0. 20	0. 35	15～34
3	0. 50	0. 85	35～84
4	0. 15	1. 00	85～99

(2)利用随机数进行模拟实验。根据本例的要求，利用计算机产生一组随机数，填入表 6-6 中。

表 6-6 订货期中商品需求量的实验表

模拟次数	订货期		订货期中商品需求量								订货期中商品需求量合计/个
			第一天		第二天		第三天		第四天		
	随机数	对应天数	随机数	需求量	随机数	需求量	随机数	需求量	随机数	需求量	
1	74	3	28	2	43	3	89	5			10
2	04	1	64	3							3
3	10	1	23	2							2
4	33	2	79	4	12	1					5
5	08	1	97	5							5
6	96	4	14	1	68	3	36	3	49	3	10
7	86	4	10	1	72	4	18	2	42	3	10

(3)用上述方法模拟实验 5000 次，模拟次数越多，实验的结果越接近理论值。得出订货期中商品需求量的概率分布，如表 6-7 所示。

表 6-7 订货期中商品需求量的概率分布

订货期中商品需求量/个	概率	订货期中商品需求量/个	概率
0	0.0098	11	0.0868
1	0.0162	12	0.0606
2	0.0244	13	0.0380
3	0.0774	14	0.0222
4	0.0578	15	0.0136
5	0.0758	16	0.0048
6	0.0910	17	0.0024
7	0.0954	18	0.0012
8	0.1168	19	0.0006
9	0.1110	20	0.0004
10	0.0938		

第二步：计算商品缺货的概率(P)和缺货数量(E)。

(1)计算商品缺货的概率。

订货点低，可以减少库存量，但是有可能发生缺货损失。

当订货点在 20 个时，即商品库存量在 20 个时就开始订货，则不可能发生缺货，缺货的概率为 0。

当订货点在 19 个时，订货期中的需要量(DDLT)在 20 个的情况下，就会发生缺货，缺货的概率由表 6-7 中可知为

$$P(\text{DDLT}>19)=P(\text{DDLT}=20)=0.0004$$

当订货点在 18 个时，订货期中的需要量在 20 个及 19 个的情况下，就会发生缺货，缺货的概率由表 6-7 中可知为

$$P(\text{DDLT}>18)=P(\text{DDLT}=20)+P(\text{DDLT}=19)=0.0004+0.0006=0.0010$$

同样，当订货点在 17 个时，订货期中的需要量在 20 个、19 个和 18 个的情况下，就会发生缺货，缺货的概率由表 6-7 中可知为

$$\begin{aligned}P(\text{DDLT}>17)&=P(\text{DDLT}=20)+P(\text{DDLT}=19)+P(\text{DDLT}=18)\\&=0.0004+0.0006+0.0012=0.0022\end{aligned}$$

以此类推，可以求出订货点从 20 个到 0 个为止所有发生缺货的概率，如表 6-8 所示。

表 6-8 订货点和缺货的概率

订货点	缺货的概率(DDLT>OP)	订货点	缺货的概率(DDLT>OP)
0	0.9902	3	0.8722
1	0.9740	4	0.8144
2	0.9496	5	0.7386

续表

订货点	缺货的概率(DDLT>OP)	订货点	缺货的概率(DDLT>OP)
6	0.6476	14	0.0230
7	0.5522	15	0.0094
8	0.4354	16	0.0046
9	0.3244	17	0.0022
10	0.2306	18	0.0010
11	0.1438	19	0.0004
12	0.0832	20	0.0000
13	0.0452		

(2)计算缺货数量。

当订货点在20个时，不可能发生缺货，缺货数量为0。即

$$E(\text{DDLT}>20)=0$$

当订货点在19个时，订货期中的需要量在20个的情况下，就会发生缺货，缺货数量为

$$E(\text{DDLT}>19)=(20-19)\times P(\text{DDLT}=20)=1\times 0.0004=0.0004$$

当订货点在18个时，订货期中的需要量在20个及19个的情况下，就会发生缺货，缺货数量为

$$\begin{aligned}E(\text{DDLT}>18)&=(20-18)\times P(\text{DDLT}=20)+(19-18)\times P(\text{DDLT}=19)\\&=2\times 0.0004+1\times 0.0006\\&=0.0014\end{aligned}$$

以此类推，可以求出订货点从20个到0个为止所有的缺货数量，如表6-9所示。

表6-9 订货点和缺货数量

订货点	缺货数量(DDLT>OP)	订货点	缺货数量(DDLT>OP)
0	7.8420	11	0.3128
1	6.8518	12	0.1690
2	5.8778	13	0.0858
3	4.9282	14	0.0406
4	4.0560	15	0.0176
5	3.2416	16	0.0082
6	2.5030	17	0.0036
7	1.8554	18	0.0014
8	1.3032	19	0.0004
9	0.8678	20	0.0000
10	0.5434		

第三步：使用模拟方法决定最佳订货点和最佳订货量。

由于最佳的订货点和最佳的订货量是以年总费用最小为目标的，必须先计算年总费用。

年总费用(TAC)＝年库存持有成本+年订货费+年缺货损失

$$=(Q/2+\mathrm{OP}-L\times U)\times R+S/Q\times A+C\times E(\mathrm{DDLT}>\mathrm{OP})\times S/Q$$

式中，Q——订货量(个/次)(Q/2 为平均存储量)；

S——年需要量(个)；

R——单位商品存储费用；

A——订货费(元/次)；

OP——订货点(个)；

L——订货期(天)；

U——每天的需要量(个)；

E(DDLT>OP)——订货期中的需要量(DDLT)大于订货点(OP)时的缺货数量；

C——缺货损失(元/个)。

本例中，订货期 L=1×0.15+2×0.20+3×0.50+4×0.15，每天需要量 U=1000/365。

在本例中，只有 OP 及 Q 是变量，因此，TAC 可以由 OP 和 Q 的组合来决定。当订货点在 1～20 个变化时，订货量在 1～1000 变化，可以找出在变化过程中的最小的 TAC 值，它所对应的 OP 及 Q 值就是最佳的订货点与最佳的订货量。本例的最佳库存策略为：当订货点为 12 个，订货量为 65 个时，最小的年总费用为 3484.26 元。

6.4 连续系统仿真

描述连续系统的最基本的数学工具是微分方程。连续系统仿真的中心问题是将微分方程描述的系统转变为能在计算机上运行的模型。转变方法主要有常微分方程的数值积分法和连续系统的离散化方法。本节首先简要介绍利用数值积分方法来建立离散形式模型之一——差分方程的方法，然后介绍常微分方程的数值积分法。

6.4.1 差分方程

设一阶微分方程及初值为

$$\begin{cases}\dot{y}(t)=f[t,y(t)], & a\leqslant t\leqslant b\\ y(a)=y_0\end{cases} \tag{6-3}$$

式(6-3)的解 $y(t)$ 是区间[a, b]上连续变量 t 的函数。上述方程的数值解法是在若干离散点处，如 $a=t_0<t_1<\cdots<t_n=b$，计算出 $y(t)$ 的近似值 $y_0, y_1,\cdots, y_n$ 来代替连续变量 $y(t)$ 值。点列 y_k (k=0, 1,⋯, n)称为式(6-3)在点列 t_k (k=0, 1,⋯, n)的数值解，通常取等时间间隔，即 $t_i-t_{i-1}=h$ (i=0, 1,⋯, n)，h 称为步长。可见，用数值积分法仿真连续系统，就是用某种离散化方法(如数值积分法、泰勒公式等)化成离散变量的问题——近似的差分方程的初值问题，然后逐步计算出 y_k。

6.4.2 欧拉法

欧拉法(Euler法)是最简单的一种数值积分方法，虽然它的计算精度比较差，实际中也很少采用，但由于它导出简单，几何意义明显，便于理解，又能说明构造数值解法一般计算公式的基本思想，通常用它来说明有关的基本概念。

在区间$[t_k,t_{k+1}]$上对式(6-3)求积分得

$$y(t_{k+1})=y(t_k)+\int_{t_k}^{t_{k+1}}f[t,y(t)]\mathrm{d}t \tag{6-4}$$

由于式(6-4)右端积分中含有未知函数$f[t,y(t)]$，无法直接得到$y(t_{k+1})$的值，我们可以用矩形面积近似代替在该区间上的曲线积分，即

$$\int_{t_k}^{t_{k+1}}f[t,y(t)]\mathrm{d}t\approx f[t_k,y(t_k)]\cdot h \tag{6-5}$$

如果用在t_k时刻计算出的近似值y_k来代替$y(t_k)$，代入式(6-5)右端，可得

$$y(t_{k+1})\approx y_k+f(t_k,y_k)\cdot h=y_{k+1},\quad h=0,1,\cdots,n-1 \tag{6-6}$$

式(6-6)为欧拉法计算公式。由于是用矩形面积代替小区间的积分，显然精度较低。为了提高计算精度，可以减少步长h，这会导致计算次数增加，这样不仅使计算工作量增加，而且计算机的有限步长引起的舍入误差会因计算次数的增加使得累积误差的舍入误差加大。因此，通过减少步长来提高计算精度是有限度的。欧拉法一般用于仿真精度要求不高的地方。

6.4.3 梯形法

欧拉法中用矩形面积代替小区间的积分，而在梯形法中，则是用梯形面积来代替每一个小区间的积分，显然这样会提高计算精度。梯形法的计算公式为

$$y_{k+1}=y_k+\frac{h}{2}[f(t_k,y_k)+f(t_{k+1},y_{k+1})],\quad k=0,1,\cdots,n-1 \tag{6-7}$$

式(6-7)为含有待求量y_{k+1}的方程，通常解隐含y_{k+1}的方程是比较困难的。所以我们首先用简单的欧拉法计算$y(t_{k+1})$的近似值，用$y_{k+1}^{(0)}$表示，然后将其代入式(6-7)右端，计算y_{k+1}值。为了提高计算精度，可反复迭代计算，于是可得迭代公式如下：

$$y_{k+1}^{(0)}=y_k+f(t_k,y_k)\cdot h$$

$$y_{k+1}^{(1)}=y_k+\frac{h}{2}[f(t_k,y_k)+f(t_{k+1},y_{k+1}^{(0)})]$$

$$\vdots$$

$$y_{k+1}^{(i+1)}=y_k+\frac{h}{2}[f(t_k,y_k)+f(t_{k+1},y_{k+1}^{(k)})]$$

直到$\left|y_{k+1}^{(i+1)}-y_{k+1}^{(i)}\right|\leqslant\varepsilon$（$\varepsilon$为给定的允许误差）。如果$y_{k+1}^{(0)},y_{k+1}^{(1)},\cdots$这个序列是收敛的，那么就有极限存在，即$i\to\infty$时，该序列趋于某一极限值，因此可用此极限值来作为$y_{k+1}$的值。可以证明，如果$\partial f/\partial y$有界，且$h$取值较小，则上述序列必定收敛。从迭代过程可看出，每迭代一次，计算量增加几乎一倍。在实际应用中，只要h取值足够小，通常迭代一次就认为已经求得y_{k+1}了。这种迭代一次的计算公式为

$$\begin{cases}y_{k+1}^{(0)}=y_k+h\cdot f(t_k,y_k)\\ y_{k+1}^{(1)}=y_k+\dfrac{h}{2}\cdot[f(t_k,y_k)+f(t_{k+1},y_{k+1}^{(0)})],\quad k=0,1,\cdots,n-1\end{cases}\tag{6-8}$$

式(6-8)称为改进的欧拉法，又称为预估—校正公式。式(6-8)中的第一式为预估公式，第二式为校正公式。

6.4.4 四阶龙格-库塔法

如果要求较高的计算精度，常采用四阶龙格-库塔法。龙格-库塔法是系统仿真中常用的方法之一，它的基本思想是泰勒级数展开法。这里不加推导地直接引用其计算公式。

$$\begin{cases}y_{k+1}=y_k+\dfrac{h}{6}\cdot(k_1+2k_2+2k_3+k_4)\\ k_1=f(t_k,y_k)\\ k_2=f(t_k+h/2,y_k+k_1h/2)\\ k_3=f(t_k+h/2,y_k+k_2h/2)\\ k_4=f(t_k+h,y_k+k_3h)\end{cases}\tag{6-9}$$

四阶龙格-库塔法计算精度较高，其截断误差正比于$o(h^5)$，欧拉法和改进的欧拉法截断误差分别正比于$o(h^2)$和$o(h^3)$。但是四阶龙格-库塔法计算量较大。

以上介绍的几种数值积分方法只是针对一阶微分方程，对于高阶微分方程描述的系统，则可把高阶微分方程转化成一组一阶微分方程。每一个一阶微分方程都可用数值积分法计算，这样就可以很容易地将整个系统的动态特性全部计算出来。所以对连续系统仿真，若采用微分方程数值积分法，其基础是一组一阶微分方程或状态方程。

6.5 计算实验

计算实验是一种用计算技术在计算机上构造实验对象、实验环境，模拟现实世界物质运动基本动力和规律的实验方法。在现实实验不可替代，或由于道德、伦理、法律、实验成本等限制实验无法进行的情况，计算实验可以在一定程度上规避这些问题。

社会系统作为复杂的系统，其中存在着很多随机因素、非线性的作用和自适应机制，传统系统的演化过程中的不确定性使社会计算实验方法有了存在的价值。

通过自然科学、数学、心理学、计算机科学等多学科的融合，将社会系统作为实验

对象，可以将现实世界基本特征和运行规律抽象，进而用计算机技术进行模拟。从微观层面的主体和环境的刻画上，构建自下而上的模型，观察宏观层面涌现的现象，并试图从微观层面解释宏观现象产生的原因，揭示社会系统的一般原理。

社会计算实验主要有两种研究方式。

(1)对现实物理空间的研究。这类研究所关注的问题与现实物理空间有着直接对应关系，其主要特点是计算实验中的空间坐标与现实物理世界的空间坐标存在着一一对应的关系。而这类计算实验结果主要通过图形界面直观而形象地进行展示。

(2)对抽象特征空间的研究。这类研究问题中社会活动与现实的物理空间是不存在直接的一一对应关系的，需要构造并描述系统中某一特征的抽象空间。这类问题包括组织行为问题研究、语言的演化研究，这类研究主要需要描述清楚研究对象的抽象特征。

一种对人工供应链市场供应商策略研究的计算实验程序运行框架如图6-9所示，虚线方框表示数据结构，实线方框表示程序计算模块；虚线表示数据流动，实线表示计算流程。

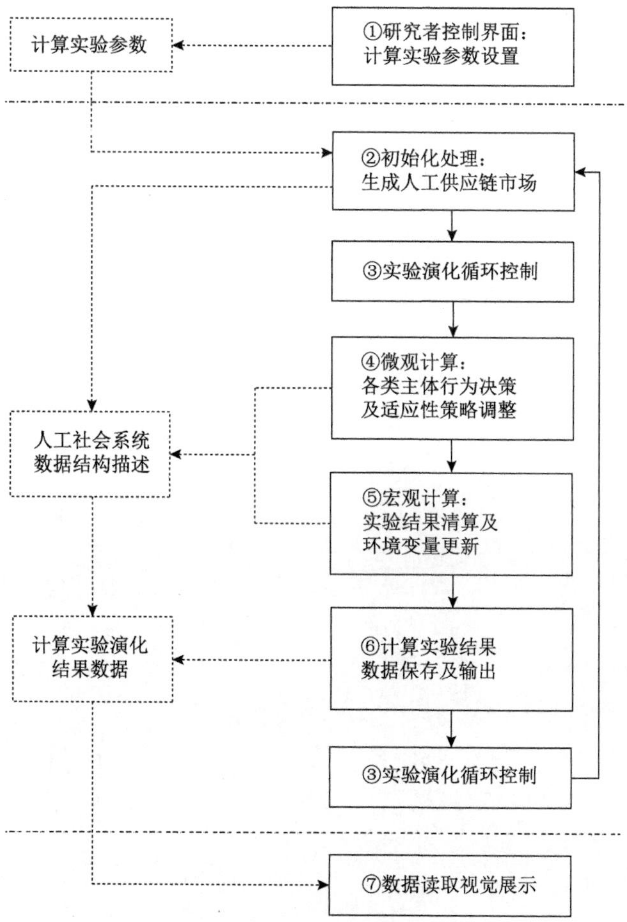

图6-9 计算实验程序框架图

总之，社会计算实验方法提供了一系列研究复杂系统的建模方法、综合分析方法、实验理论和计算工具等。

➢思考题与习题

1. 简述系统建模与系统仿真的关系。
2. 分析系统仿真的步骤和注意事项。
3. 简述连续系统仿真和离散系统仿真的区别。
4. 系统仿真的主要优点包括哪些?
5. 取 X_0=27，a=17，c=43，m=100，利用线性同余法计算一组随机数(6 个)。
6. 举例说明排队论中的泊松到达模式。
7. 举例说明库存系统中的无缺货零提前期批量模型。

第7章

系统动力学

系统与系统复杂性无处不在，人们面临的系统远比我们想象的复杂，既有“硬”的特点，又有“软”的特点，因此如何发挥系统工程方法论既硬又软的特点，是我们研究复杂系统必然要回答的问题。系统动力学就是这样的一种方法，它将定性分析与定量研究有机结合，将结构性模型与定量模型有效融合，不仅是一种基于系统思考的思维模式，也是一种系统建模仿真方法。系统动力学遵循了人们对复杂系统由定性到定量、由系统到局部、由阶段到全程、由粗浅到精细的认识规律，有助于人们应对系统复杂性、做出科学睿智的决策。

系统动力学概述

7.1 概述

系统动力学(system dynamics，SD)是一门综合了反馈控制论、信息论、系统论、决策论、计算机仿真和系统分析的实验方法而发展起来的，定性与定量相结合研究复杂系统动态行为的应用学科，属于系统科学与管理科学的一个分支(古德曼，1989)。它以系统思考的观点、方法来界定系统的组织边界、运作及信息传递流程，以因果反馈环路定性描述系统的动态复杂性，在此基础上构建系统动力学流量模型而形成策略实验空间，管理决策者可在其中尝试各种不同的情景、构想及策略，并通过计算机仿真来定量模拟不同策略下现实系统的演化行为模式，以了解系统动态行为的结构性原因，最后通过改变系统模型结构或相关变量参数，进一步仿真、分析并设计出良好的系统结构及解决动态复杂问题和改善系统绩效的高杠杆解决方案。

7.1.1 起源及发展

系统动力学的创立始于20世纪50年代福雷斯特(J. W. Forrester)教授受邀到美国麻省理工学院史隆管理学院并将计算机科学和反馈控制理论应用于社会、经济等系统的研究。到1958年论文“Industrial dynamics—a major breakthrough for decision making”发表及1961年专著《工业动力学》(*Industrial Dynamics*)出版时，系统动力学已见雏形。因为当时主要是用于工业系统的研究，所以取名工业动力学。在接下来的 10 年时间里，福雷斯特相继出版了《系统原理》(*Principle of System*)、《城市动力学》(*Urban Dynamics*)及《世界动力学》(*World Dynamics*)三本专著；而福雷斯特的学生麦都斯(D. H. Meadows)应用系统动力学建立了世界模型，并在 1972 年罗马俱乐部发表了题为《增长的极限》(The limits to growth)的研究报告。这些研究成果涉及城市、人口、住宅、企业、经济兴衰、失业、能源、农业、环境等多种系统及问题，也标志着工业动力学逐步成为由工业系统、企业系统延伸到学习教育、组织学习、城市发展、区域及全球经济、生态环境等较大规模的社会、经济系统领域的综合应用研究(Sterman，2000)。所以，为不失一般性，福雷斯特教授于 20 世纪 70 年代将“工业动力学”更名为“系统动力学”。到 1983 年，福雷斯特教授历时 11 年完成方程数达 4000 的美国国家系统动力学模型，揭示了美国等西方国家经济长波形成的内在奥秘，使得系统动力学的理论、方法、思考模式逐渐成熟，为研究人类各种动态复杂系统问题提供了新的解决方案。

7.1.2 基本观点

系统动力学从系统微观结构入手，构造系统的基本结构，以“白箱”方式模拟与分析复杂系统的动态行为，因此有着不同于“黑箱”模拟的基本观点。

(1) 研究对象的前提：系统动力学所研究的系统必须是远离平衡的有序的耗散结构。

(2) 复杂系统及其特性：社会、政治、经济、生态、军事等系统是具有自组织耗散结构性质的开放系统；复杂系统是具有多变量、多回路的高阶非线性反馈系统；一切社会、经济、生态、生物系统都是复杂系统；复杂系统具有复杂性、动态性、延迟性、突现性、反直观性、对变动参数的不敏感性、对变更策略的抵制性等动力学特性。

(3) 系统结构与功能：系统动力学认为，系统是结构与功能的统一体，分别表示系统的构成与行为的特征；一阶反馈结构(或环路)是构成系统的基本结构，一个复杂系统则是由若干相互作用的反馈环路组成的；一个反馈环路就是由系统的相关状态、速率、信息三个基本部分组成的基本结构，其中主要的是状态变量、变化率量(目标、偏差、行动)；反馈环路的交叉、相互作用形成系统的总功能(行为)。

(4) 内生的观点：系统行为的性质主要(但非全部)取决于系统内部的结构，即内部的反馈结构与反馈机制。

(5) 主导动态结构/变量作用原理：主回路结构的性质及其相互作用主要决定了系统行为的性质及其变化与发展；系统中有一部分相对重要的变量，其对系统结构与行为的影响较大，且一般包含于主回路结构中，即灵敏变量；灵敏变量(往往非线性)若处于主回路结构中或两种极性回路结构的连接处，即使其微小的变化，也可能使主回路转移，或改变其极性，甚至导致整个系统的结构与行为产生巨大变化。

(6) 系统的历史性与进化规律：系统的结构、参数与功能、行为一般随时间的推移而变化。

7.1.3 对系统的描述

(1) 系统动力学利用状态变量来描述多变量系统，以揭示系统的内在规律与反馈机制。

(2) 为方便起见，将系统动力学描述系统的高阶非线性随机偏微分方程简化为确定性的非线性微分方程。

(3) 系统动力学利用专用噪声函数(测试函数)来研究系统中存在的某些随机的不确定因素的影响。

(4) 在涉及人类活动的社会经济等复杂系统中，难于用明确的数学方程式描述的结构称为不良结构；不良结构只能用半定量、半定性或定性的方法来处理，对于其中无法定量化的部分则用定性方法处理。

(5) 系统动力学一般是把部分不良结构相对“良化”，或者用近似的良结构来代替，或定性与定量结合把一部分定性问题定量化，因此，系统动力学模型一般包含了对良结构的描述和不良结构的描述两部分。

(6) 系统动力学以定量描述为主，辅以半定量、半定性或定性描述，是定量模型与概念模型的结合与统一。

7.1.4 特点及作用

系统动力学具有处理高阶次(high level of order)、多环路(loop multiplicity)、非线性(non-linear)及时间延迟(time delay)的动态问题的优势。

(1) 系统思考：闭环、动态、结构性思考。

(2) 行为内生：行为来自结构，注重背后的反馈结构。

(3) 动态发展：注重系统行为模式的动态变化。

(4) 因果关联：注重内部、内外因素之间的相互关系。

(5) 政策实验：通过仿真进行“策略实验”，类似物理、化学实验。

(6) 善于处理周期性、长期性问题。

(7) 强调预测的条件。

(8) 可处理数据不充分或难量化的情况。

系统动力学具有动态、易于描述非线性、易于定量、建模过程简单、定性与定量相结合等特点和优势，可用于以下方面。

(1) 现行政策的报警。

(2) 新政策的仿真实验。

(3) 计划制订。

(4) 管理、社会经济系统问题的实验室。

(5) 预测研究。

7.2 系统动力学的研究范式

系统动力学方法在分析、研究实际复杂系统问题时，一般是将所研究的真实世界系统的关联结构、决策策略及行动用一种动态的实验模型再现(但并不是复制)出来，并进行仿真运行，得到的仿真结果可以作为参考反馈信息来指导对所构建模型的修正，并改进或重新制定策略，然后在系统模型中继续仿真新的策略，分析并比较结果，进一步改善模型和策略。这个循环过程必须遵循一定的规则与步骤，也就是系统动力学的研究范式(Sterman，2000)，如图 7-1 所示。

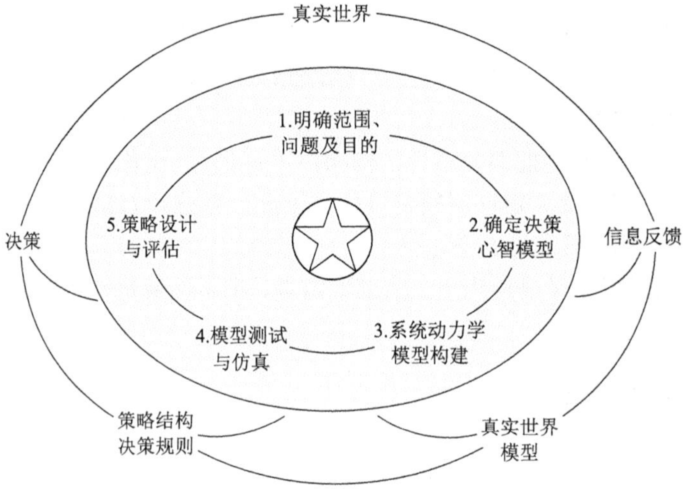

图 7-1 系统动力学的研究范式

7.2.1 明确所研究系统的范围、问题及目的

系统动力学对社会经济系统进行仿真实验、模拟研究的目的主要是认识、理解系统的结构和未来的行为模式及其相关结果的演化，以便为进一步确定系统结构和设计最佳运行参数及制定合理的政策提供依据。因此，在系统动力学研究具体的对象系统时，为了方便获得具有较好匹配性的合理政策设计及研究，有必要明确以下内容。

(1) 所研究系统的范围界定(system boundary)。

(2) 所要研究系统的具体问题。

(3) 研究及建模的目的。

7.2.2 确定决策心智模型

决策心智模型(decision mental model)是基于人们的经历经验、专业知识、思维习惯、思维方式等而形成的，是对某个具体系统问题及如何寻找解决方案的不同认识和理解的反映。因此，可以说决策心智模型是系统动力学后续主要研究工作的指导纲领，在明确了具体系统问题的研究范围和目的后，必须构建一个针对具体问题的决策心智模型，系统模型的高层结构模型、因果反馈环路模型、存量流量模型等的构建及情景设计、仿真实验都应基于心智模型而展开。

7.2.3 系统动力学模型的构建

系统动力学模型需要构建如下三个层面的模型。

(1) 高层结构模型(high-level diagram)，是所研究系统结构的整体反映，主要包括系统主要模块组成或要素、模块或要素之间的相互关联、系统大业务流程等的确定。

(2)因果反馈环路模型(causal feedback loop diagram)，是对系统问题的定性刻画，是系统动力学后续建模仿真得以顺利进行的基础，包括所研究系统问题的主要相关变量的确定及各变量之间的因果关系及反馈环路结构的确定，是高层结构模型的进一步细化。

(3)存量流量模型(stock and flow model)，是对系统问题的定量刻画，是实现系统动力学定量仿真的直接载体，主要根据因果反馈环路模型，利用系统动力学方法特有的描述各种变量及其相互关系的符号绘制而成，需要完整细化所研究边界范围内系统结构的所有变量及其类型，并量化所有变量相互间的数学或逻辑关系，得到相应的量化方程式。

7.2.4　模型测试与仿真

系统动力学模型是对真实系统简化的结果，并不是真实系统的复制品，所以从再现客观世界的真实情况来讲，任何模型都是不完全正确的。但是，只要模型能在既定的约束条件下有效接近真实系统，完成既定条件下的研究目标，那么就可以认定由此而构建的模型是有效的。因此，为了保证构建的模型能满足既定的研究目标和约束条件，提升模型的有效性(validity 或 usefulness)和稳健性(robustness)，使模型及后续的研究结果、结论能为决策设计提供科学、有效的参考，就必须对模型进行一些必要的测试。

完成模型的有效性测试与验证后，设定好相关变量的初值、仿真运行参数(如运行时间范围与步长)及相关情景，便可以进行仿真，以得到不同情景下系统中研究所关注指标的演化情况；进一步对仿真结果进行分析，找出系统结构或策略的缺陷与不足，确定是否对模型结构、相关参数进行修正或改进相关的策略，然后再进行仿真实验，使模型更接近于真实系统，并探寻有助于系统优化运行的高杠杆策略。

7.2.5　策略设计与评估

根据前述步骤得到的仿真模型与仿真结果，讨论其在现实世界中的应用与实施的方法：各种不同情景的设计与描述，适用于何种环境；政策的设计及应用，如何应用于现实世界；评估所设计决策的影响，将产生什么影响及反应等。

从上面五个步骤可以看出，系统动力学是一种定性与定量相结合的研究方法，定性过程包括：明确所研究系统的问题、范围及目的，决策心智模型的确定，系统动力学高层结构模型和因果反馈环路模型的构建。定量过程包括：存量流量模型的构建、模型测试、模型仿真及策略设计等。

7.3　明确研究目的及决策心智模型

7.3.1　明确研究目的

总体上看，系统动力学应用研究的目的是对社会、经济、政治、军事、生态等系统进行政策或策略研究，主要包括策略分析、策略改进及制定新的策略(王佩玲，1994)，即进行政策或策略设计，并使其辅助实践。但在具体的应用研究时，首先需要明确所研究的实际对象系统的边界、问题及其更具体、细化的研究目的。

1. 明确所研究系统的范围界定

明确所研究系统的范围界定，即要明确所研究的对象系统的大小及边界。就是准备应用系统动力学来分析、建模的具体是什么样的系统？属于什么层面？什么范围？什么领域？可以是大型的宏观层面的世界发展系统(其系统动力学模型有 World Ⅰ、Ⅱ、Ⅲ三个版本)，国家层面的经济、社会、生态等系统，可以是中观层面的区域、省域层面的各领域的产业、行业及其发展、管控等系统，也可以是微观层面的企业系统、物料管理系统等，如能源-经济-环境系统、人口-经济系统、可再生能源产业系统、教育教学系统、突发事件应急系统、物流与供应链管理系统、项目管理系统、运营计划系统、库存管理系统等。

2. 明确所研究系统的具体问题

明确所研究系统的具体问题，即要明确所研究对象系统的具体问题及这个问题为什么会成为一个问题，是发展缓慢、贫富差距、环境污染等，还是效率低下、资金缺乏、目标失败等，还是成本高企、利润微薄、计划不准等。具体地，如针对世界发展系统中的富足中的贫困、环境退化、通货膨胀及金融和经济混乱等，国家碳减排目标的制定及如何实现，可再生能源补贴资金缺口日益加大及补贴政策如何退坡调整的问题，也可以是物流与供应链管理中的牛鞭效应、库存水平偏高等问题。

3. 明确研究及建模的目的

明确研究及建模的目的，即要明确此次应用系统动力学研究要解决系统的什么问题，实现系统什么样的运行绩效，探寻什么策略等。比如，厘清国家碳减排的峰值什么时候出现，减排目标能否及什么时候实现等；再如，探寻可持续发展前提下，光伏发电、风电等可再生能源的电价补贴退坡机制(力度、时机及方式等)，补贴政策什么时候可以取消等，从而为相关政策的制定提供决策参考。

举例：补贴政策对我国绿氢产业发展的影响——研究目的

绿氢是公认的清洁能源，不仅是加速实现碳减排的有效措施之一，也可以消纳风电和太阳能光伏发电等可再生能源，提高可再生能源利用率，还有助于提升能源供应的稳定性和灵活性。但是，技术限制、电价较高等因素造成电解成本和设备投资较高，绿氢生产成本仍然较高，且受限于氢储运安全风险，绿氢产业在现有技术水平下难以实现较好的投资回报，严重影响相关主体投资绿氢产业的积极性。中国高度重视绿氢发展，国家能源局鼓励清洁能源丰富的地区应用电解水制氢，推动清洁能源分布式项目建设，但具体的绿氢产业相关补贴政策仍有待出台或亟需完善。那么，我国应该如何实施绿氢产业补贴政策？本案例采用系统动力学来研究补贴政策对我国绿氢产业发展的影响。其研究的系统边界是中国一国范围的绿氢产业；研究问题是补贴政策设计及绿氢产业可持续发展的问题；研究目的是厘清面对不同的绿氢技术水平、产业规模，我国应如何设计补贴力度和标准，明确在不同发展阶段如何动态调整补贴政策以及设计补贴退坡机制，以促进绿氢产业的可持续发展。

7.3.2　确定决策心智模型

从大处讲，决策心智模型影响甚至决定人们对世界的认知方式，进一步影响人们处理问题的决策行为与行动，如“智子疑邻”的成语故事。从小处讲，决策心智模型直接影响甚至决定系统动力学应用研究中的模型构建、情景设计、仿真实验及策略设计等诸多环节。无论是认知世界还是指导建模，都要避免错误的决策心智模型。

为此，决策心智模型的建立必须采用系统思考的观点和方法，基于所研究问题的范围与目的，整体、系统地分析所研究对象系统的基本情况，进一步深入分析、明确系统的绩效与问题的表现、运作流程、决策或策略作用的路径、系统运行的可能情景及如何探寻优化策略等，还需要明确问题产生的根源的持续影响期限有多长，相关决策或影响因素什么时候开始起作用，以及这些决策或影响因素的影响周期的长短。

举例：补贴政策对我国绿氢产业发展的影响——决策心智模型

为了探寻不同补贴政策情景对我国绿氢产业发展的影响，促进绿氢产业的可持续发展，明确系统动力学仿真的决策心智模型，基于对绿氢产业发展相关影响因素及其相互作用的系统思考，建立因果反馈环路模型及流图模型，并基于税率减免、制氢电价等多方面补贴政策、补贴形式、标准、退坡方式等因素设计仿真情景，进一步模拟不同情景下绿氢产业的装机量、碳减排效益、补贴成本、投资回报等的发展演化情况，以设计合理的绿氢产业补贴策略。

7.4　系统动力学模型

7.4.1　高层结构模型

高层结构模型即系统结构框图，多采用框图法构建模型。一般用方块、圆圈等符号简明表示系统主要子块并描述它们之间物质与信息的交互关系。框图法比较简单，但在建模初期的系统分析与系统结构分析中作用非常明显，框图的简便有助于确定系统界限，分析各子模块间的反馈关系及系统内可能的主要回路。框图法示例如图 7-2～图 7-4 所示。

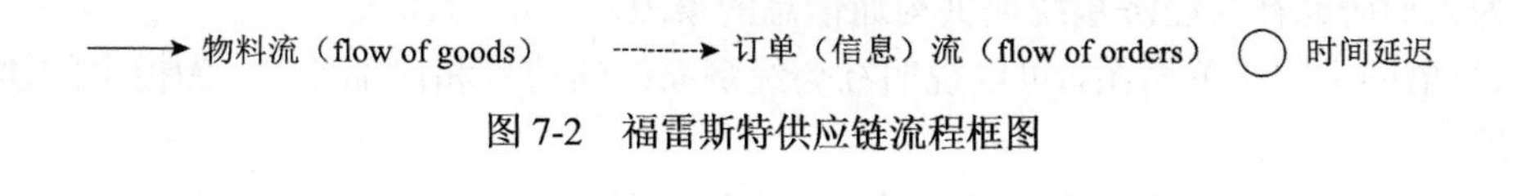

图 7-2　福雷斯特供应链流程框图

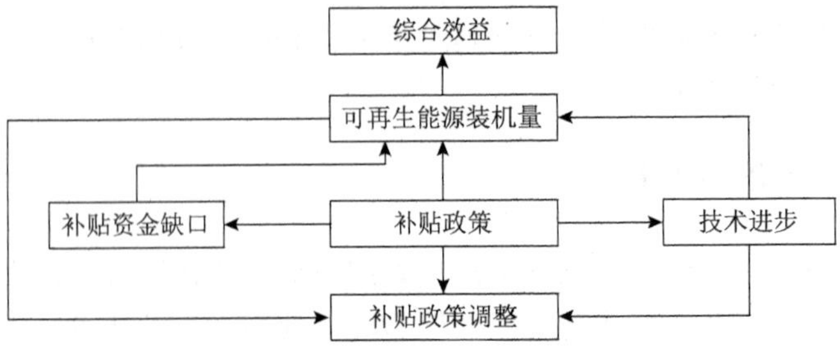

图 7-3 可再生能源发展模型框图

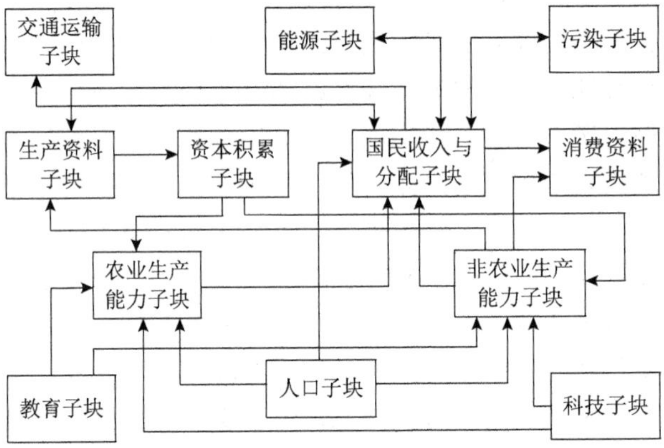

图 7-4 国家能源模型框图

7.4.2 因果反馈环路模型

系统动力学因果反馈环路模型是对所研究对象系统中相关影响因素及其互动因果关系与反馈结构的定性刻画，其构建必须厘清所研究系统内部所有要素之间的相互作用及相互影响，即因果关系，进一步明确基于因果关系的反馈环路结构，最终得到对象系统的完整的因果反馈环路模型。

1. 因果关系

因果关系(causal relation)是系统内部各要素之间及系统与环境之间存在的固有关系，是对社会系统内部关系的一种真实的写照，构成系统动力学模型的基础，进行系统分析的着重点。在进行社会经济系统仿真时，因果关系分析是建立正确模型的必由之路。因果关系的意义有如下几点。

(1)通过因果关系的确定来说明社会系统中的问题，这既符合逻辑，又直观明了。因此，因果关系分析给我们研究社会经济系统提供了科学的思路。

(2)因果关系的确定能将复杂的社会经济系统进行必要的简化，从而使人们的思路清楚，为人们研究社会经济系统提供沟通信息的渠道。

(3)借助于因果关系图，可以说明社会经济系统的边界和内部要素，为模型的建立提供基础。

如图 7-5 所示，系统中的要素用封闭轮廓线表示，中间标注其名称或符号。从变量(要素)A 向变量(要素)B 的箭头线表示 A 对 B 的作用。箭杆 A 是原因，箭头 B 是结果。这个箭头线被称为因果关系键。如果变量 A 增加，变量 B 也随之增加，即 A、B 的变化方向一致，则称为 A、B 间具有正的因果关系，用“+”号标于因果关系键旁，这种键被称为正因果关系键。如果变量 A 增加，变量 B 反而减少，即 A、B 两变量变化的方向相反，则 A、B 间具有负因果关系，其键用“–”号标记，并称之为负因果关系键。正因果关系键与负因果关系键分别简称为正键、负键。

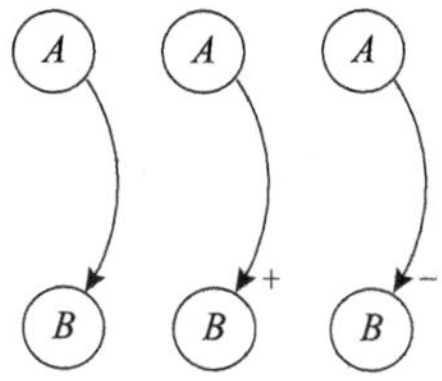

图 7-5　因果关系键

因果关系是逻辑关系，没有计量和时间上的意义，也就是说，变量 A、B 间数量的大小和延迟关系都不影响因果关系键的存在。在系统中任意具有因果关系的两个变量，它们之间的关系不是正关系，就是负关系，没有第三种关系。通过因果关系键我们可以把复杂的社会经济系统描述成易于理解的构架，以这个构架为基础，深入理解系统的本质并进一步构建系统动力学模型。因果关系示例如图 7-6 所示。

出生率 $\xrightarrow{+}$ 人口数量　产品价格 $\xrightarrow{-}$ 销售量　注意力 $\xrightarrow{+}$ 理解程度　库存积压 $\xrightarrow{-}$ 价格

生产率 $\xrightarrow{+}$ 库存　死亡率 $\xrightarrow{-}$ 人口数量　购房地段 $\xrightarrow{+}$ 房价　工作量 $\xrightarrow{-}$ 睡眠时间

企业声誉 $\xrightarrow{+}$ 销量　产品质量 $\xrightarrow{-}$ 顾客投诉　体育锻炼 $\xrightarrow{+}$ 免疫力　加班时间 $\xrightarrow{-}$ 工人士气

移民数量 $\xrightarrow{+}$ 移入地劳动力 $\xrightarrow{-}$ 就业机会　出生率 $\xrightarrow{+}$ 总人口 $\xrightarrow{+}$ 死亡率

图 7-6　因果关系示例

2. 反馈环

反馈环也称为因果反馈环(feedback loop)，按业务流程顺序连接了系统策略、状态和信息，最后回到决策并对其产生反作用的封闭环路，也就是两个以上的因果关系键首尾串联而成的封闭环路。在因果关系环中，无法确定何处是环的起点或终点，即无法判断哪个变量是因，哪个变量为果。

如图 7-5 所示，因果关系键有正键与负键之分，因此由这种键串联而成的反馈环可以分为正反馈环和负反馈环。如图 7-7(a)所示，如果变量 A 增 ΔA，变量 B 增加 ΔB 之后，变量 C 减少 ΔC；变量 C 减少 ΔC 之后，又使变量 A 再增加 $\Delta A'$。这就是说，当变量 A 增加 ΔA 之后，通过整个因果反馈环的影响，最后使变量 A 的增量成为 $\Delta A + \Delta A'$；如果变量 A 减少 ΔA，结果会使变量 A 再减少 $\Delta A'$，从而使总的减少量为 $\Delta A + \Delta A'$。总的来说，在反馈环中任一变量的变动最终会使该变量同方向变动的趋势加强，这种具有自我强化效果的因果反馈环，称为正因果反馈环(简称正环)，也称为增强型反馈环(reinforcing loop)。同理，如果当环中某一个变量发生变化后，通过环中变量依次的作用，最终减缓或抑制变化的变化，则称这种反馈环为负因果反馈环(简称负环)，也称为平衡型反馈环(balancing loop)。显然，图 7-7(a)为正反馈环，(b)为负反馈环。负反馈环的行为是使变化趋于稳定，是一种自我调节的行为。因此，社会经济系统主要是通过负反馈环的作用而达到稳定状态的。

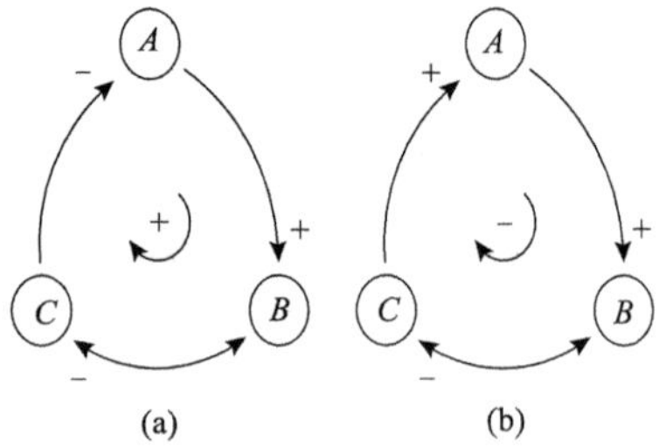

图 7-7 反馈环示意图

对于一个复杂的因果环，可以通过以下规律来判断其极性：①若反馈环中各键均为正键，则该环为正环；②若反馈环中有偶数个负键，则该环也为正环；③若反馈环中有奇数个负键，则该环为负环。

总之，因果关系环只有正环、负环两种，正环会产生自我强化的变动效果，负环则产生自我调节的变动效果。

1)一阶正反馈环

正反馈环具有自我强化的效果。例如，人口与年出生数的关系，如果年出生数增加，人口必然增加；如果人口增加，年出生数也会增加。因此如图 7-8 所示，在年出生数与人口之间形成正反馈环。在这个反馈环中包含有一个积累变量(即人口)。由前面的概念可知，反馈环中的一个积累变量对应一个一阶常微分方程式，我们把反馈环中的积累变量的个数称为反馈环的“阶”。因此，这个正反馈环称为一阶正反馈环。

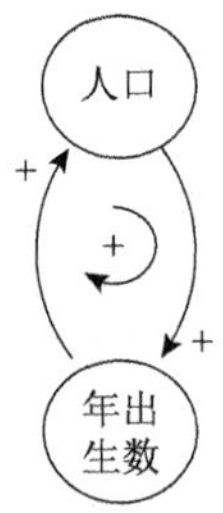

图 7-8 一阶正反馈环

2)一阶负反馈环

负反馈环具有自我调节的效果。例如，库存系统，假设只有入库量而没有出库量，而且订货过程与入库过程都没有时间延迟，也就是说，只要决定订货，货物就可以立即送到仓库。在这个系统中，影响库存量的因素只有订货速度(单位时间的订货量)。订货速度快，则库存量增加得快；订货速度慢，则库存量增加得慢。因此订货速度与库存量之间存在着正因果关系。库存量不能无限制地增长，假设有一个最满意的库存量，即目标库存量，这个目标库存量影响订货速度，当实际库存量少于目标值时，存货差就是正值，相关管理人员就要考虑订货。影响订货速度的另一个因素是调整周期，即在多长时间内将货物进足。这样就构成了一个库存系统反馈环。如图 7-9 所示，各要素间形成了一个负反馈环，因为该系统只有一个积累变量即库存量，因此是一阶负反馈环。在这个系统中，只要库存目标值与库存量的调整周期确定了，负反馈环就开始作用，系统自动调整订货速度而使库存量符合管理人员所期望的库存量。

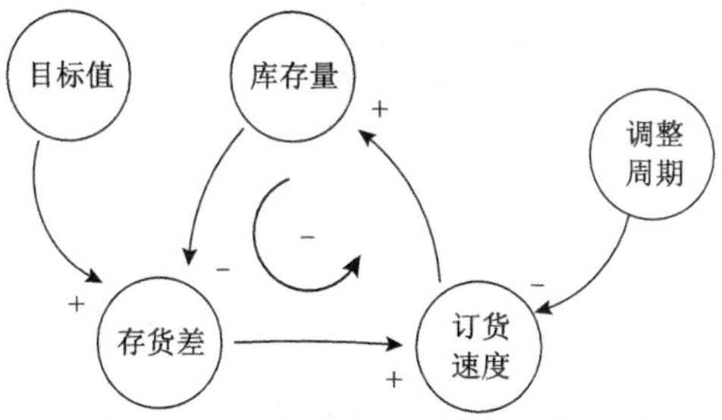

图 7-9　一阶负反馈环

3) 二阶负反馈环

在实际系统中，信息(流)在传递过程中，总是伴随着延迟。例如，在图 7-9 中，一旦决定订货，实际上订货不可能立即进入库存。商品的流动有一阶延迟。因此在图 7-10 中，在订货量 R_1 和库存量 I 之间引入了一阶指数延迟，即增加了一个积累变量——订货中的商品 G。这样，这个反馈环包含了两个积累变量，所以就形成了二阶负反馈环。

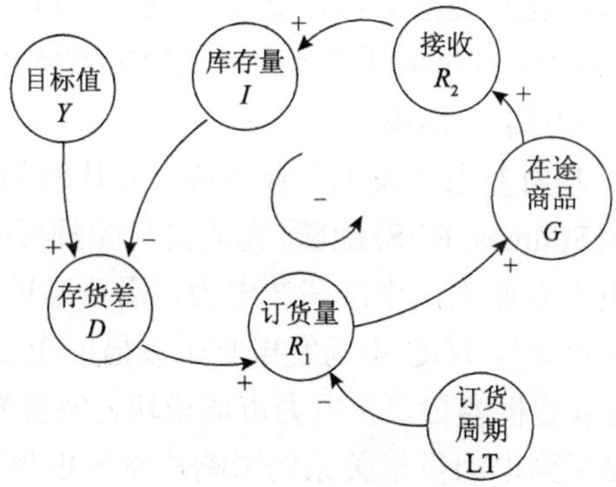

图 7-10　二阶负反馈环

在这个二阶库存管理系统中，库存量受接收货物速度的控制，库存量信息与期望库存量值(目标值)比较后，产生存货差，决策者根据存货差确定订货量，在订货量与接收即收货量之间有延迟，形成“在途商品”，其大小直接影响接收的量，从而影响库存量。

4) 正负反馈环

实际的社会经济系统，一般不会仅由单一的正反馈环或负反馈环组成，而是由若干个正、负反馈环相连而形成。系统本身的行为无所谓正负。当负反馈环的自我调节作用强于正反馈环的自我强化作用时，系统就呈现出趋于稳定的行为；相反，当正反馈环的自我强化作用强于负反馈环的自我调节作用时，系统则呈现出无限增长或衰退的行为。

以生物种群的繁衍为例，如图 7-11 所示，物种总数与出生速度构成正反馈环，同时物种总数与死亡速度构成负反馈环。这就是说，物种这个变量同时受出生速度和死亡速度的控制。当出生速度所在的正反馈环的自我强化作用高于死亡速度所在的负反馈环的自我调节作用时，物种总数将呈现出无限增长的趋势；反之，物种的总数将趋于稳定值。

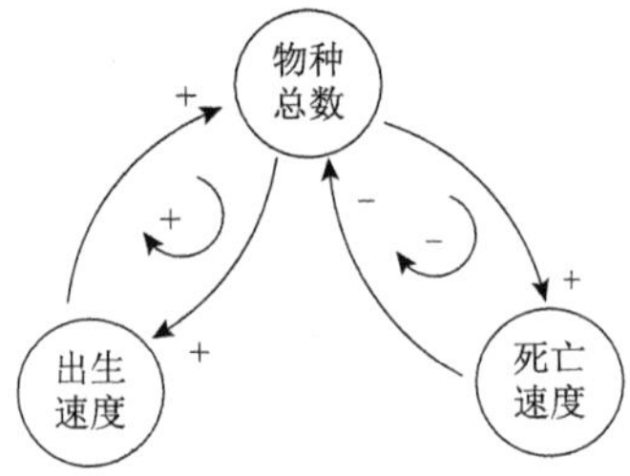

图 7-11　正负反馈环作用下的物种模型

因果反馈环路模型有着不可替代的优势，但也存在一定局限：不能区分系统中不同性质的变量；仅能反映出变量的增加或减少，而不能描述变化的比例；不能描述积累效应的动态变化过程；只能定性描述，还需要进一步量化。

3. 补贴政策对我国绿氢产业发展的影响——因果反馈环路模型

考虑影响制氢成本和盈利能力的多个要素，以及不同政府补贴政策的组合策略对绿氢产业的影响，围绕绿氢产业发展建立由可交易绿色证书(Tradable Green Certificate，TGC)市场模块、电力市场模块和绿氢制取产业模块组成的体系，图 7-12 为不同补贴情景下的绿氢产业发展模型的因果反馈图。

在 TGC 市场模块中，政府要求各发电企业完成一定比例的清洁发电任务，称为可再生能源(Renewable Energy Sources，RES)配额，完成自身配额后的多余发电量可以在 TGC 市场兑换 TGC，而部分电力企业无法生产清洁电力，需要通过 TGC 市场来购买 TGC 以完成配额。当绿氢制取企业参与 TGC 市场发电时可以借助卖出 TGC 的收益来增加经济效益，有助于增加绿氢制取装机容量。在电力市场模块，绿氢发电量和 RES 发电量决定电力供应，上网电价主要受到电力供求关系的影响，制氢电价和上网电价成正比。在绿氢制取产业发展模块中，绿氢产量由装机容量决定，而装机容量受到绿氢项目投资回报率(Return on Investment，ROI)影响，其中盈利主要来源于绿氢出售和绿氢发电上网，成本包括税收、基础设施建设成本、用电成本等。政府通过在设置制氢电价、对基础设施建设进行补贴和减免税收等方面制定绿氢制取行业的补贴政策。由此形成图 7-12 中的增强型反馈回路：政府补贴↑→绿氢制取成本↓→绿氢 ROI↑→绿氢制取装机容量↑→绿氢产量↑→{绿氢发电量，绿氢出售}↑→绿氢盈利↑→绿氢 ROI↑。

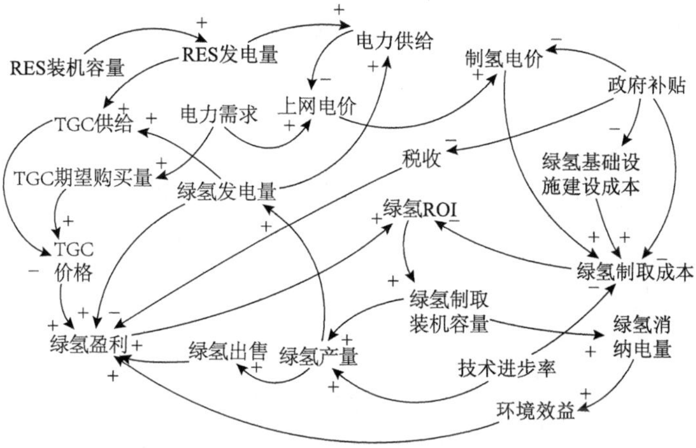

图 7-12　补贴政策对我国绿氢产业发展的影响的因果反馈环路模型

7.4.3　存量流量模型

存量流量模型是系统动力学应用研究范式中最重要的环节，因为它是实现对所研究对象系统的系统动力学定量仿真、策略设计的基本载体。

1. 流图

存量流量图是由系统动力学的各种构成的反映状态变量变化的流程图。流图在系统动力学仿真中具有重要的意义：是为量化模型而收集数据的依据；是设计系统动态仿真实验的依据；是提供系统动力学量化模型，进行系统仿真的基础；为系统分析提供数学模型蓝图及分析依据。流图描述系统状态变化的过程可用图 7-13 的简单逻辑来刻画。决策者通过判断容器中水位高低信息(系统状态)是否达到期望水平，做出对源和汇的操作决策，并指导打开或关闭源和汇阀门的行动，以实现容器水位达到期望水平。这样就形成了封闭的反馈控制环路，这也是一个完整的决策过程：最初的水位高于期望水平，则做出打开汇阀门的决定和行动，当水位逐渐降低并接近期望水平时，此信息反馈回来指导决策，需要关闭汇阀门；最初的水位低于期望水平，则做出打开源阀门的决定和行动，当水位逐渐升高并接近期望水平时，在此信息的反馈作用下，操作者会做出关闭源阀门的决策和行动。

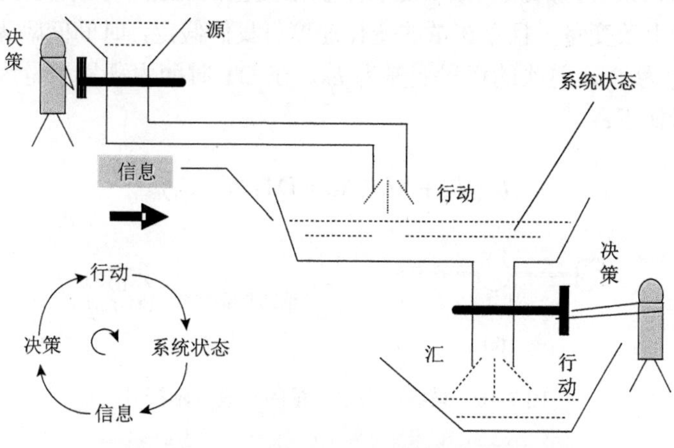

图 7-13　系统动力学流图的简单逻辑

从图 7-13 可以发现，流图揭示了任何系统的本质变量主要都是两类：一类是积累变量，其对应积分；一类是积累变量的对应速度变量，其对应微分，那么图 7-13 中的控制逻辑可简化为图 7-14。其中的源(sources)和汇(sinks)，都是抽象概念，源表示输入状态的一切物质；汇表示输出状态的一切物质。在系统动力学流图里，两者都用云团来表示，如库存变化与入库(如生产)和出库(交付)相关，两端云团分别表示库存来源与交货的去向(即系统边界外的部分)，如图 7-15 所示。与库存来源与交货去向相比，更需要关注库存积累的过程变化。

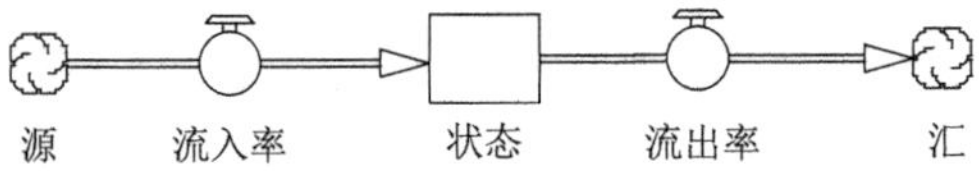

图 7-14　流图刻画系统状态变化的简化过程图

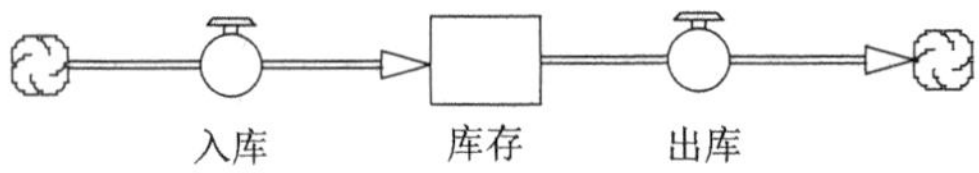

图 7-15　库存状态变量变化的简单流图

2. 系统动力学变量

存量流量模型跟因果反馈环路模型的主要区别在于，流图能区分系统中的不同性质的变量并能定量描述积累效应的动态变化过程。系统动力学规定的变量类型主要有如下几类。

1) 积累变量

积累变量(stock、level、state)是指系统存量流量模型中的积累环节，常称为积量、状态变量、积累量、位、流位，以及库存、储存等。系统动力学认为反馈系统包含连续的、类似流体流动的积累过程，故借鉴容器中积存流体的多少(如水位)来表示系统状态的量，如产品库存、现金量、劳动力数量、固定资产、人口等；生态系统中的动物、植物的种群数量等。积累变量一般用一个矩形框表示[图 7-16(a)]，其变化过程如图 7-14 所示，左边表示积累变量的流入，右边表示积累变量的流出。积累变量具有积累效应，现值等于原值加上改变量，且存在量的变化速度。我们假定，时间间隔为 DT，流入流速为 R_1，流出流速为 R_2，前次的积累变量为 L_0，在 DT 时间内积累增量为 ΔL，那么积累变量方程式表示如下：

$$L = L_0 + \Delta L \quad \Delta L = \mathrm{DT}(R_1 - R_2)$$

图 7-16　系统动力学变量的一般表示符号

2）流率变量

流率变量(rate、flow)反映系统中的活动，表示积累变量变化快慢的变化率变量，常称为流率、流率变量、速率等。

一般表示积累变量的单位时间内的变化，总是伴随积累变量交替出现，如物流、资金流、年投资、人口出生率、死亡率等。流率变量可以描述包括决策者在内的决策机构的决策功能，它可以控制流入流与流出流的大小，所以流率变量又称为决策函数。流率变量的符号一般如图 7-16(b)所示，而图 7-14 中左边的流率变量(箭头指向积累变量)表示流入流，右边的流率变量(箭头远离积累变量)表示流出流。

3）辅助变量

辅助变量是介于积累变量、外生变量与流率变量之间的中间计算变量，如雇佣比例、需求、成本、时间周期及多种函数等。辅助变量可简化复杂流率方程的数学、逻辑等关系，当量纲不一致时，起软连接作用。辅助变量的表示符号一般为圆圈，如图 7-16(c)所示。

4）常数

在仿真运行期间，某个参数的值如果保持不变，则称该参数为常数。常数可以直接输入给流率变量，或通过辅助变量输入给流率变量。在 Vensim 软件中，常数的符号用一段实线表示，并注上名字和它的意义，如图 7-16(d)所示。而在 iThink/STELLA 软件中，其符号与辅助变量一致。

5）派生变量

派生变量包括为更好地描述某些过程或活动或便于仿真而专门设计的变量，以及 iThink/STELLA、Vensim 等仿真软件设计的衍生结构，如队列(queue)、输送带(conveyor)等有特殊意义的积累变量。

6）内生变量

内生变量包括积累变量、流率变量、辅助变量及常量等。

7）外生变量

外生变量是制约着内生变量，但又不受其制约的变量，如时间(time)可视为特殊的外生变量。系统环境中的变量一定是外生变量，且常是时间的函数。

3. 流图设计

在明确研究目的、决策心智模型及完成因果反馈环路模型的构建后，即进入存量流量模型设计环节。

1）基于第一步弄清系统流图的边界

系统动力学所研究的对象，一般是从涉及范围较大的社会系统中取出来的封闭系统。因此有必要定义系统的边界。系统边界内部的变化因素称为系统的内生变量，系统边界以外的变化因素称为外生变量。我们研究的对象是系统边界以内的诸要素。系统的行为取决于它的内部因素，而与系统外部因素无关。

2）基于因果反馈环路模型弄清构成系统流图的反馈环

反馈环的多少与极性是系统复杂性的一种标志，系统内部的决策过程就在系统内部的一个或多个反馈环中进行。因此在弄清了系统边界以后，为了构成系统的模型，必须要构造反馈环。这一步主要依靠因果反馈环路模型的定量刻画。

3）确定各反馈环中的积累变量和流率变量

积累变量是系统的状态变量，系统动力学就是根据这个状态变量的变化来描述系统的重要行为的。因此，必须明确在每个反馈环中有几个积累变量及它们的定义。

流率变量是控制积累变量的。一般来说，在同一流中的积累变量与流率变量总是同时存在，如图 7-17 所示。

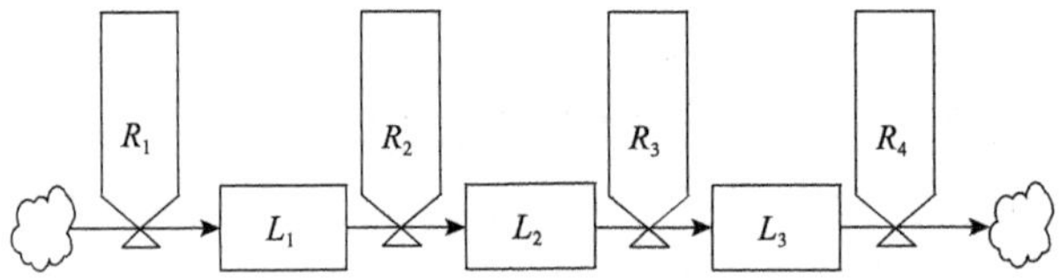

图 7-17　积累变量和流率变量的联结

L、*R* 分别表示积累变量和流率变量

4）确定积累变量、流率变量及其他变量的结构及定量关系

积累变量是流的积累，引起积累变量变化的因素是输入流与输出流，除此之外，积累变量没有任何别的子构造。

图 7-18 是一个积累变量和流率变量的构造例子。其中，积累变量的输入与输出是在 R_1 控制下的输入流和在 R_2 控制下的输出流。R_1 的子构造是 A_1、N_1 和 L_1；R_2 的子构造是 A_2、N_2 和 L_1。最后需要明确流图中基于系统结构关系的定量方程。

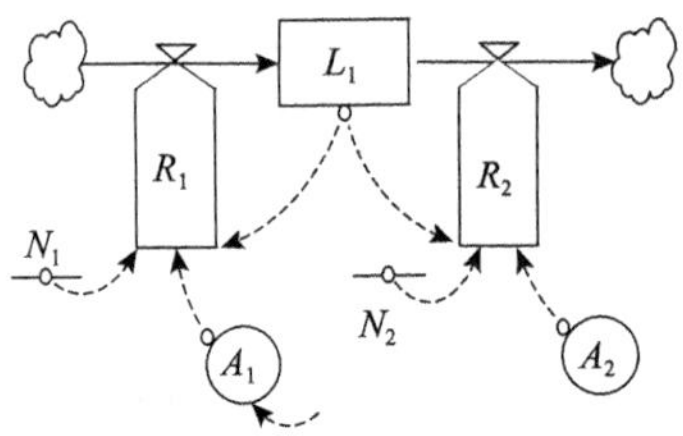

图 7-18　积累变量和流率变量的构造例子

L、*R*、*A*、*N* 分别表示积累变量、流率变量、辅助变量、常数

存量流量模型的量化关系式的设计可以采用经典的 DYNAMO 语言，也可以借助 Vensim、iThink/STELLA 等图形化的仿真软件。

4. DYNAMO 语言

DYNAMO 是 dynamic model 的缩写，即动力学模型。它是麻省理工学院有关人员专门为系统动力学所设计的计算机语言，是在仿真语言 SIM-PLE（simulation of industrial management problems with lots of equation）的基础上设计的。随着时间的推移，DYNAMO 得以不断改进。

DYNAMO 是采用差分方程来描述具有反馈的社会系统的宏观动态行为，并通过对差分方程求解进行仿真的一种算法语言。其最大的特点是面向方程，容易使用。即使是不熟悉 C、FORTRAN 等算法语言的人，也能很快掌握并使用 DYNAMO 方程。此外，它不需要编程者考虑执行顺序，因而程序书写比较简单，并且非常容易建立计算机结果的图表。

1）基本规则

DYNAMO 语言允许使用 26 个大写或小写的英文字母及 0～9 共 10 个阿拉伯数字。而在注释语句和标题语句中，则不受限制。

除了“*”语句（标题语句）和 NOTE 语句之外的全部语句，都应按以下规则书写。

从第一个非空字符开始，前五个字符位为语句名称，从第六个字符位开始至少要有一个空格位，接下来是方程式或命令信息，其后又是一位空格位（也可以出现两个以上的空格），紧接空格位以后的是注释，一行总长度限制在 72 个字符以内。

DYNAMO 语言可以进行算术与逻辑运算。算术运算符有五种：＋、－、*、/、＝，逻辑运算符有六种：＝＝、＞＝、＜＝、＞、＜、!＝。

表达式相乘可以写成（…）（…）的格式，括号之间可以不加*号。

变量名称规则如下。

每一个变量由 8 个以内的英文字母或数字组成，而且第一个必须使用字母。变量不分大小写，系统会自动将小写字母转换为大写字母。

系统变量不能作为变量名称，常用的（但不是全部）系统变量有：DT、LENGTH、TIME 等。

函数名不能作为变量名称，常用的（但不是全部）函数名称有：ABS、EXP、NOISE、DELAY1、STEP 等，全部的函数可以参考相关文献。

由于 DYNAMO 语言是面向差分方程的仿真语言，为了表示在仿真过程中变量对应某时刻的值，采用在变量后加“.”再加表示时刻的时间符号，即加时间下标 J、K、L、JK、KL，如 P. K 表示变量 P 在 K 时刻的值，如图 7-19 所示，其中，J 表示前一个 DT 时刻，K 表示现在时刻，L 表示一个 DT 之后的将来时刻，JK 表示由 J 到 K 的时间间隔，KL 表示由 K 到 L 的时间间隔。

2）DYNAMO 方程

DYNAMO 方程是通过确定对象系统的积累变量、流率变量、常数、辅助变量等来建立的。首先分析各变量之间存在的函数关系，然后建立 DYNAMO 仿真方程，进行计算机仿真。

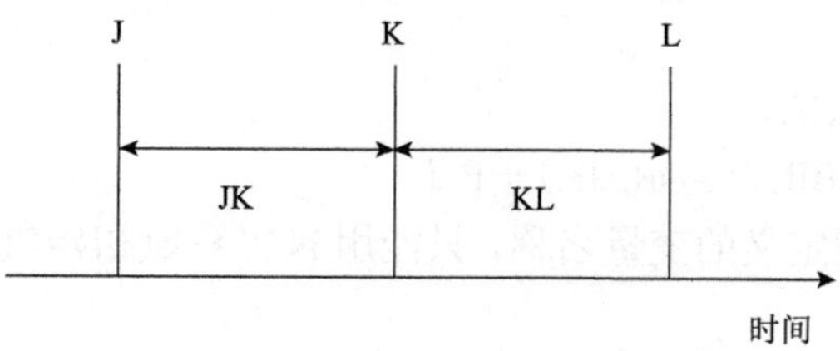

图 7-19　DYNAMO 语言中的时间表示

方程式共有 12 种类型，这里仅对常见的方程类型及其代号进行介绍。

A. 初始条件方程(N 方程)

N 方程是为参数或变量设定初始值的方程。语句形式如下：

N　　变量名称＝表达式

使用 N 方程的注意事项如下。

(1)初始条件方程仅在开始仿真时计算一次。

(2)N 方程等式左右两侧的变量都不加注时间符号。

(3)N 方程的计算顺序由系统自动安排。当出现代数环时，将产生排序失败的情况。例如：

N　　A=B

N　　B=100

系统自动判断先计算 B 的值，然后再计算 A 的值。但是对于

N　　A=B

N　　B=A

由于无法安排计算顺序，会出现错误。

B. 常数方程(C 方程)

C 方程用于设定模型中的参数，以便于修改参数。其语句形式如下：

C　　变量名称＝数值

要求这个方程的右端一定是数值。例如：

C　　CONST＝10

C. LEVEL 方程(L 方程)

L 方程是描述系统动力学模型中积累变量的方程。其语句形式如下：

L　　变量名称. K＝变量名称. J＋DT*表达式

式中，表达式可以为一个变量或数值。

使用这个方程的注意事项如下。

(1)方程“＝”号左端第一项的变量名称必须和右端第一项的变量名称相同，如

L　　P. K＝P. J＋DT*(BR. JK-DR. JK)

下面的书写是错误的：

L　　P. K＝DT*(BR. JK-DR. JK)＋P. J

(2)凡是用 L 方程定义的变量名称，只能用 N 方程赋初始值，不设定则初始值自动取零。例如：

N　　P＝10

下面的书写是错误的：

C　　P＝10

D. RATE 方程(R 方程)

R 方程是描述系统动力学存量流量模型中流率变量的方程，即定义一个单位仿真时间间隔(DT)的流量的方程。其语句形式如下：

R　　变量名称. KL＝表达式

式中，表达式可以为一个变量或数值。

使用 R 方程的注意事项如下。

(1)R 方程“=”号右端比 L 方程表达自由，无确定形式。例如：

R　　ABC.KL=(A.K+B.K+C.K)*D.K

R　　RA.KL=LOGN(A.K-B.K)

R　　TE.KL=100

(2)R 方程的初始值可以由 N 方程赋给，不设定则初始值取零。例如：

N　　ABC＝10

E. 辅助方程(A 方程)

当 R 方程非常复杂时，可以引入辅助变量将 R 方程转化为几个较简单的 A 方程来表示。形式如下：

A　　变量名称.K＝表达式

式中，表达式可以为一个变量或数值。

使用 A 方程的注意事项如下。

(1)当 R 方程很复杂时，如方程 1，可以按方程 2 的形式引入 A 方程。

方程 1：

R　　ABC.KL=5*(A.K+B.K+C.K)+50*(AA.K+BB.K)

方程 2：

R　　ABC.KL=5*AABBCC.K+50*AABB.K

A　　AABBCC.K=A.K+B.K+C.K

A　　AABB.K=AA.K+BB.K

(2)A 方程的初始值可以由 N 方程设定，不设定则初始值取零。例如：

A　　AAA.K=A.K+B.K

N　　AAA=200

(3)A 方程的计算顺序由系统自动安排，但当出现代数环时，将产生排序失败的情况。例如：

A　　A.K=S.K+B.K

A　　B.K=C.K*P

A　　C.K=A.K*Q

不难发现，上述语句构成一个代数环，系统无法确定先后次序，因此会给出错误信息。

(4) 因为辅助变量没有前一个时刻(.J)的值，所以一旦出现过去时刻辅助变量的值将被认为是环。例如：

A　　P.K=P.J+D.K

在这里，方程等式右边出现了 P.J 显然是错误的。

除上述类型方程之外，还有表方程(T 方程)和附加方程(SPEC 方程)等其他方程类型，感兴趣的读者可以参考相关文献。

表 7-1 中说明了各种变量在不同的方程中应如何附加时间标注。“—”表示在对应的方程种类中，右边不能放这个变量；“无”表示变量没有时间下标。表 7-2 中说明了系统动力学模型和 DYNAMO 间的对应关系。

表 7-1　方程类型与时间标注

方程左边变量类型	左边变量时间下标	方程右边变量及时间下标						
		L	A	R	S	C	T	N
L	K	J	J	JK	—	无	无	无
A	K	K	K	JK	—	无	无	无
R	KL	K	K	JK	—	无	无	无
S	K	K	K	JK	K	无	无	无
C	无	—	—	—	—	—	—	—
T	无	—	—	—	—	—	—	—
N	无	无	无	无	无	无	无	无

表 7-2　系统动力学模型和 DYNAMO 间的对应关系

<table>
<tr><th colspan="2">系统动力学模型</th><th>DYNAMO</th></tr>
<tr><td colspan="2">状态与行为</td><td>积累变量及其方程</td></tr>
<tr><td colspan="2">决策与活动</td><td>流率变量及其方程</td></tr>
<tr><td rowspan="2">目标控制</td><td>程序控制</td><td rowspan="2">辅助变量及其方程</td></tr>
<tr><td>跟踪控制</td></tr>
<tr><td colspan="2">延迟</td><td>DELAY、DLINF 函数</td></tr>
<tr><td colspan="2">信息平滑</td><td>SMOOTH 函数</td></tr>
<tr><td colspan="2">噪声、失真</td><td>NOISE、NORMRN 函数</td></tr>
<tr><td colspan="2">规律、活动</td><td>各种标准的函数</td></tr>
<tr><td colspan="2">典型波动</td><td>PULSE、STEP 函数</td></tr>
</table>

5. 流图设计实例

1) 一阶系统的流图模型

一阶系统一般又分为一阶正反馈系统和一阶负反馈系统，一阶正反馈系统的系统动力学流图如图 7-20 所示。图 7-20 中的数学关系如下，其中，state 是状态变量，proportional_constant 是比例常数，flow_rate 表示流率变量：

state(t) = state(t - dt) + flow_rate * dt

flow_rate = state * proportional_constant

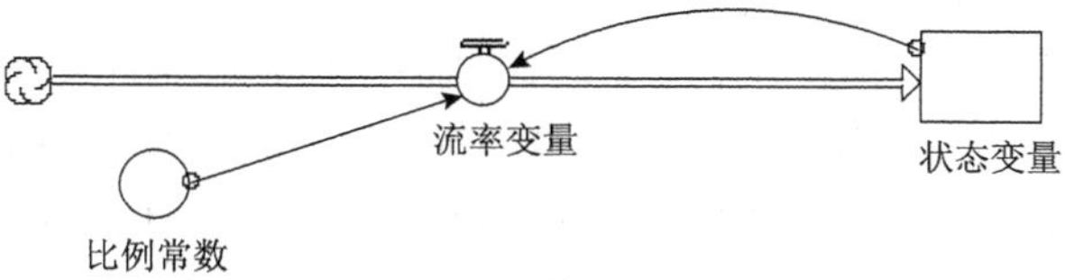

图 7-20　一阶正反馈系统的系统动力学流图

2)二阶系统的流图模型

二阶系统我们以企业系统中的库存-人工系统为例，其系统动力学流图如图 7-21 所示。其中，人工总数(workforce)和库存(inventory)是状态变量，分别受到雇佣量(hiring)和产量(production)、销售量(sales)的影响；雇佣量则由人工调整时间(workforce_adjustment_cycle)和人工调整(adjustment_to_workforce)来决定；而人工调整又由库存(inventory)、生产率(productivity)、目标库存(target_inventory)和库存调整时间(inventory_adjustment_cycle)所决定。它们之间具体的关系如下：

inventory(t) = inventory(t - dt) + (production - sales) * dt

inventory(t0) = target_inventory

production = workforce* productivity

sales = customer_demand

customer_demand = 1000 + STEP(500, 10)

workforce(t) = workforce(t - dt) + hiring * dt

workforce(t0) = sales / productivity

hiring = adjustment_to_workforce / workforce_adjustment_cycle

adjustment_to_workforce

= (target_inventory - inventory) / (inventory_adjustment_cycle * productivity)

式中，customer_demand——客户需求。

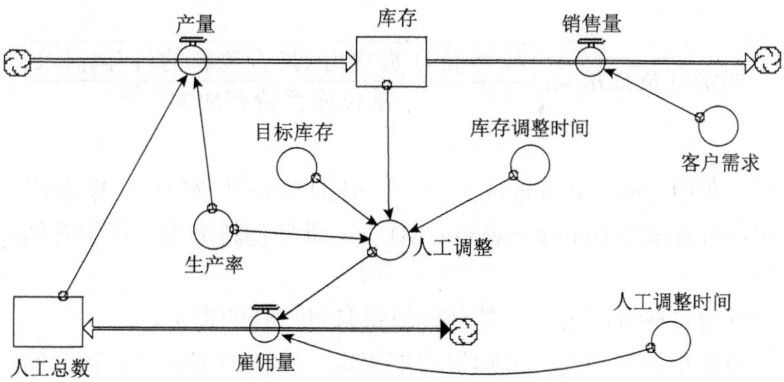

图 7-21　库存-人工系统模型(二阶等幅振荡系统)

3）简单库存控制的存量流量模型

库存是以支持生产、维护、操作和客户服务为目的而储备的各种物料，包括原材料和在制品、维修件和生产易耗品、成品和备件等。库存控制则是企业物料管理的核心，是企业为了生产、销售等经营管理需要而对计划存储和流通的有关物料进行相应的管理，如对存储的物料进行接收、保管、发放、转移等一系列的管理与控制活动。

库存控制一般分为独立需求和相关需求两种库存的控制。相关需求物料主要涉及相关生产计划和物料需求计划，本书主要研究独立需求物料的库存控制。独立需求物料（independent demand item）是指该物料的需求不是其他任何物料需求的函数，也就是说其需求与其他任何物料的需求无关。独立需求物料的需求量是根据市场预测或客户订单直接得到的。独立需求物料一般是通过确定订货点（order point）、订货批量（order quantity）和订货周期（order interval）等因素来实现对库存的控制，其控制模式一般有定量控制和定期控制两种模式。

A. 定量库存控制模式

定量库存控制模式跟订货点方法（order point system）类似。也就是当库存水平下降到预先确定的某个库存数量值（订货点）时，即发出订单进行补货。在定量库存控制模式下，为了能做到准确地控制，必须连续不断地检查物料的库存水平。该方法的核心问题是必须确定订货点和订货批量这两个参数。其中，订货点是根据历史的平均需求、采购提前期和安全库存来确定的：

$$\text{订货点} = \text{平均需求率} \times \text{采购提前期} + \text{安全库存} \tag{7-1}$$

而订货批量一般是根据经济订货批量（economic order quantity，EOQ）法则来确定的。经济订货批量法则要求总费用（包括库存费用和采购费用）最小。一般情况下，库存费用随着库存量的增加而增加；而采购费用却随着采购批量的增加而相对减少，但采购批量加大的同时库存水平也会增加。为了解决总成本与库存水平的矛盾，必须找到一个合理的订货批量[式（7-2）]，使得库存费用与采购费用之和最小，光靠一味孤立地减少库存或增加订货批量难以奏效。

$$\text{经济订货批量} = \sqrt{\frac{2 \times \text{单位订货费用} \times \text{库存物料的月(年)需求}}{\text{单位库存持有成本}}} \tag{7-2}$$

式中，单位订货费用（unit ordering cost）——一次订货每件物料的采购费用；

单位库存持有成本（unit carrying cost）——每件物料平均每单位时间（月或年）的保管费用；

库存物料的月（年）需求——某种物料每月（每年）的需求量。

假设每次的订货批量不变，采购提前期固定，物料的消耗也是稳定的，那么此条件下的定量库存控制模型如图 7-22 所示。

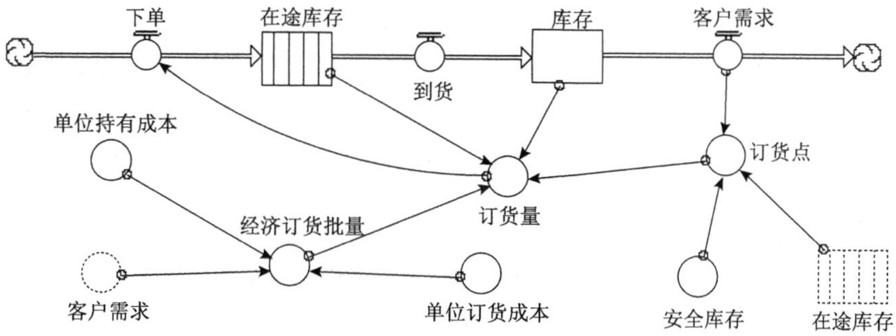

图 7-22　定量库存控制模式的系统动力学流图

模型中的数学关系主要有

inventory (t) = inventory (t - dt) + (delivering - customer_requirements) * dt

inventory (t0) = 15 (单位产品)

customer_requirements = 2 (单位产品/单位时间)

on_order (t) = on_order (t - dt) + (ordering - delivering) * dt

on_order (t0) = 0

TRANSIT TIME = 5 (单位时间) (相当于采购提前期)

order_lot = QRT [2*unit_ordering_cost * 30 * customer_requirements / unit_carrying_cost]

safety_inventory = 2 (单位产品)

unit_carrying_cost = 2 [元/(单位产品·月)]

unit_ordering_cost = 5 (元/次)

order_point = customer_requirements * TRANSTIME (on_order) + safety_inventory

order_quantity = IF (inventory + on_order ＜ order_point) THEN order_lot ELSE 0

ordering = PULSE (order_quantity)

式中，customer_requirements——客户需求；

on_order——在途库存；

delivering——到货；

order_lot——经济订货批量；

QRT——开平方函数；

unit_carrying_cost——单位持有成本；

safety_inventory——安全库存；

unit_ordering_cost——单位订货成本；

order_point——订货点；

order_quantity——订货量；

ordering——下单；

PULSE——脉冲函数。

B. 定期库存控制模式

定期库存控制模式是按照一定的周期 (T) 检查库存，当发现某个物料的当前库存量

(I)低于规定的最大库存水平(S)时，开始补货，订货量Q按式(7-4)计算。与定量库存控制模式相比，定期库存控制模式不存在固定的订货点，也没有固定的订货数量，但也需设立安全库存。所以，定期库存控制的核心问题是确定订货周期和库存补充量。其中订货周期是按照经济订货周期法则(economic order interval，EOI)来确定的：

$$经济订货周期=\sqrt{\frac{2\times 单位订货费用}{库存物料的月(年)需求\times 单位库存持有成本}} \tag{7-3}$$

库存补充量(订货量)根据当前库存、最大库存(或规定库存)和采购提前期确定：

$$订货量=最大库存-当前库存+\left(采购提前期\times 物料的月(年)需求/月(年)数\right) \tag{7-4}$$

最大库存取决于订货周期、物料的月(年)需求和安全库存：

$$最大库存=物料的月(年)需求\times 订货周期+安全库存 \tag{7-5}$$

最后得到定期库存控制模式的系统动力学模型，如图7-23所示。模型中的物料同样是以月为单位进行控制的(单位时间为天)。

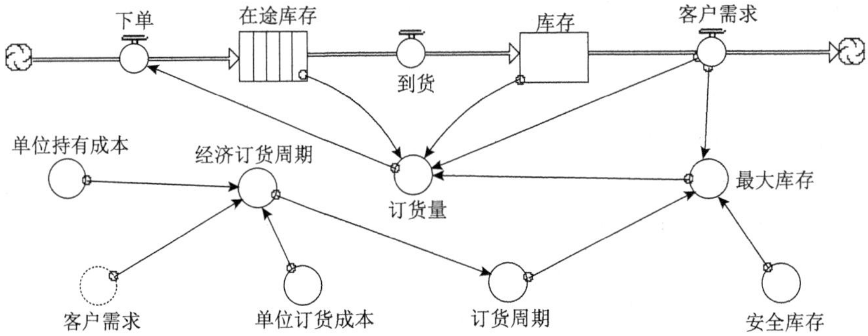

图7-23 定期库存控制模式的系统动力学流图

该模型中的数学关系主要有

inventory(t) = inventory(t - dt) + (delivering - customer_requirements) * dt

inventory(t0) = 10(单位产品)

customer_requirements = 2(单位产品/天)

on_order(t) = on_order(t - dt) + (ordering - delivering) * dt

on_order(t0) = 0

TRANSIT TIME = 3(天)(即为采购提前期)

safety_inventory = 2(单位产品)

unit_carrying_cost = 2[元/(单位产品·月)]

unit_ordering_cost = 5(元/次)

EOI =SQRT [2 * unit_ordering_cost/((30*customer_requirements) * unit_carrying_cost)] max_inventory = (customer_requirements * 30 / order_interval) + safety_inventory

order_interval = INT (EOI * 30)

order_quantity = IF ((inventory + on_order) ＜ max_inventory) THEN (max_inventory-inventory + TRANSTIME (on_order) * customer_requirements) ELSE 0

ordering = PULSE (order_quantity)

式中，order_interval——订货周期；

max_inventory——最大库存；

INT——取整函数。

量化关系式及其意义说明

4) 补贴政策对我国绿氢产业发展的影响的系统动力学流图模型

基于对因果反馈环路模型的分析，细分系统中的状态变量、流率变量和辅助变量等各类变量，并确定变量间的函数、逻辑关系，得到不同补贴政策下的绿氢产业发展的存量流量模型(图 7-24)，主要量化关系式及其意义说明见二维码。

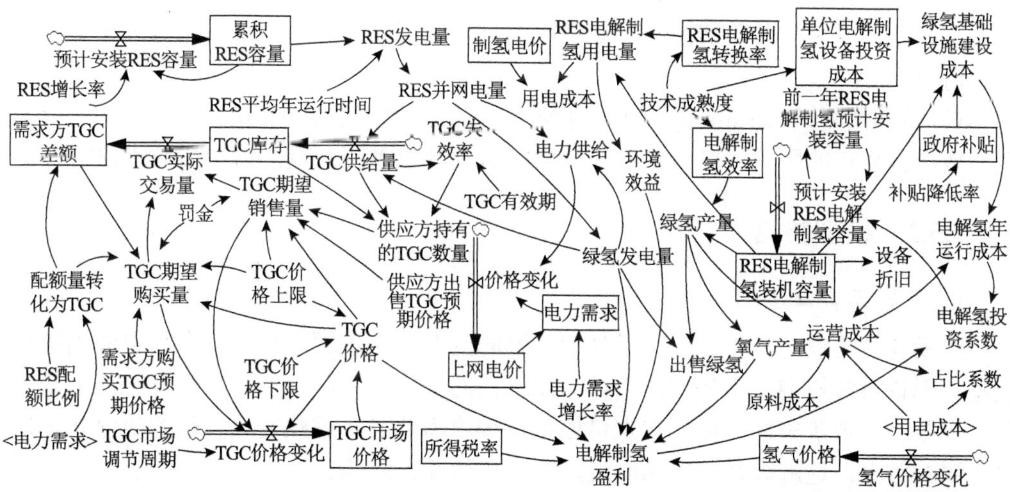

图 7-24　补贴政策对我国绿氢产业发展的影响的系统动力学流图模型

7.5　模型测试与仿真

7.5.1　模型测试

系统动力学模型的主要测试一般包括以下几方面。

(1) 模型范围适合性测试(boundary adequacy test)，即验证所选系统问题的研究范围。验证环节可跟第一步明确系统边界及目的时一样，通过与相关专家(如可再生能源、户用光伏相关研究可找电网公司及其下属研究所、光伏企业、政府及高校等)的访谈、咨询来验证模型的研究和使用范围。

(2) 模型评估结构测试(structure assessment test)，主要检验在模型构建过程中，是否系统全面考虑了相关影响因素并以此确定相关变量和参数，并尽量将模型中的每个变量、参数及其构成的因果关系、因果反馈环路，以及每个变量参数的定量估计、每个相关关系结构的定量的函数或逻辑关系式都与真实情况相匹配。

(3) 量纲一致性测试(dimensional consistency test)，即检验模型中的所有变量、参数与其在实际中所代表的意义是否一致。

(4) 参数验证测试(parameter assessment test)，即检视系统动力学模型中所有用到的变量参数及其数值的可靠性和与真实情况的匹配度，主要看其源头是否正规、合理，如是否根据已公开发表的各类已有研究文献，或实际调研，或正规、专业的专家咨询、访谈而获得。

(5) 极端条件测试(extreme condition test)，将模型相关初始条件设置为相对极端的条件，并将极端条件下模型未来的演化发展与真实情况进行对比，以测试模型在极端条件下的稳健性。例如，户用光伏发展演化的系统动力学模型中，可将补贴标准、用户期望投资回报率等设为零，看系统行为模式与真实情况是否匹配。

(6) 行为再现测试(behavior reproduction test)，主要是通过一定条件下系统动力学模型中某些主要变量的演化情况与历史情况的吻合情况来判断模型是否能再现实际系统的演化情况。

(7) 敏感性测试(sensitivity test)，主要是检验模型中的相关变量对系统中的主要或重要绩效指标变量的影响，以找出系统模型中的关键或重要变量，识别其敏感程度。

7.5.2 模型仿真

1. 变量/参数赋值

建模和策略设计是系统动力学处理问题的两个主要步骤，也是一个从定性到定量的过程。无论系统模型大小如何，其都涉及不同的结构单元，包括积累变量、流率变量及各种系数、指数等辅助变量。在定量模拟过程中需要确定这些变量参数的数值并量化变量之间的关系，这就涉及变量初值设定与参数估计的问题。

系统动力学模型中的数据可分为积累层数据(data at aggregation level)与非积累层数据(data below the level of aggregation)两类。积累层数据如积累变量与流率变量；非积累层数据一般包括各种独立的数据项，是现实世界中人们所接触的主要数据形式，也是每个系统动力学模型的基本数据。仿真过程往往是通过非积累层数据及其与积累层变量之间一定的关系来反映我们所关心的积累层数据的变化。针对不同模型的假设及其所采用的不同层次数据，可把系统动力学参数估计的方法分为非积累层数据估计、单个方程式估计及多方程式估计三个层次。每个层次的含义、细分及具体采用的方法如表 7-3 所示。值得一提的是，非积累层数据估计中的表函数(table function，也称图形函数，graphical function)主要用于表示一变量对另一变量(其他对此变量的影响保持不变)的影响关系，此法在表达非线性相关变量之间的关系时具有较大优势。除以上参数外，系统动力学还涉及一些时间参数(如计算步长 DT、延迟参数及平滑时间参数等)的估计，感兴趣的读者可查阅相关文献。

表 7-3　系统动力学模型参数及其估计方法分类

<table>
<tr><th colspan="2">参数估计层次</th><th>含义</th><th>具体采用的方法</th></tr>
<tr><td rowspan="3">非积累层数据估计</td><td>单个参数</td><td rowspan="3">通过非积累层数据项的描述或运算结果来估计参数值</td><td>历史调查、现状调查、专家咨询、资料搜寻、经验估计、合理猜测</td></tr>
<tr><td>表(图形)函数</td><td>估计一极值及其向另一方向变动时函数关系斜率的正负；估计另一极端值及其向相反方向变动时函数关系斜率的正负；估计其他极值、中间值；最后将各点连接成平滑曲线</td></tr>
<tr><td>间接计算</td><td>用其他非积累层数据推测参数值，在缺乏直接可用的非积累层数据时常采用间接计算</td></tr>
<tr><td rowspan="2">单个方程式估计</td><td>转换因子</td><td rowspan="2">利用其他两个或多个变量间的单一函数关系估计某积累层变量参数值</td><td>通过一定的单个方程式估计，其常用于表示不同量纲变量之间的关系</td></tr>
<tr><td>流率变量百分因子</td><td>采用正交化来估计，一般用于流率变量方程式</td></tr>
<tr><td colspan="2">多方程式估计</td><td>利用多个方程式估计某积累层变量参数值</td><td>常采用多变量、多函数关系之间的关联推导</td></tr>
</table>

1)单个参数的估计

对模型结构或某数学、逻辑关系中某一单个参数进行估计。单个参数值的估计方法一般有六种，如房屋毁坏率=现有房屋数量/房屋平均寿命，房屋平均寿命是要估计的参数，其估计方法如下。

(1)历史调查：由一批已拆毁房屋，取其拆毁时间的平均值。

(2)现状调查：收集一大批现有房屋年龄，注意屋龄上限。

(3)专家咨询：利用德尔菲(Delphi)法。

(4)资料搜寻：寻找相关的统计报告及数据。

(5)经验估计：依据具体相关知识、经验(专家)来估计。

(6)合理猜测：假设合理极限值，再在其中假设一合理值。

2)表函数的估计

表函数主要用于表示两个变量之间的关系，尤其是非线性关系。表函数估计的步骤如下。

(1)估计一个函数极值及其向另一方向变动时的斜率。

(2)估计另一极值及其向相反方向变动时的斜率。

(3)估计其他的极值、中间值。

(4)将各点连接成平滑曲线。

例如，房屋兴建数=现有房屋数×正常兴建率×房屋土地函数。该公式表示房屋的兴建受已建房屋数及土地使用的影响；房屋土地函数表示土地使用与房屋兴建数之间的关系，以表函数表示，由当时的土地占有率决定。

第 1 步：设土地占有率极端状态——0 全未开发，1 完全兴建。

第 2 步：占有率为 0 时，无兴建及公共设施，开发商较保守，设函数值为 0.8(A 点)；占有率上升时，兴建呈正向变化(AD 段)；土地占有率为 1 时，已无土地可兴建，故函数值设为 0(B 点)。

第 3 步：占有率接近 1 时，兴建量已接近完全开发，应呈递减趋势，故设为负向变化且较陡的斜率(*EB* 段)；函数值为 1 时是增长后期的状态，故设土地占有率为 0.8。

第 4 步：连接各点成平滑曲线，如图 7-25 所示。

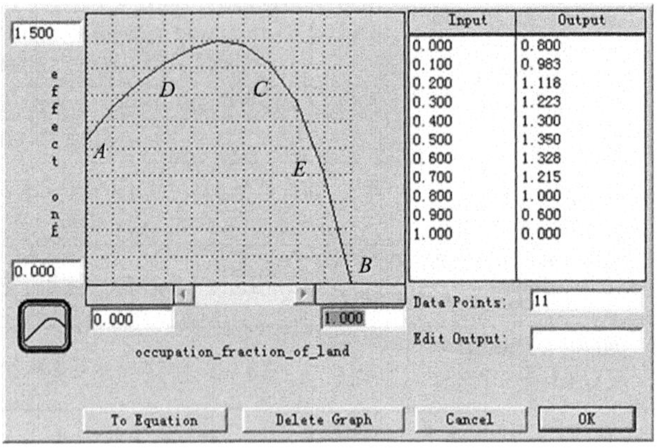

图 7-25 表函数估计举例

3) 间接计算的估计

间接计算的估计是在缺乏直接可用的非积累层数据时，而利用其他非积累层数据进行参数估计的方法，也就是利用其他非直接的参数进行推测。

例如，房屋平均寿命的估计，仅知某地区各式房屋，约 1‰正在拆毁；若拆毁速度不变时，约三星期可拆一栋房，则得平均房屋拆毁率为 1‰/(3/52)=1.733%，故可取其倒数得房屋平均寿命：1/1.733% = 57.7(年)。

4) 转换因子的估计

转换因子表示不同量纲的变量之间的转换关系。一般通过单个方程式来估计，相对更能反映实际情况。

例如，估计房屋数量单位与土地数量单位之间的转换因子：土地占有率=(房屋数量×单位房屋占地面积)/土地面积，用该式限制关系估计单位房屋占地面积转换因子参数值。

5) 流率变量百分因子的估计

系统动力学模型流率变量方程的一般表达方式为：流率变量=积累变量×正常情形下的百分因子×乘数

例如，兴建率=房屋数×正常兴建率百分因子×房屋土地乘数。先假设基准状态，如以基准年为正常情形，此时乘数为 1；则通过该年房屋数、兴建率，即可获得正常百分因子数值。

6) 多方程式估计

与单个方程式估计法类似，多方程式估计也是针对积累层数据而进行的估计。多方程式估计主要通过多变量、多函数关系组成的多方程式之间的关联进行推导。

例如，正常情况下房屋年净增加率为 5.5%，房屋平均寿命为 66 年，则估计房屋增加率所需方程如下。

(1)房屋增加率–房屋毁坏率=房屋年净增加率。

(2)房屋土地乘数/房屋毁坏率=房屋平均寿命。

那么，正常情形下房屋土地乘数为1，则房屋增加率= 1/66 + 5.5% = 0.07。

2. 仿真实验

所有相关仿真变量、参数赋值完成后，便是仿真情景设计，需要根据所研究具体的系统问题的前述内容进行合理的组合情景设计，然后是仿真实验运行，记录、统计不同情景下所研究的系统绩效指标的演化数据，作为后续策略设计的基本依据。仿真实验可以通过DYNAMO语言编程实现，也可借助仿真软件实现。

7.5.3 仿真举例

系统动力学仿真的基本结构及其行为

1. 一阶系统的仿真

当给定初值 state = 5 和 proportional_constant = 0.05 时，一阶正反馈系统的系统动力学行为如图7-26所示，很明显，曲线呈现指数增长变化。

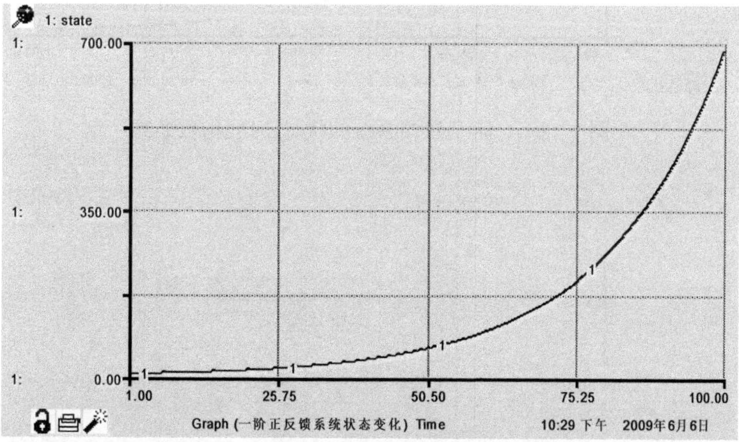

图7-26 一阶正反馈系统的状态变化(指数增长)

一阶负反馈系统的系统动力学流图如图7-27所示。其中，goal是状态变量目标值，adjustment表示状态变量与其目标值之间的偏差调整。模型中的数学关系主要有

state(t) = state(t-dt) + flow_rate * dt

flow_rate = proportional_constant * adjustment

adjustment = goal-state

当给定初值 state = 10，proportional_constant = 0.05，goal = 5 时，一阶负反馈系统的系统动力学行为如图7-28所示。若 state = 5，其目标值也为5，比例常数设为0.05，那么此时一阶负反馈系统的行为如图7-29所示。可以发现，在状态变量的初始值和目标值相同的时候，系统不需要对其进行调整，也就是 adjustment = goal-state = 0，那么系统状态变量也就保持不变，所以state的曲线是一条数值稳定在5的直线。

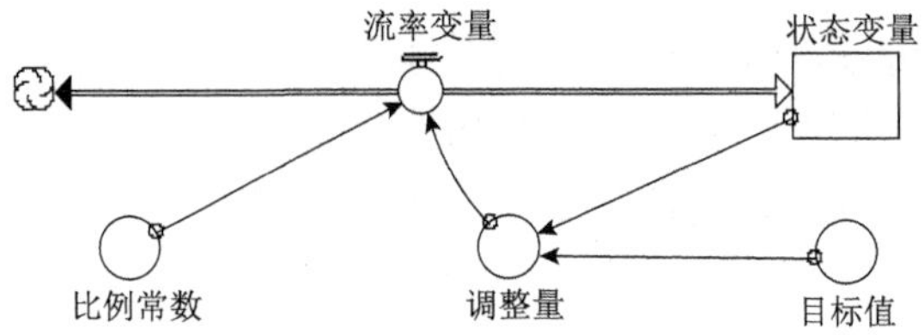

图 7-27　一阶负反馈结构的系统动力学流图

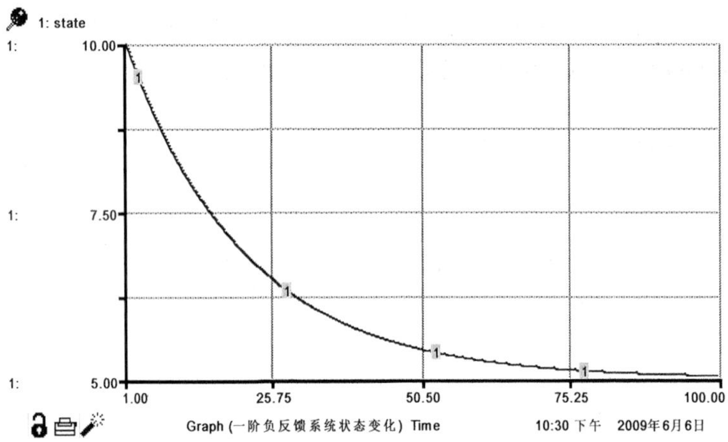

图 7-28　一阶负反馈系统的状态变化(指数衰减)

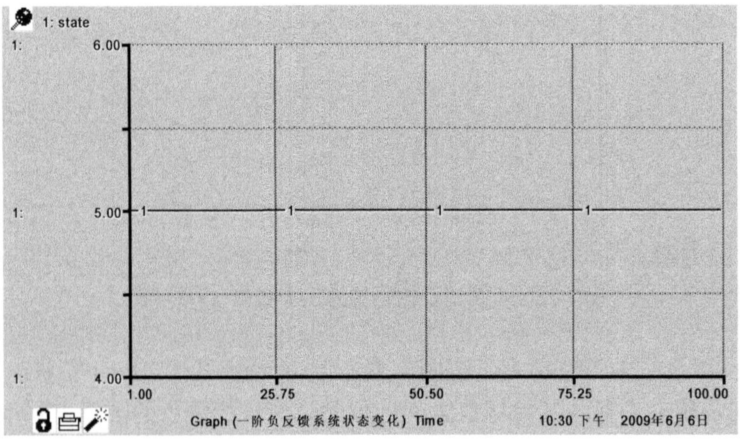

图 7-29　一阶负反馈系统的状态变化(状态变量初始值等于目标值)

2. 二阶系统的仿真

STEP( )表示阶跃变化，如 customer_demand = 1000 + STEP(500, 10)表示在第 10 个时间单位上，市场需求从 1000 单位产品突增至 1500 单位产品。给定相关变量初始值后，仿真得到如图 7-30 所示的行为模式。

target_inventory = 1000(单位产品)

productivity = 10(单位产品/单位时间)

inventory_adjustment_cycle = 2（单位时间）

workforce_adjustment_cycle = 3（单位时间）

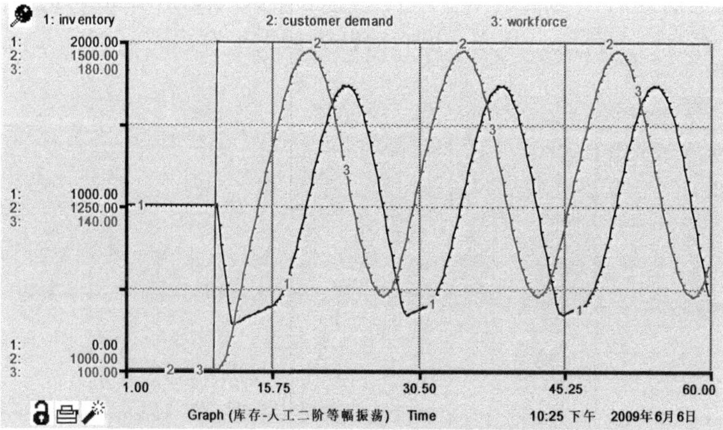

图 7-30　库存-人工系统（二阶等幅振荡系统）的行为模式

3. 简单库存控制模式的仿真

1）定量库存控制模式

定量库存控制模型的运行结果如图 7-31 所示（其中，单位时间为天，库存控制的计算按月计算，产品单位可以是件、台等）。图 7-31 中的曲线 1 和曲线 2 分别是库存（inventory）和订货点（order_point）的变化曲线。可以看出，当库存降低到订货点（模型中为 12 单位产品）时，即向供应商下订单（由经济订货批量法则可得模型中的批量为 17 单位产品/批次），经过交货提前期（模型中为 5 天）后，也就是库存降到安全库存（safety_inventory）（模型中为 2 单位产品）时，采购物料到货入库，此时库存有一个跳跃，从 2 件阶跃为 19 件。图 7-31 表明，图 7-22 中的模型能较好地模拟定量库存控制的动态变化行为模式。

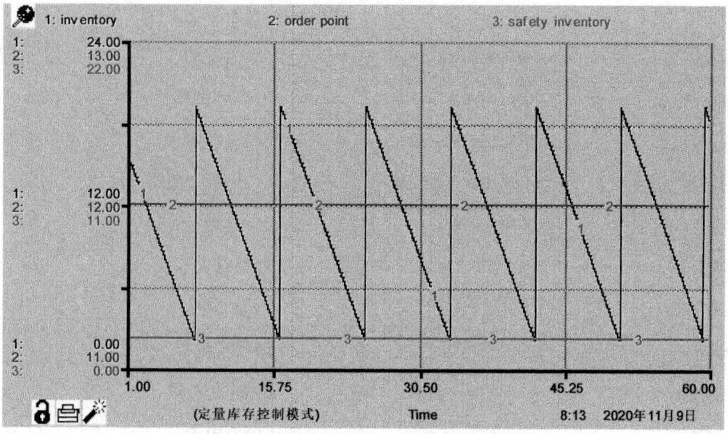

图 7-31　定量库存控制的行为模式

2）定期库存控制模式

定期库存控制模型的运行结果如图 7-32 所示，图中的曲线 1、曲线 2 和曲线 3 分别表示库存(inventory)、订货周期(order_interval)和最大库存(max_inventory)的变化。可以看出，当按周期检查到某物料库存比规定库存(即最大库存)低时，便考虑向供应商下订单，经过交货提前期后，也就是库存降到安全库存(safety_inventory)时，采购物料到货入库，此时库存有一个跳跃，从安全库存阶跃为最大库存。

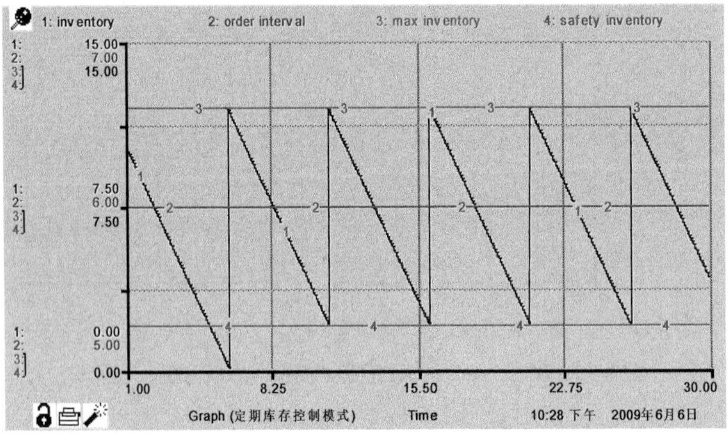

图 7-32 定期库存控制的行为模式

4. 户用光伏发展演化的模型测试与仿真实验

1)参数赋值

参考中国绿色电力证书认购交易平台、国家能源局、国家税务总局等发布的数据，主要参数赋值见表 7-4。

表 7-4 补贴政策对我国绿氢产业发展影响的系统动力学模型仿真参数的初值

变量参数	初值	变量参数	初值
TGC 有效期	1 年	绿氢生产设备单位投资成本	50000 元/吨
TGC 罚款	300 元/单位	电力需求	5.2577×10^6GW/h
TGC 交易价格	0.15 元/kWh	RES 增长率	10%
TGC 最低(最高)价格	0.075(0.35)元/kWh	绿氢价格	50000 元/吨
预计的 TGC 售价(购买价)	0.144(0.165)元/kWh	系统平均生命周期	30 年
RES 累积装机容量	404GW	RES 年均运行时间	1500h
电力需求增长率	5%	原材料成本	100 元/吨
绿氢累积装机容量	1000000t H2/年	学习率	15%
RES 配额	20%	所得税税率	25%
电解制氢效率	80%	上网电价补贴	0.5 元/kWh
预计的 ROI	12%	制氢电价	0.25 元/kWh
RES 电价	0.5 元/kWh	电-气转化率	0.0394

2) 模型测试

基于系统动力学常用的测试方法，使用行为再现测试检验模型的有效性。运用 Vensim PLE7.3.5 软件自带的测试功能对模型结构和量纲一致性进行检验，在政府补贴政策下，绿氢装机量的变化边界和范围在现实中是合理的，可以确定模型结构、变量名称和量纲没有问题，且可以有效模拟、仿真系统相关参数的发展演化情况。2020 年 3 月国家发改委发布氢能支持政策后，绿氢的装机量保持快速增长，这主要是因为政府对绿氢产业的补贴对产业发展初期的装机规模影响较大。因此，选择 2019 年的我国绿氢装机量(54.3 万吨)为模拟原点，模拟 2020-2021 年政府补贴政策下绿氢装机量变化。模拟结果显示 2020 年和 2021 年绿氢装机量分别为 74.3 万吨和 99.21 万吨，而历史数据为 75.4 万吨和 100 万吨。仿真结果与历史数据接近，表明所构建的系统动力学模型满足有效性。

3) 仿真实验

为了探寻绿氢产业与补贴成本协调发展的策略，考虑技术进步率、政府补贴方式、氢气定价机制、所得税税率和制氢电价补贴等因素设计了 20 种组合情景(表 7-5)，以 2021 年为起始点，模拟在不同补贴情景下中国未来 30 年绿氢装机量的发展趋势，并计算相应政府补贴支出和碳减排效益，部分情景结果见图 7-33 和 7-34。情景设计说明和完整仿真结果见二维码。

表 7-5 补贴政策下的组合仿真情景设计

情景		技术进步率	补贴	氢气价格	税率	制氢电价
A	R	15%	S1	I	T1	E1
	A1	15%	S1	I	T1	E2
	A2	15%	S1	I	T1	E3
	A3	15%	S2	I	T1	E1
	A4	15%	S2	I	T2	E1
	A5	15%	S4	I	T2	E1
	A6	15%	S4	I	T1	E1
	A7	20%	S3	I	T1	E3
	A8	20%	S3	II	T1	E3
	A9	20%	S3	I	T1	E2
	A10	20%	S4	I	T1	E1
B	B1	15%	S1	I	T1	E2
	B2	15%	S1	I	T1	E3
	B3	15%	S2	I	T1	E1
	B4	15%	S2	I	T2	E1
	B5	15%	S4	I	T2	E1
	B6	15%	S4	I	T1	E1
	B7	20%	S3	I	T1	E3
	B8	20%	S3	II	T1	E3

续表

情景		技术进步率	补贴	氢气价格	税率	制氢电价
B	B9	20%	S3	I	T1	E2
	B10	20%	S4	I	T1	E1

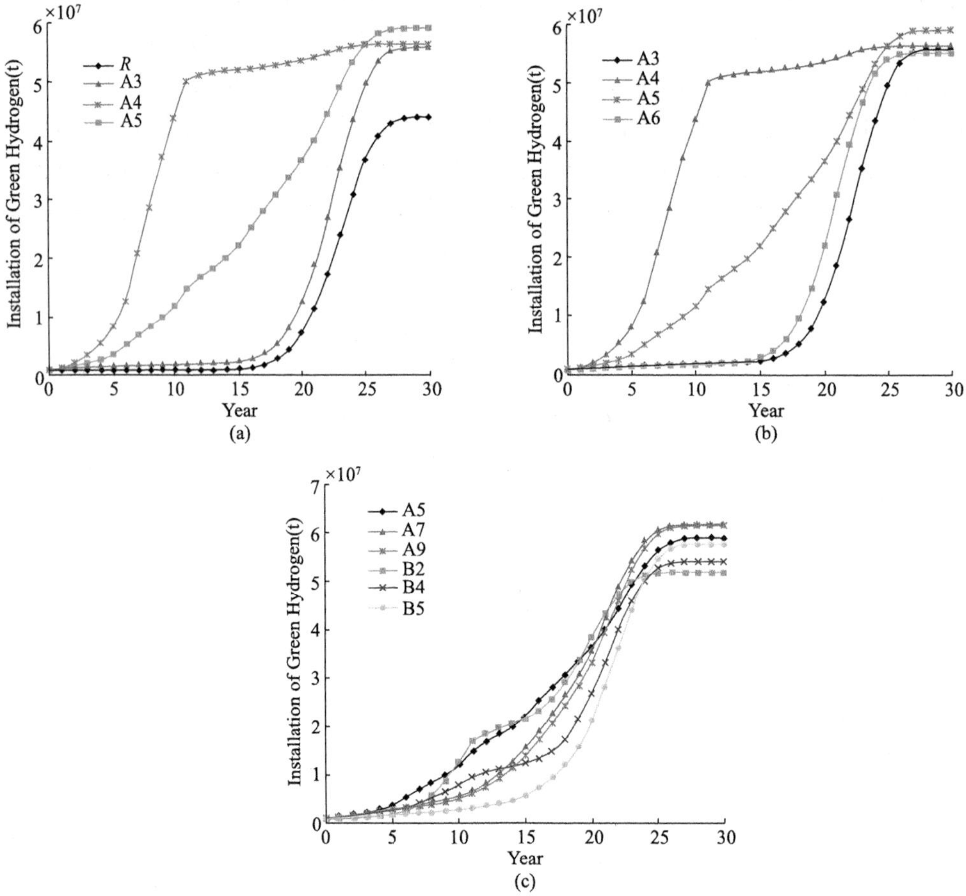

图 7-33 不同组合情景下绿氢产业发展规模演化

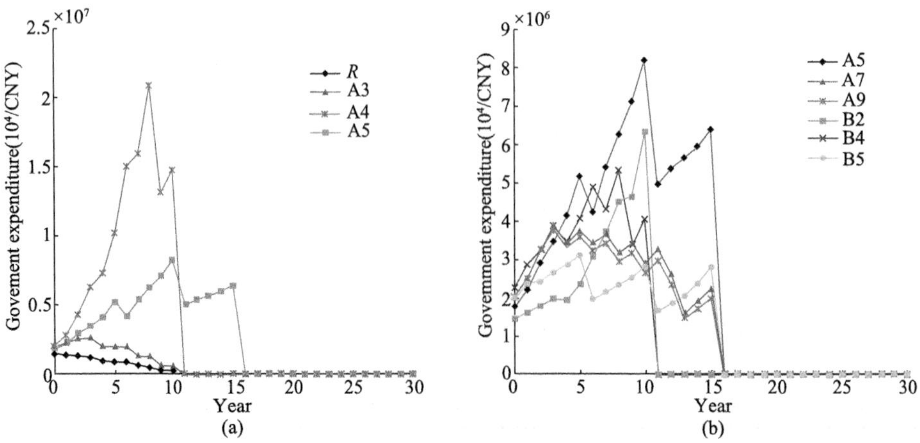

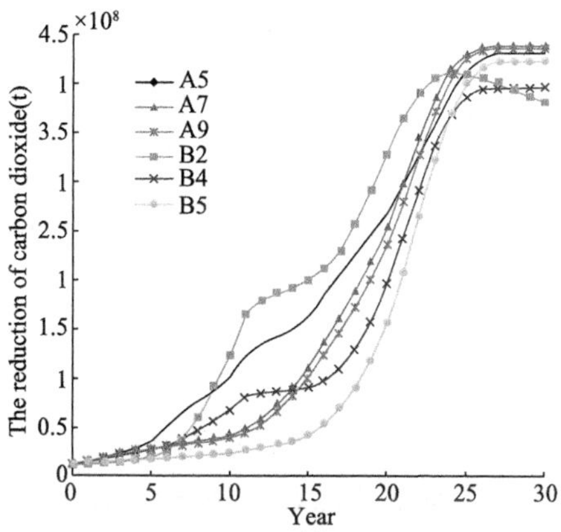

(c)

图 7-34　不同组合情景下政府支出和碳减排效益演化

7.6　系统动力学策略及其设计方法

系统动力学认识和解决问题，最终必须设计出科学、有效的策略。策略设计是系统动力学认识和解决问题的一个重要步骤(胡玉奎，1988)。问题界定与基本系统动力学模型的构建都是为策略设计服务的；策略设计是一个从定性到定量的过程，也是一个可能需要循环多次的精练过程。

7.6.1　系统动力学策略

根据系统动力学模型系统结构单元的不同层次，系统动力学所要设计的策略可分为变量参数层、系统结构层和系统边界层三种形式：①变量参数层策略主要通过寻找关键敏感变量并确定其合适的参数值来改善系统绩效，关键敏感变量及其合适或较优的参数值即系统要找寻和设计的策略；相对来讲，是一种由系统外对系统内的单方面的刺激，得到的变量参数层策略也称开环解。变量参数层策略及行为一般不与系统结构产生互动，即对结构基本没有影响。②系统结构层策略则是通过改变模型结构中相关变量之间的结构关系(流径、连线等)来改善系统绩效；能显著改善系统绩效的新的结构即要探寻的结构层策略，是一种来自系统内部流程的改进，得到的系统结构层策略称闭环解；系统结构层策略及行为一般会与系统结构之间产生互动；连线对应于决策信息，相对较易调整；而流率路径对应实体的流程，即组织中的业务流程，相对较难随意调整。③系统边界层策略即在系统基本结构单元增删导致系统边界变化情况下的策略设计；具体主要涉及系统状态变量(积累变量)的增加或减少。另外，根据策略所涉及的基本结构单元的范围，系统动力学策略又可分为单个、多个及全局三种情况，由此可知系统动力学所要设计的共有 9 种不同策略。但是，系统边界层因原有系统范围改变而可重新归为新的变量参数层或系统结构层策略设计，故系统边界层策略的研究及应用相对较少，见表 7-6。

表 7-6 系统动力学策略的形式

结构单元层次 结构范围	变量参数层	系统结构层		系统边界层
		因果关系连线	流率路径	
单个	◎	◎		/
多个	◎	◎		/
全局	◎	◎		/

注：◎表示有，/表示无

单点策略，即一次只调整单个变量参数或只为单个决策点设计决策函数；多点策略，即一次调整多个变量参数或为多个决策点设计决策函数；全局策略，即一次调整全部参数或为全部决策点设计决策函数。全局策略范围包含了多点策略，多点策略又包含了单点策略；原则上，全局策略改动范围最大，也更符合实际。

7.6.2 系统动力学策略设计方法

无论是变量参数层或系统结构层，还是单个或全局设计，都涉及建模过程变量及相互关系的确定和策略设计中目标函数的选取及数值的确定，即系统动力学策略设计的过程，其方法有两类：①策略设计过程若是依靠研究者经验通过不断试误(try error)实现，即为非规范化策略设计方法(informal approach)；②按固定标准程序设计，一般利用优化算法选取和确定目标函数及参数值，有一定章法可循，即规范化策略设计方法(formal approach)。

1. 单点变量参数层策略设计

一般采用敏感度分析(sensitivity analysis)的方法找寻单个变量参数的改变对系统模型绩效的影响，其步骤如下。

(1)列出所有可能的敏感外生参数(exogenous parameters)、模型方程式中的系数、指数等，其统称为参数。

(2)定义各参数的取值范围。

(3)选取一个参数，在其范围内改变该参数值，并固定其他参数值，检验该参数对模型行为的敏感程度。

(4)重复上述步骤，直至检验第(1)步骤中所有列出的参数。

这种方法每次只能检验一个变量参数，效率相对较低；单点变量参数层的策略设计方法还无法检定变量参数间的相互作用对模型行为的影响。比如，假设一个模型包含10个可能敏感参数，而每个参数有3个可能值；那么一共需要3^{10}次才能完成对所有可能敏感参数的检验。

2. 多点变量参数层策略设计

采用特定方法[如田口(Taguchi)实验设计方法]一次检验多个参数来探寻较优的参数组合，以减少实验次数。田口实验设计方法由正交矩阵(orthogonal array)中求得最佳参数组合以减少实验的次数。

例如，某废水处理厂有 3 个主净水槽，负责不同物理、化学处理，净水顺序原则上有先后，但每个水槽中的污水会有一部分被送回前一水槽，各净水槽互相连接，故整个处理过程很复杂。废水处理系统绩效则以 3 个净水槽中所拦截到的固体杂质的深度来衡量；研究发现各水槽有 2 个参数(以 a、b 表示)需考虑，故一共有 6 个参数，每个参数需测 2 个值，传统方法需进行 64 次(2^6)；使用田口的 DOE(design of experiment，实验设计)方法只需进行 16 次。

3. 全局变量参数层策略设计

全局变量参数层策略设计是将决定系统绩效的函数看作优化问题的目标函数(影响系统绩效的关键、敏感参数或其组合)，将各参数的范围及相互之间的线性关系作为限制条件，采用优化算法求解参数优化值。优化原则上包含了所有参数，可认为是全局层面的设计，这里有两种情况：一是探寻参数较优的固定值；二是确定参数随时间变化的函数轨迹。常用的优化算法包括：RSM(response surface methodology)算法、Powell 算法、最快下降(steepest descent)算法、模糊算法(fuzzy algorithm)、CCD (central composite design)算法、遗传算法等。

4. 系统结构层策略设计

系统结构层策略设计主要包括因果关系连线与流率路径两方面，其中主要是单一因果关系连线，即单点系统结构层策略设计。

全局系统结构层策略设计，即在模型全局范围内通过优化方法找寻敏感结构。与变量参数层相比，全局系统结构层策略的规范化设计相对较难。

7.6.3 系统动力学策略设计实例

1. 二阶系统——库存-人工系统模型

从图 7-30 可以看出，库存-人工系统在销售量阶跃增长的情况下，人工总数和库存呈现等幅振荡特性。这是因为，在没有阶跃输入之前，产品产量和销售量相等，系统处于平衡状态。当在第 10 单位时间上突然增加 500 单位产品需求后，产品的销售量开始大于产品的产量，使得库存下降，并低于目标库存。从前面的方程可以看出雇佣量大于零，意味着企业开始雇佣员工，使人工总数和产量都逐渐增加；相反，如果销售量小于产品的产量，那么库存会增加，并高于目标库存，此时雇佣量小于零，意味着企业开始解雇员工或通过其他办法，使人工总数和产量逐渐减少，最后达到一定范围内的平衡，在既定的目标值上下等幅振荡。这从人工雇佣量的表达式也可以看出：

$$\text{hiring}(t)=\frac{\text{target\_inventory}-\text{inventory}(t)}{\text{inventory\_adjustment\_cycle}\times\text{productivity}\times\text{workforce\_adjustment\_cycle}} \tag{7-16}$$

系统产生等幅振荡是因为雇佣量取决于目标库存和实际库存之间偏差的假定。但在图 7-30 中，产量在库存量等于目标库存时取得极大值，这从式(7-17)可以看出：

$$\frac{\mathrm{d}\left(\text{production}(t)\right)}{\mathrm{d}t}=\text{hiring}(t)\times\text{productivity}$$
$$=\frac{\text{target\_inventory}-\text{inventory}(t)}{\text{inventory\_adjustment\_cycle}\times\text{workforce\_adjustment\_cycle}}\tag{7-17}$$

也就是说最大库存增长率发生在实际库存量等于目标库存量的时候，这显然是不正常的。之所以出现这种情况，是因为没有考虑销售量对人工总数的影响，故应该改变人工调整和雇佣的策略结构。改变后的库存-人工系统模型结构如图 7-35 所示。与修改前相比，模型结构上增加了目标人工数(target_workforce)和销售量对人工数的影响(sales_to_workforce)两个参数。相应增加和修改的数学关系有

hiring = (target_workforce - workforce) / workforce_adjustment_cycle

target_workforce = adjustment_to_workforce + sales_to_workforce

sales_to_workforce = sales / productivity

修改后的雇佣量为

$$\text{hiring}(t)=\frac{\text{target\_inventory}-\text{inventory}(t)}{\text{inventory\_adjustment\_cycle}\times\text{productivity}\times\text{workforce\_adjustment\_cycle}}+\frac{\text{sales}/\text{productivity}-\text{workforce}(t)}{\text{workforce\_adjustment\_cycle}}\tag{7-18}$$

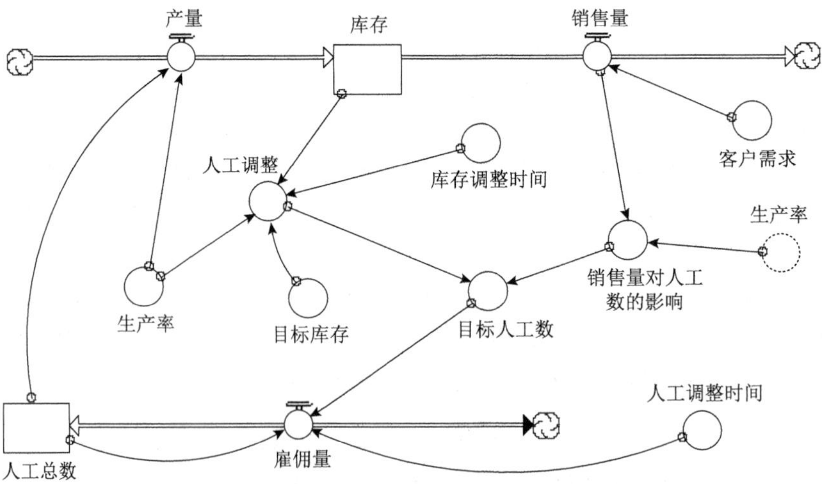

图 7-35 库存-人工系统模型(二阶衰减振荡系统)

与二阶等幅振荡系统相比，式(7-18)增加了第二项，即销售量对人工总数的影响。二阶衰减振荡系统的行为模式如图 7-36 所示。可以看出，系统在销售需求突然增加的情况下，经过一段时间的调整后，逐渐达到一个动态平衡：库存逐渐趋向于目标库存，劳

动力人数则趋向于一个定值，产量也趋近于销售量。这说明库存–人工系统具有二阶衰减振荡系统的特性，也说明修改后的模型结构更符合实际的生产经营规律。

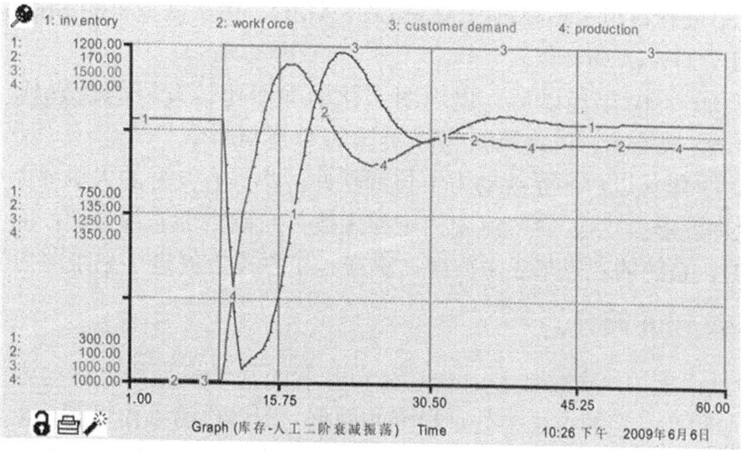

图 7-36　库存–人工系统的行为模式(二阶衰减振荡系统)

2. 补贴政策对我国绿氢产业发展的影响

以上仿真结果说明，政府在投资、生产、所得税优惠、制氢电价等方面的政策补贴将不同程度地促进绿氢产业的发展。由于绿氢产业的发展规模在不同时期存在着较大变化，并不存在适合所有情况的固定补贴方式。比起按照产量的政府补贴，按照投资额比例补贴对绿氢初期 0～5 年的发展有更强的促进作用，但相应的政府支出也会更高。这是由于绿氢产业规模较小，在早期生产技术还不成熟，导致产量较低，根据产量进行补贴则补贴金额较小。但是，如果政府补贴监管不力，按照初始投资补贴的政策可能会导致“骗补”现象，因此在绿氢发展初期的 0～5 年可以优先考虑按照产量的补贴方式，以实现前期稳步发展的同时削减较大的政府开支。在绿氢发展前期，可以按初始投资的 35%～40%进行补贴或初期产量的 30%～40%进行补贴，在第 5 年之后每 1～2 年减少 5%～10%，使得补贴比例在第 10～15 年下降到 5%以下，直至完全退坡。同时结合税率优惠补贴政策和制氢电价补贴，政府给予高新技术企业前 5 年 15%～20%的所得税税率和较高的制氢电价(如 5 万～5.5 万元/吨)的组合，或固定的 25%所得税税率和低制氢电价(如 4.5 万～5 万元/吨)的组合，可以帮助绿氢装机容量稳步上升，保证到第 10～15 年的中期发展阶段，绿氢已经实现一定的装机容量规模化。

7.7　系统动力学仿真软件及其应用

7.7.1　系统动力学仿真软件介绍

系统动力学仿真软件的出现与发展伴随着系统动力学的诞生与发展。从最初的 DOS (disk operating system，操作系统) 状态下的早期 DYNAMO 版本开始，系统动力学仿真软件逐渐发展为 20 世纪八九十年代的图形可视化界面仿真软件。

20 世纪 50 年代，DYNAMO 早期版本。

20 世纪 60～70 年代，用于大型机的 DYNAMO Ⅱ、DYNAMOⅡ/F。

20 世纪 80 年代，用于小型机的 Mini-DYNAMO、用于微型机的 Micro-DYNAMO、DYNAMO Ⅲ、DYNAMO Ⅳ。

20 世纪 80～90 年代以后，出现图示化的界面比较友好的仿真软件，如美国的 iThink/STELLA、Vensim、Powersim 等，英国的 DYSMAP。

20 世纪 90 年代以后的系统动力学仿真软件，都具有友好的人机界面和灵活的输入输出形式(允许图形模式输入)，流图构建与函数关系确定都非常方便，而且有助于培养人们以整体的、系统的观点来思考问题。这在一定程度上促进了系统动力学的应用。

7.7.2 Vensim 简介

Vensim 是由美国 Ventana Systems 公司开发的基于模型的系统动力学仿真软件。Vensim 采用一种工具箱的方法来处理模型与数据，图形化的操作界面可以使用户从程序中解放出来，DYNAMO 语言中所有的方程、命令等均可以通过相应的工具栏来完成，操作非常方便，如图 7-37 所示。

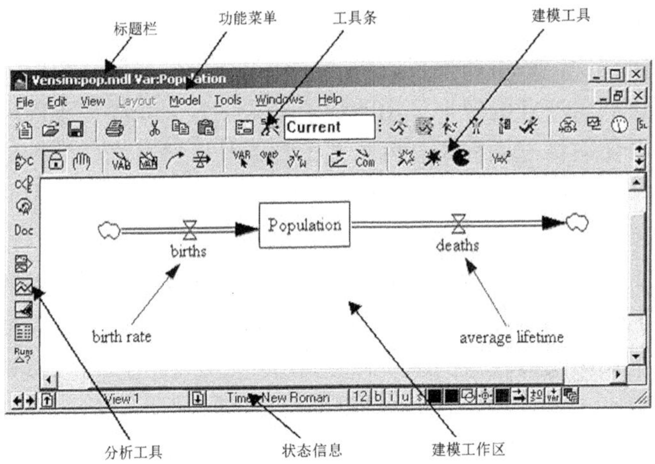

图 7-37 Vensim 5.4 的操作界面

7.7.3 Vensim 应用实例——企业成长的系统动力学模拟

企业成长模型(the corporate growth model)模拟了一个简单的有限资源条件下的企业成长过程，它由福雷斯特教授提出，最早出现在 1968 年出版的《系统原理》一书中。这个模型属于耦合的非线性反馈系统，它反映了生产(库存)限制销售增长的过程。

一个企业中最重要的莫过于生产与销售两件事情，在供不应求的市场状态下，企业生产取决于企业交货的时间和效率，而交货则取决于销售状况，如销售人员人数、销售人员工资、调整销售人员所需时间等。

1. 模型因果关系图

因果关系图也被称为影响图或向图，主要在构思系统动力学模型的初始阶段用来表述模型内部各因素之间的相互作用关系。本书所研究的企业成长模型的因果关系图如图 7-38 所示。

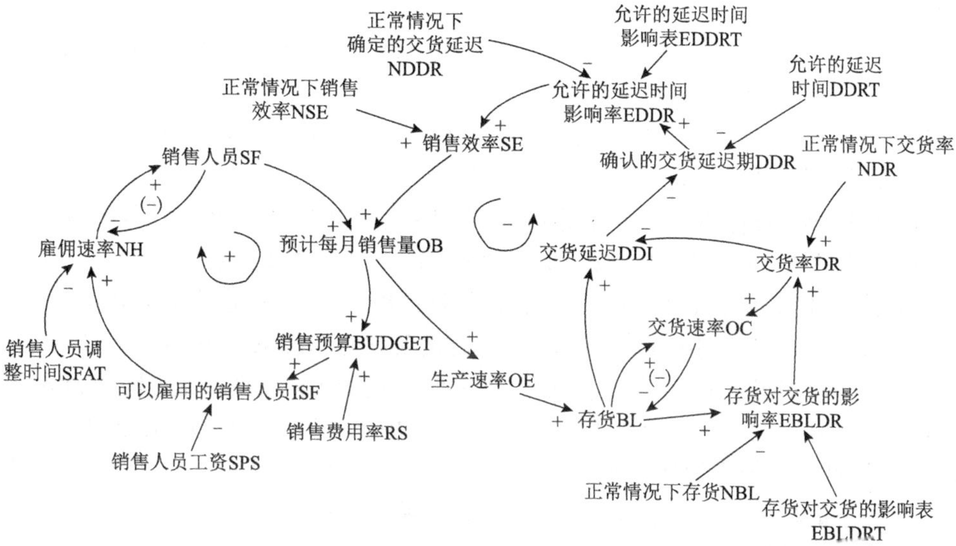

图 7-38 企业成长模型的因果关系图

在图 7-38 中我们可以看到两个互相耦合的反馈环。

负反馈环：生产速率 OE、存货 BL、交货延迟 DDI、确认的交货延迟期 DDR、允许的延迟时间影响率 EDDR、销售效率 SE、预计每月销售量 OB。

正反馈环：销售人员 SF、预计每月销售量 OB、销售预算 BUDGET、可以雇用的销售人员 ISF、雇佣速率 NH。

由于正反馈使系统的输出具有指数增长的特性，负反馈使系统的输出呈现出衰减的特性，两个反馈环的耦合点为预计每月销售量 OB，这使模型成为耦合的非线性反馈系统。

企业成长模型中各变量之间的关系如下。

(1) 可以雇用的销售人员 ISF（人）= 销售预算 BUDGET / 销售人员工资 SPS。

(2) 存货对交货的影响率 EBLDR=存货对交货的影响表 EBLDRT×(存货 BL/正常情况下存货 NBL)。这个公式表明，存货对交货的影响率取决于实际存货量与可接受存货量的比值，也就是说，实际的存货相对于正常情况下的存货的比值越高，则存货对交货的影响率 EBLDR 越大，这符合人们的心理，因为当存货量大时，总希望能够尽快地将货运走。但它们之间并不是一种线性的关系，因为当存货量很大时，受运输能力等交货条件的限制，企业已没有潜力再增加交货量了，即存货对交货的影响率变化趋缓。根据这一思想设计表函数关系如下。

存货对交货的影响表 EBLDRT：

([(0.8, 0) - (20, 8)], (0.9, 0), (1, 1), (1.7, 3.5), (2.3, 4.3), (3.5, 5), (6.3, 5.6), (10, 6), (20, 6.5))

(3) 预计每月销售量 OB（件/月）= 销售人员 SF×销售效率 SE。

(4) 存货 BL（件）= INTEG（生产速率 OE–交货速率 OC，8000），初始值为 8000 件。

(5) 交货速率 OC（件/月）= 交货率 DR。

(6)生产速率 OE(件/月)＝ 预计每月销售量 OB，以销定产。

(7)雇佣速率 NH(人/月)＝(可以雇用的销售人员 ISF－销售人员 SF)/销售人员调整时间 SFAT。

(8)交货率 DR(件/月)＝ 正常情况下交货率 NDR×存货对交货的影响率 EBLDR。

(9)交货延迟 DDI (件/月)＝ 存货 BL /交货率 DR。

(10)确认的交货延迟期 DDR(月)=INTEG((交货延迟 DDI－确认的交货延迟期 DDR)/允许的延迟时间 DDRT, 2)，初始值为 2 个月。

(11)销售效率 SE[件/(人·月)]=正常情况下销售效率 NSE×允许的延迟时间影响率 EDDR。

(12)销售人员 SF(人)＝INTEG(雇佣速率 NH, 10)，初始值为 10 人。

(13)销售预算 BUDGET (元/月)＝ 预计每月销售量 OB×销售费用率 RS。

(14)允许的延迟时间影响率 EDDR＝ 允许的延迟时间影响表 EDDRT×(确认的交货延迟期 DDR/正常情况下确定的交货延迟 NDDR)。这个公式说明，延迟时间影响率取决于实际的交货延迟期与允许的交货延迟期的比值。由于延迟时间直接影响销售效率[见公式(11)]，因此确认的交货延迟期越长，对销售效率的影响就越大，反映到公式(11)上，就是一个较小的权重值。根据这一思想，设计表函数关系如下。

允许的延迟时间影响表 EDDRT：

([(0, 0)-(3, 2)],(0, 1.15),(0.5, 1.1),(1, 1),(1.5, 0.75),(2, 0.5),(2.5, 0.35),(3, 0.3))

以下是模型中的常量，也就是企业可以控制的因素。

(1)销售人员调整时间 SFAT＝20 个月。

(2)销售人员工资 SPS＝2000 元/(人·月)。

(3)销售费用率 RS＝10 元/件，即每件产品销售收入中有 10 元用于销售费用。

(4)允许的延迟时间 DDRT＝5 个月。

(5)正常情况下存货 NBL＝8000 件。

(6)正常情况下交货率 NDR＝4000 件/月。

(7)正常情况下确定的交货延迟 NDDR＝2 月。

(8)正常情况下销售效率 NSE＝350 件/(人·月)。

(9)系统模拟时间为 100 个月。

2. 模型混合图

混合图就是在因果关系图中，将状态变量和流率变量按照流图中的符号表示出来。混合图全部用实线表示。混合图具有以下优点。

(1)既能将重要的状态与流率变量清晰地表示出来，又保持了因果相互关系回路图的简洁性。

(2)用混合图可以可靠地分析推论结构所综合的动态特性。

(3)由于能识别流率变量与状态变量，根据混合图可以很方便地进行计算机模拟。

正因为如此，混合图在描述系统结构方面的应用越来越广泛。在 Vensim 系统中，混合图很容易改写成流图的形式。图 7-39 绘出了企业成长模型的混合图。

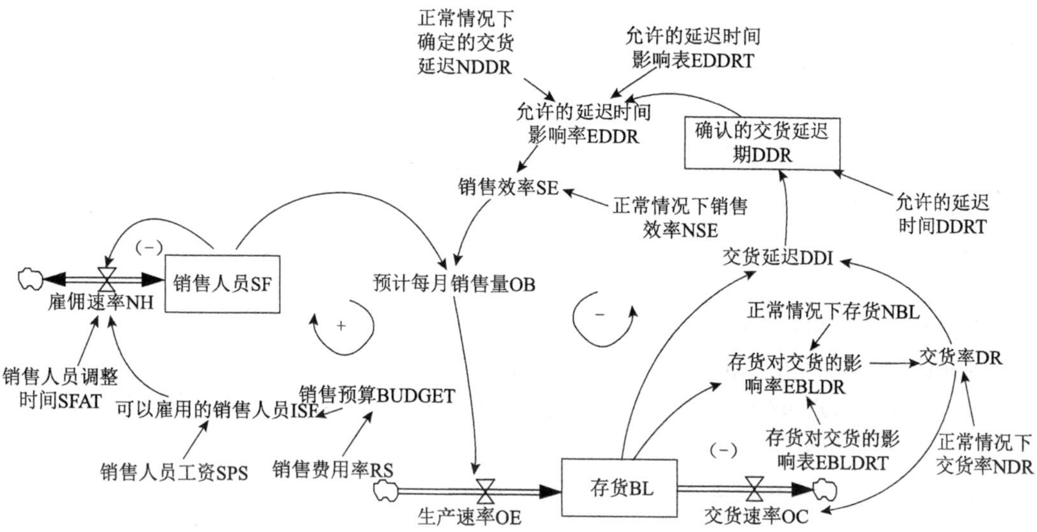

图 7-39　企业成长模型的混合图

3. 企业成长模型的 DYNAMO 方程

本系统的 DYNAMO 方程如下。

L　BL.K=BL.J+DT*(OE.JK-OC.JK)

N　BL=8000

R　OE.KL=OB.K

R　OC.KL=DR.K

A　DR.K=NDR*EBLDR.K

C　NDR=4000

A　EBLDR.K=TABLE(EBLDRT，BL.K/NBL，0，20，1)

C　NBL=8000

T　EBLDRT=0/1/3.7/4.5/5.1/5.3/5.5/5.7/5.8/5.9/6/6.05/6.1/6.15/6.2/6.25/6.3
/6.35/6.4/6.45/6.5

A　DDI.K=BL.K/DR.K

L　DDR.K=DDR.J+DT*(DDI.J-DDR.JK)/DDRT

N　DDR=2

C　DDRT=5

A　EDDR.k=TABLE(EDDRT，DDR.K/NDDR，0，3，0.5)

T　EDDRT=1.15/1.1/1.0/0.75/0.5/0.35/0.30

C　NDDR=2

A　SE.K=NSE*EDDR.K

C　NSE=350

A　OB.K=SF.K*SE.K

A　BUDGET.K=OB.K*RS

```
C       RS=10
A       ISF.K=BUDGET.K/SPS
C       SPS=2000
R       NH.KL=(ISF.K-SF.K)/SFAT
C       SFAT=20
L       SF.K=SF.J+DT*NH.JK
N       SF=10
SAVE    SF，BL，DDR
SPEC    DT=0.25/LENGTH=100/SAVPER=1
```

说明：由于 DYNAMO 语言中表函数的 *X* 轴必须是等间距的，因此这里的表函数与原来设计有一定出入。

4. Vensim 中的运行结果

本模型在 VensimPLE 32 系统中运行的结果如图 7-40 所示(将相应的 DYNAMO 方程在 Professional DYNAMO 系统下运行，结果完全相同)。

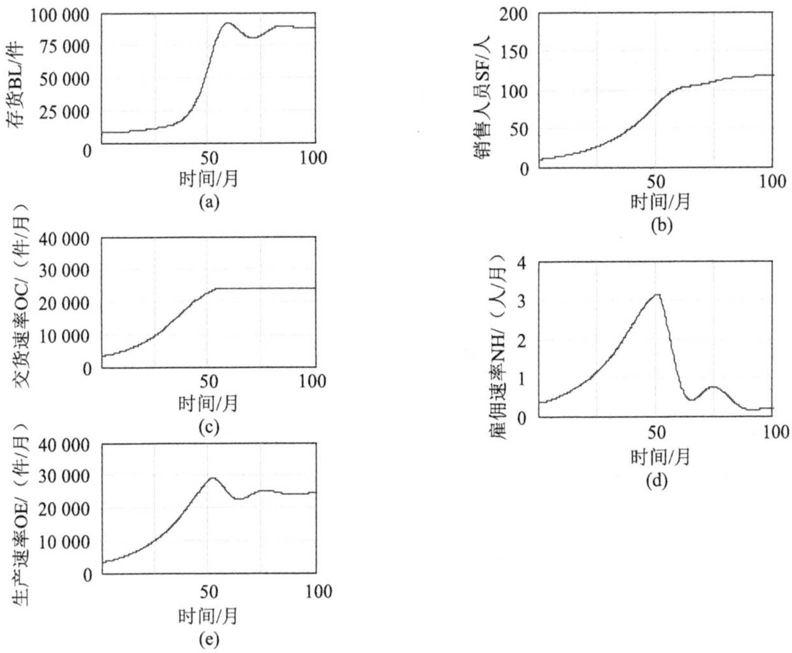

图 7-40　模型在 VensimPLE 32 系统中运行的结果输出

由输出结果可以看出，在前述的各参数下，模型的输出呈指数增长－衰减振荡规律，在第 50 个月以前，系统主要为指数增长，这是由于在开始时，系统中的正反馈环节起主要作用；在约第 50 个月以后，系统以衰减振荡为主，这是由于系统中负反馈环节起主要作用。

为了验证这一结论，在其他条件不变的情况下，我们将销售费用率增加到 12 元/件，系统模拟后结果如图 7-41 中 run2 曲线所示；将交货延迟乘以一个系数 1.2(借以增加负反馈的强度)，系统模拟后的结果如图 7-41 中 run3 曲线所示。图中的 run1 曲线为没有改变时的输出曲线。

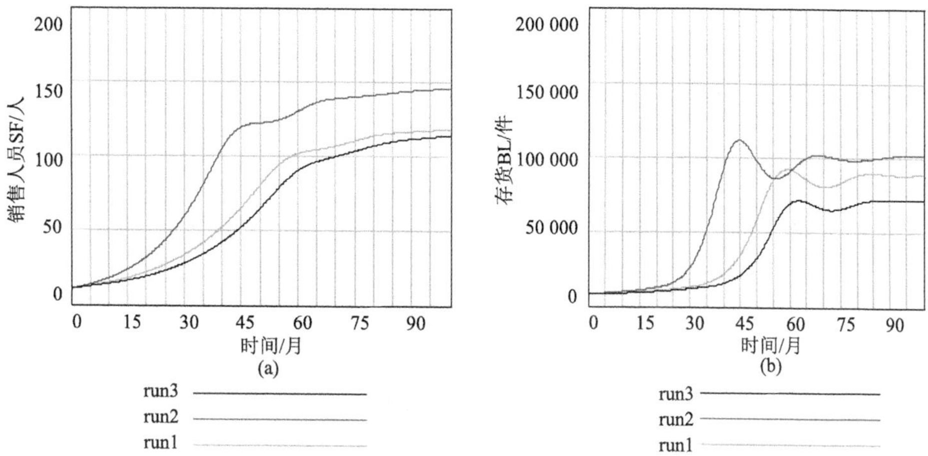

图 7-41　条件变动后系统模拟结果输出

5. 模型解释

系统动力学作为系统科学与管理科学的分支，在其发展的初期主要用于工业管理。随着系统动力学理论与方法的不断深化，它已经成为社会、经济、生态复杂大系统的“实验室”。运用系统动力学建立的模型为人们提供了一种新的辅助决策的工具。

在上述企业成长模型中，假设管理者现有三种方案，需要从中选出一种方案，使系统的库存能够尽快地达到稳态并使库存量的波动较小。

方案一(run1)：销售人员的工资定在 2000 元/(人·月)，销售效率为 350 件/月，销售人员调整时间为 20 个月。

方案二(run2)：将销售人员的工资提高到 2500 元/(人·月)，销售效率提高到 380 件/月，销售人员调整时间为 20 个月。

方案三(run3)：将销售人员的工资提高到 2500 元/(人·月)，销售效率提高到 380 件/月，销售人员调整时间为 12 个月。

以上方案中，假设销售效率和销售人员调整时间是企业可控的因素(可以通过扩大广告宣传的力度来提高销售效率，可以通过增加培训的时间来减少销售人员调整时间)。

将各方案分别用模型模拟，得到的结果如图 7-42 所示。

由模拟结果不难看出，三种方案在第 85 个月左右均可以达到稳态。但是，方案一的峰值出现在第 60 个月，方案二出现在第 75 个月，方案三出现在第 50 个月，在峰值之后，系统逐步衰减振荡，最后达到稳态。但是，方案二的衰减振荡的幅度最小，而方案三的振幅最大。比较各方案的稳态值，方案二最小，其次是方案三，最高的是方案一。

从减少库存波动的角度出发，可以看出方案二要优于方案一和方案三。

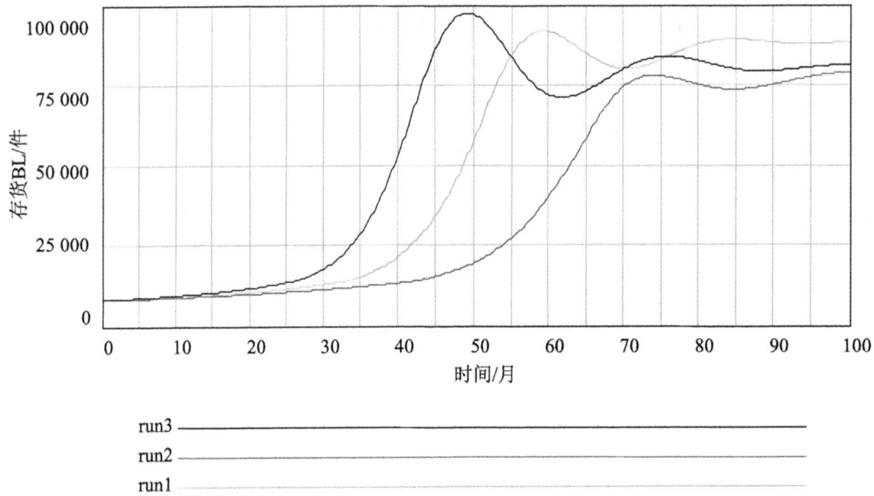

图 7-42 各方案模拟结果输出

7.7.4 iThink/STELLA 及其应用

iThink/STELLA 由美国 Isee Systems（前身为 High Performance Systems）公司开发，是第一个允许图形模式输入的仿真软件，提供基本的欧拉算法、二阶和四阶龙格-库塔算法，具有比较友好的人机界面和灵活的输入输出形式，适合多种复杂系统的建模仿真。

1. iThink/STELLA 建模结构层次

(1) 高层结构(high level)：系统结构的整体反映，把系统分为互相关联的若干子系统，保证从整体上把握所研究的系统，主要用于展现与交流模型。可供系统使用者与决策者使用，如图 7-43 所示。

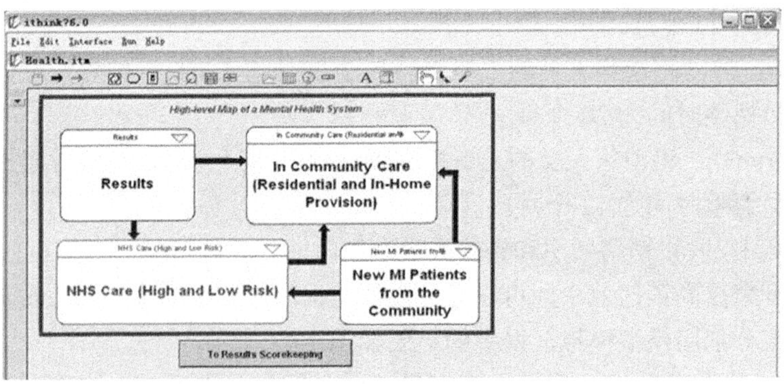

图 7-43 iThink 建模的高层结构

(2) 图层结构(graph level)：整个系统模型的核心，构造系统模型的主要空间，决定模型实质与函数层的数据结果；用于构建模型，设计各个子系统，供系统设计开发者使用，如图 7-44 所示。

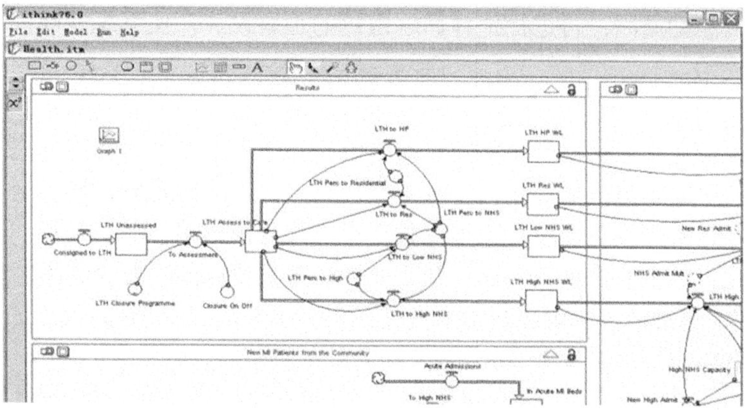

图 7-44 iThink 建模的图层结构

(3) 函数层结构(function level)：将图层结构模型中的各变量之间的逻辑和数学关系，用代数方程、各种变化曲线、逻辑函数表示，如图 7-45 所示。

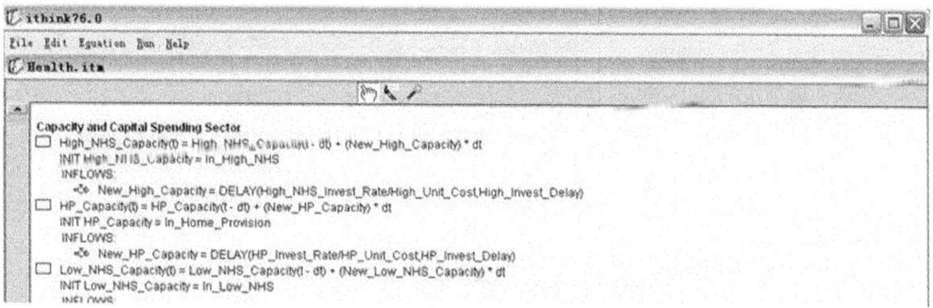

图 7-45 iThink 建模的函数层结构

2. iThink/STELLA 的应用案例——客户、制造商与雇员模型

1) 案例来源

福雷斯特 1961 年出版的系统动力学经典专著《工业动力学》中的案例，主要研究一家电子仪器设备制造商的上游零件制造商 A 的运营问题。

2) 案例公司背景

A 生产的产品主要销售给一家电子仪器设备制造商，其所接到的订单受到终端客户对电子设备的需求影响。就产品特性而言，影响电子设备制造商对电子零件购买量的决定因素主要有产品的质量、价格、交期等。A 对产品质量控制严格，价格也处于稳定状态，故交期是影响电子设备制造商订单的主要因素；面对 A 的较长交期，电子仪器设备制造商为保证能满足对自己顾客的交货需求，会提高电子零件订单量；在终端客户需求经常变动情况下，电子仪器设备制造商的做法会影响 A 内部运作的稳定性，使零件的交期变动加剧，进而放大电子设备制造商所提出的零件订购需求波动，从而产生牛鞭效应(bullwhip effect)。

3) 目的

探寻 A 公司在面对客户与内部各决策之间，如生产、人员雇用、原料采购等之间相互作用的互动关系，如何造成客户需求、雇员与生产的波动问题；通过构建模型分析系统内各决策的波动原因；再进行整体问题系统的重新设计，使系统能够快速且稳定响应客户的需求变动。

4) 分析

客户、生产商与雇员模型属稳定目的系统，系统内各流径之间运作关系的初始状态为稳定运作的平衡状态；系统包含六个主要决策点：订单配置率、接单制造率、库存制造率、交货率、库存制造下单率、人员聘雇率，其分别影响订单、存货、人员等主要积累变量的变化；除主要决策点，还有几个非波动主要原因的次要决策点，如原料采购率与原料取用率，通过流径影响原料数的变化。该系统的因果反馈环路模型如图 7-46 所示。限于篇幅，省略掉了流图与方程式。

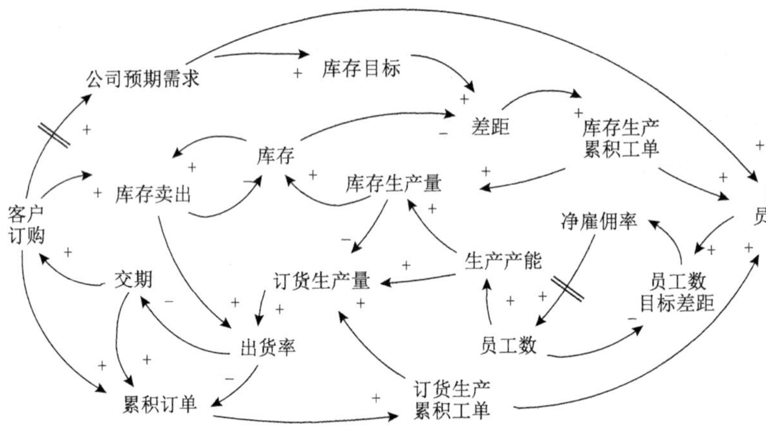

图 7-46　客户、制造商与雇员系统的因果反馈环路模型

5) 仿真

给予系统一个扰动：终端客户需求在第 8 个月从原有的 1000 单位需求量增加 100 单位，成为 1100 单位。其仿真结果如图 7-47 所示。

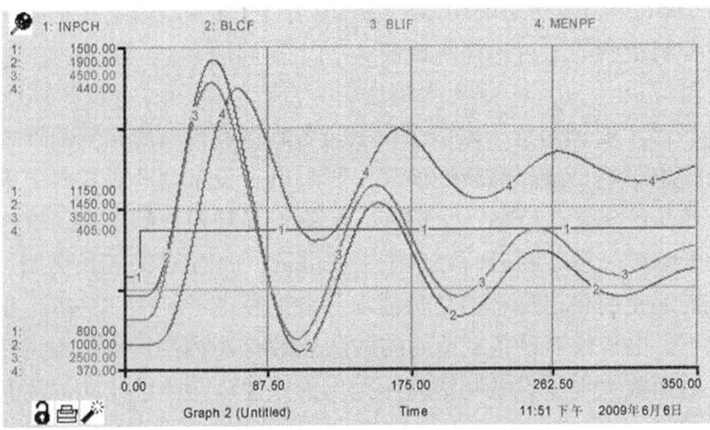

图 7-47　1000+STEP(100, 8)需求下的仿真结果

假设终端客户需求按正弦波动变化：1000+100*SIN(2*PI*(TIME/(52*2)))+STEP(0，8)，此时的仿真结果如图 7-48 所示。

可以发现，外生变量变化时，系统内部环环相扣的反馈结构会引发系统强烈的震荡行为。其中，变量INPCH、BLCF、BLIF与MENPF分别表示客户需求、积压订货订单、积压库存订单与投入员工数。至于如何重新设计系统流程或结构，使系统能够快速且稳定响应客户的需求变动，限于篇幅，本书省略掉了进一步的问题分析和重新设计，读者可直接参看相关文献或自行分析研究。

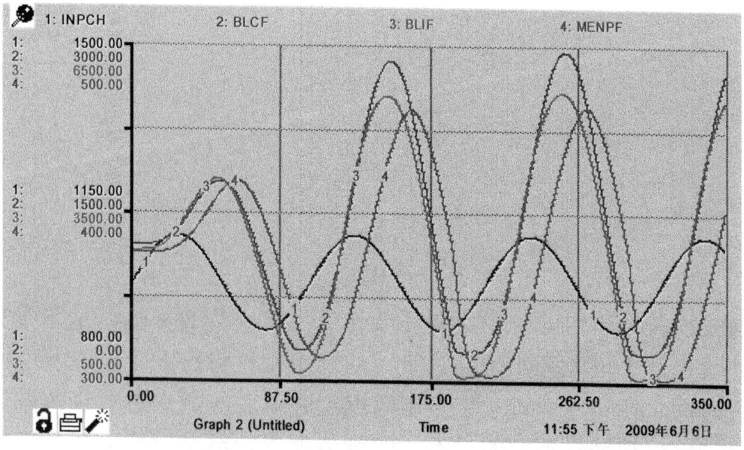

图7-48 正弦波动需求下的仿真结果

➢思考题与习题

1. 系统动力学仿真的基本步骤有哪些？
2. 系统动力学模型的主要组成部分有哪些？
3. 画出下列DYNAMO方程的流图

L MT.K=MT.J+(DT)*(MH.JK-MCT.JK)

R MCT.KL=MT.K/TT.K

A TT.K=STT*(TEC.K)

L ME.K=ME.J+(DT)*(MCT.JK-ML.JK)

式中，MT——培训中的人员(人)；

MH——招聘人员速率(人/月)；

MCT——人员培训速率(人/月)；

TT——培训时间(月)；

STT——标准培训时间(月)；

TEC——培训有效性系数(无量纲)；

ME——熟练人员(人)；

ML——人员脱离速率(人/月)。

4. 将图7-39企业成长模型的混合图改写成系统动力学流图的形式。
5. 与DYNAMO语言相比，采用Vensim软件进行系统动力学仿真有哪些优点？

第8章

系统评价

系统评价是系统分析中的一个重要环节，是系统决策的基础，是方案实施的前提，没有正确的评价也就不可能有正确的决策，通过系统评价有助于事先发现问题，并对问题加以解决，有助于在实施中进一步发现问题，并对系统做出进一步改进。然而，评价与主体所持有的价值观是分不开的，不同的价值观评价结果可能大相径庭。因此，评价问题远比我们想象的复杂。

8.1 系统评价的原理

8.1.1 系统评价的概念

系统评价就是根据确定的目的，利用最优化的结果和各种资料，用技术经济的观点对比各种替代方案，考虑成本与效果之间的关系，权衡各个方案的利弊得失，选择出技术上先进、经济上合理的和现实中可行的、良好的或满意的方案。系统评价是系统工程中一个极为重要的问题，是系统决策的基础。

系统评价的前提条件是熟悉方案和确定评价指标。熟悉方案指确切掌握评价对象的优缺点，充分估计系统各个目标、功能要求的实现程度，方案实现的条件和可能性。确定评价指标指确定系统的评价指标，并用指标反映系统要求，常用的指标包含政策指标、技术指标、经济指标、社会指标、进度指标等。

8.1.2 系统评价的分类

按照不同的分类标准，可以将系统评价划分为不同种类。下面分别按照评价内容、评价时间对其进行分类。

1. 按照评价内容对系统评价进行分类

按照评价内容大致可以将系统评价划分为经济评价、社会评价、技术评价、财务评价、可持续性评价和综合评价等。

(1)经济评价是评价各个方案对宏观经济产生的影响，主要利用影子价格、影子工资、影子汇率和社会折现率等指标，测算方案给国民经济带来的净效益，从宏观经济角度评价方案的费用和效益。

(2)社会评价是从社会分配、社会福利、劳动就业、社会稳定等方面，评价方案实施以后带来的社会效益和产生的社会影响。

(3)技术评价是对方案在技术上的先进性、生产性、可靠性、维护性、通用性、安全性等方面做出评价。

(4)财务评价是根据现行的财税制度和市场价格，测算方案的费用和效益，评价方案在财务上的获利能力、清偿能力和外汇效果，分析方案在财务上的可行性。

(5)可持续性评价是对方案与人口增长、资源利用和环境保护等方面的协调适应情况做出分析，使方案实施和社会经济发展战略协调一致。

(6)综合评价是在经济、社会、技术、财务、可持续性等局部评价的基础上，根据系统的总体目标，对方案的综合价值做出评价。

2. 按照评价时间对系统评价进行分类

按照时间划分，可以将系统评价分为事前评价、事中评价和事后评价。

(1)事前评价是指方案的预评价，通常称为可行性研究。例如，在制订新产品开发方案时所进行的评价，目的是及早沟通设计、制造、供销等部门的意见，并从系统总体出发来研讨与方案有关的各种重要问题。

(2)事中评价是在方案实施过程中，评价环境的重大变化，如政策变化、市场变化、竞争条件变化或评价要素估计偏差等，需要对方案做出评价，进行灵敏度分析，判断方案的满意性是否发生质的变化，以确定是继续实施方案、修改方案还是选择新的方案。

(3)事后评价是指方案实施以后，对照系统目标和决策主体要求，评价实施结果与预期效果是否一致、实施计划安排是否周全、风险分析是否与实际情况相吻合，测定方案设计的合理性，为进一步开发新方案提供依据。

另外，根据评价和决策之间的关系，可以将评价划分为决策前评价、决策中评价和决策后评价；根据评价系统中的信息特征，可以将评价划分为基于数据的评价、基于模型的评价、基于专家知识的评价及基于数据、模型和专家知识的评价。

8.1.3 系统评价的重要性和复杂性

在系统的设计、开发和实施过程中，经常要进行系统决策，系统决策是指通过系统评价技术从众多的替代方案中找出最优的方案。然而，要确定哪一个方案最优并不容易。尤其对于复杂大系统来说，“最优”这个词含义并不十分明确，而且评价是否“最优”的标准(尺度)也是随着时间而变化和发展的。可见，系统评价确实有其重要性和复杂性。

1. 系统评价的重要性

系统评价是系统分析中的一个重要环节，是系统决策的基础，没有正确的评价也就不可能有正确的决策，正确的评价会影响整个系统将来的损益。具体来说，其重要性体现在以下几个方面。

(1) 系统评价是系统决策的基础，是方案实施的前提。

(2) 系统评价是决策人员进行理性决策的依据：以系统目标为依据，从多个角度对多个方案理性评估，选择出最优方案并实施。

(3) 系统评价是决策者和方案执行者之间相互沟通的关键：决策者为了使执行人员信服并积极完成任务，可以通过评价活动促进执行人员对方案的理解。

(4) 系统评价有利于事先发现问题，并对问题加以解决：在系统评价过程中可进一步发现问题，有利于进一步改进系统。

2. 系统评价的复杂性

系统评价固然重要，但它也是一件很复杂的事情。其复杂性主要来自以下几个方面。

(1) 系统评价的多目标性。当系统为单目标时，其评价工作是容易进行的。但是实际系统中的问题要复杂得多，系统评价的目标往往不止一个且各个方案往往各有所长、各有千秋。在某些指标上，方案甲比方案乙优越；而在另一些指标上，方案乙又比方案甲优越，这时就很难定夺。指标越多，方案越多，问题就越复杂。

(2) 系统的评价指标体系中不仅有定量的指标还有定性的指标。对定量指标，通过比较标准，能容易地得出其优劣的顺序。但对于定性指标，由于没有明确的数量表示，往往凭人的主观感觉和经验进行评价。例如，评价一辆汽车的方便性、舒适性这些指标。传统的评价往往偏重单一的定量指标，而忽视定性的、难以量化的但对系统来说至关重要的指标。

(3) 人的价值观在评价中往往会产生重大影响。评价活动是由人来进行的，评价指标体系和方案是由人确定的，在许多情况下，评价对象对于某些指标的实现程度(指标值)也是人为确定的，因此人的价值观在评价中起着很大的作用。由于在大多数情况下各人有各人观点、立场和标准，因此需要有一个共同的尺度来把个人的价值观统一起来，这是评价工作的一项重要任务。

8.1.4 系统评价的原则

基于系统评价的重要性和复杂性，为了更好地做好系统评价，以下基本原则必须遵守。

1. 评价的客观性

评价是为了决策，因此评价的好坏直接影响到决策的正确与否。评价必须客观地反映实际，为此需注意以下几点。

(1) 保证评价资料的全面性和可靠性。

(2) 防止评价人员的倾向性。

(3) 评价人员的组成要有代表性、全面性。

(4) 保证评价人员能自由发表观点。

(5) 保证专家人数在评价人员中占有一定比例。

2. 要保证方案的可比性

替代方案在保证实现系统的基本功能上要有可比性和一致性。评价时绝不能以点概面、“一俊遮百丑”，个别功能的突出只能说明其相关方面，不能代替其他方面的得分。

可比性的另一方面是指对于某个标准，我们必须能够对方案做出比较，不能进行比较的方案当然谈不上评价，但实际上有很多问题是不能做出比较或者不容易做出比较的，对这点必须有所认识。

3. 指标构成系统

评价指标自身应为一个系统，具有系统的一切特征。另外，评价指标必须反映系统目标，因此，它应包括系统目标所涉及的一切方面。由于系统目标是多元的、多层次的、多时序的，评价指标往往也具有多元、多层次、多时序的特点。但这些指标并不是杂乱无章的，而是一个有机的整体。制定评价指标必须注意它的系统性，即使对定性问题也应有恰当的评价指标或者规范化的描述，以保证评价不出现片面性。

评价指标还必须与所在地区和国家的方针、政策、法令的要求相一致，不允许有相悖和疏漏之处。

在实际应用中关于评价的原则问题，视具体问题不同应有侧重之处。

8.1.5 系统评价的程序

系统评价是一项复杂的系统工程，为了保证整个过程高效、有效地进行，往往遵循以下步骤(图 8-1)。

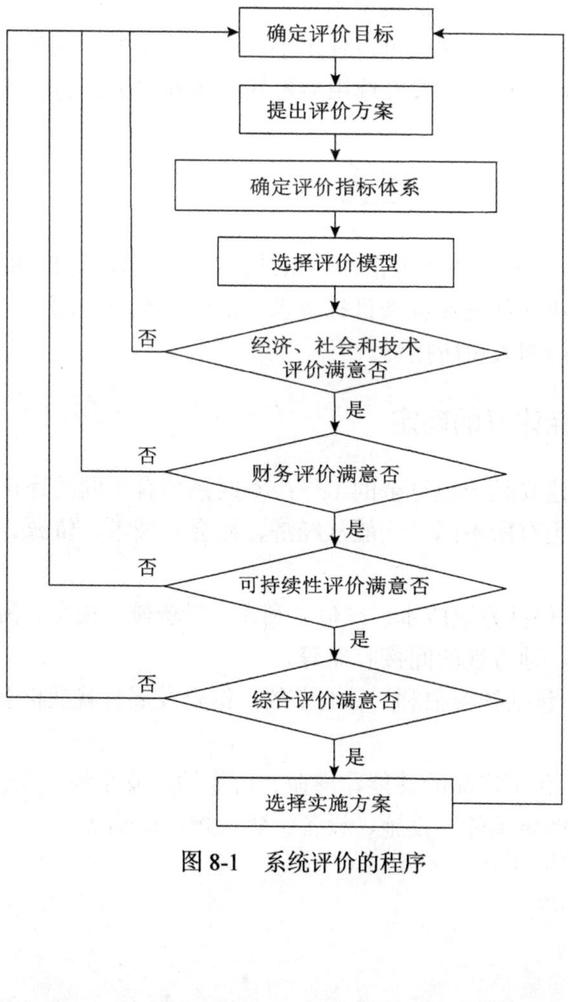

图 8-1 系统评价的程序

1. 确定评价目标

确定评价目标是为了更好地决策，目标是评价的依据，对于评价过程至关重要。大致可从四个方面设置评价目标：①使评价系统达到最优；②对决策的支持；③对决策行为的说明；④问题的分析。通常评价目标按照构成层次可分为总体目标、分层目标和具体目标，这样就构成了目标层次体系。

2. 提出评价方案

根据系统目标，在分析各种信息的基础上，提出评价方案并对各评价方案做出简要说明，使方案的优缺点清晰明了，便于评价人员掌握。

3. 确定评价指标体系

评价指标体系是根据系统目标的层次、结构、特点、类型来设置的，评价指标体系设置要注意全面和重点结合，绝对量指标和相对量指标结合，定量指标和定性指标结合。具体选择应注意以下几点：①评价指标必须与评价目的和系统目标密切相关；②评价指标应当构成一个完整的体系，即全面地反映所需评价对象的各个方面；③评价指标总数应当尽可能地少，以降低评价负担；④确定评价指标时，要注意指标数据的可得性。

4. 选择评价模型

模型是系统评价的工具。评价模型本身是多属性、多目标的。不同问题使用的评价模型可能不同，同一个评价问题也可以使用不同的评价模型，因此，对选用什么样的评价模型本身也必须做出评价。一般应选用能更好地达到评价目的的评价模型。

8.2 系统评价的指标体系

从系统的观点来看，系统的评价指标体系是由若干个单项评价指标构成的有机整体，它应能反映出所要解决的问题的各项目标要求。指标体系要全面、合理、科学、实用，并基本上能为有关部门和人员所接受。

8.2.1 评价指标体系的确定

评价指标体系的建立是一项复杂的工作：不同系统有不同的评价指标，同一系统在不同的环境下其指标也有所不同。一般从经济、社会、技术、资源、政策、时间等方面来建立评价指标。

(1)经济性指标：包括方案成本、产值、利润、投资额、税金、流动资金占用额、投资回收期、建设周期、地方性的间接收益等。

(2)社会性指标：包括社会福利、社会节约、综合发展、就业机会、社会安定、生态环境、污染治理等。

(3)技术性指标：包括产品的性能、寿命、可靠性、安全性、工艺水平、设备水平、技术引进等，工程的地质条件、设施、设备、建筑物、运输等。

(4)资源性指标：包括项目所涉及的物资、水源、能源、信息、土地、森林等。

(5)政策性指标：包括政府的方针、政策、法令、法律约束、发展规划等方面的要求。这项指标对国防和国计民生方面的重大项目或大型系统尤为重要。

(6)时间性指标：如工程进度、时间节点、周期等。

(7)其他指标：主要是指针对具体项目的某些指标。

8.2.2 构建评价指标体系遵循的原则

评价指标是作为一种尺度来考核各备选方案的，并且要依据考核的结果，作为系统优选和决策的依据，因此确定指标体系应遵从一些普遍性的基本原则。

(1)整体性原则：指标体系是从总体上反映各个方案的效果的，所以要构建层次清楚、结构合理、相互关联、协调一致的指标体系，保证对方案评价的全面性和可信度。

(2)科学性原则：以科学理论为指导，按照统一标准划分指标层次和类别，使得整体指标体系能将定性指标和定量指标相结合，正确反映系统整体和内部各要素之间的相互联系。

(3)可比性原则：指标体系的建立是为了系统评价，所以建立指标的时候要考察各个指标之间的可比性。

(4)实用性原则：建立的指标体系是为了进行方案评价，所以指标的含义必须明确，还要考虑数据资料的可得性，另外指标设计必须符合国家和地方的方针、政策、法规、口径及与通用的会计、统计、业务核算协调一致的计算。

8.2.3 建立系统评价指标体系的方法

用于建立系统评价指标体系的方法有很多，这里着重介绍目标分析法、输出分析法和德尔菲法。

1. 目标分析法

目标分析法首先要确定系统目标，然后从系统目标入手，通过对目标进行分解来建立系统综合评价指标体系。其具体步骤如下。

(1)建立系统目标。

(2)将系统目标不断进行分解，直到认为各子目标能够用定量或定性的指标衡量为止。

(3)根据分解得到的目标体系，建立评价指标体系。

例如，某企业由于生产规模的扩大，考虑新建一个厂部，用于生产加工。厂址选择是一个多目标决策的问题。这些目标包括技术、经济、环境及与国家政策一致等方面，很难直接由一个或几个指标来衡量。所以，应进一步分解成更加具体的子目标，直到可用便于处理的一个或几个评价指标来衡量这些子目标为止，如图8-2所示。

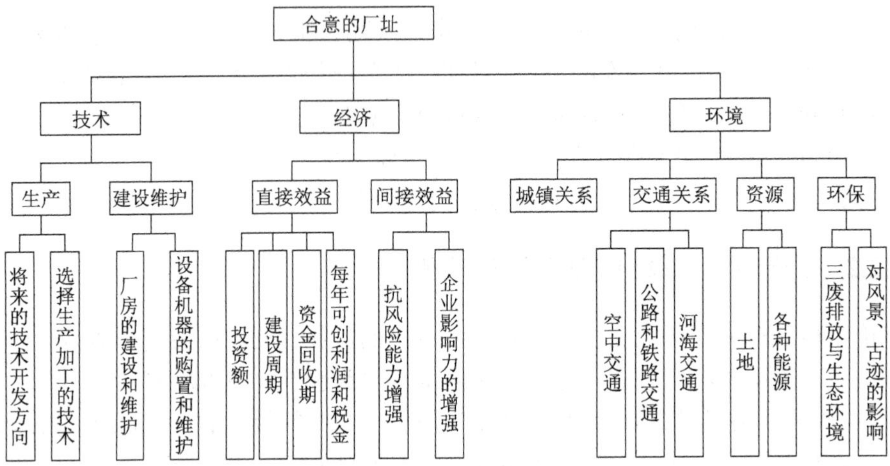

图 8-2 新厂址选择目标体系结构图

2. 输出分析法

输出分析法适用于在对系统的内容、结构不了解或不需要更多了解的情况下来建立系统的评价指标。它主要是根据系统的输出特性，从经济、技术、社会、生态环境、风险等方面来建立系统综合评价指标体系的方法。例如，用输出分析法建立一个企业信息系统的评价指标体系：经济方面可以用利润、成本、资本流动率等指标衡量；技术方面可以用集成实现能力等指标来衡量；社会方面可以用企业形象等指标来反映；生态环境方面可以用环境污染程度等指标来反映。这些指标的综合，就能反映出企业的总体状况。

3. 德尔菲法

德尔菲法是通过反复征求专家意见建立系统评价指标体系的一种方法。这种方法有广泛的代表性，而且简单易行(Garavalia and Gredler，2004)。该方法的步骤是：①组成专家小组；②向所有专家提出问题及有关要求，并附上有关问题的所有背景材料；③各个专家根据他们所收到的材料，提出自己的意见；④将各位专家第一次判断意见汇总，列成图表，进行对比，再分发给各位专家，让专家比较自己同他人的不同意见，修改自己的意见和判断；⑤将所有专家的修改意见收集起来汇总，再次分发给各位专家，以便做第二次修改；⑥对专家的意见进行综合处理。

8.3 评价指标的权重

8.3.1 确定评价指标权重的重要性和基本原则

1. 确定评价指标权重的重要性

在整个评价指标体系中，确定各评价指标的权重，就是要确定各评价对象在总体评价中的重要程度，并且要对这种重要程度做出量化描述。我们把各评价指标在实现系统目标和功能上的重要程度定义为权重。权重确定是否合理，往往直接关系到评价的质量，影响到最终决策。

2. 确定评价指标权重的基本原则

(1) 权重的取值范围应尽量方便综合评价值的计算。权重总值一般取 1、10、100 或 1000 等。当评价指标数值接近时，权重取值范围应适当大些，以拉开各个方案之间的差距，另外还要和指标评价值配合，两者不能相差太大，否则会削弱指标价值的重要性。

(2) 指标的权重分配应反复听取各种意见并灵活处理，避免为了取得一致意见而轻率地做出决定。为此可采取德尔菲法广泛征求意见，使权重分配尽量达到合理。

(3) 权重的分配方式，应采取从粗到细的给值方式。先粗略地把权重分配到指标大类，然后再把大类所得的权重细分到各个指标。保持大类指标权重的比例就是从整体上保证评价指标的协调和评价的合理。试以某企业选择设备时各大类指标权重分配为例，如表 8-1 所示。

表 8-1 设备权重分配

指标大类	权重 w_i
经济性指标	350
技术性指标	250
社会性指标	150
维修性指标	150
运行性指标	100
合计	1000

然后，将各大类指标权重分配到子类指标中，例如，对表 8-1 中的技术性指标的权重进行再分配，如表 8-2 所示。

表 8-2 技术性指标的权重再次分配

技术性指标	权重 w_i
运行安全性	80
乘客座席数	50
货物装载量	50
最大航速	30
全天候性	30
飞行特性	10
合计	250

8.3.2 系统评价指标权重的确定

指标权重的确定在很大程度上依赖于确定的方法。一般而言确定评价指标权重的方法主要有相对比较法、连环比率法、判断矩阵法等。

1. 相对比较法

相对比较法是一种经验评分法。它将所有指标列出来，组成一个$n \times n$的方阵，然后对各指标两两比较并打分，最后对各指标的得分求和，并做规范化处理(Choo and Wedley，2004)。需要注意的是，方阵的对角上的元素可以不填写，也不可以参加运算；打分时可采用 0～1 打分法；方阵中元素可以按照下面的规则进行确定，并满足：

$$a_{ij} + a_{ji} = 1$$

$$a_{ij} = \begin{cases} 1, & \text{当指标}i\text{比指标}j\text{重要时} \\ 0.5, & \text{当指标}i\text{和指标}j\text{同样重要时} \\ 0, & \text{当指标}i\text{没有指标}j\text{重要时} \end{cases}$$

由方阵可以按照下面公式计算出指标 i 的权重系数：

$$w_i = \frac{\sum_{j=1}^{n} a_{ij}}{\sum_{i=1}^{n}\sum_{j=1}^{n} a_{ij}}, \quad i, j = 1, 2, \cdots, n$$

下面举例来说明相对比较法的使用。为了改善某工地的生产安全条件，现在对拟定的方案建立评价指标：减少死亡人数、减少负伤人数、减少经济损失、改善环境、预期实施费用。用相对比较法得到的方阵，见表 8-3。

表 8-3　各个指标相互比较的结果

指标	f_1	f_2	f_3	f_4	f_5	得分合计	权重 w_i
减少死亡人数 f_1		1	1	1	1	4	0.4
减少负伤人数 f_2	0		1	1	1	3	0.3
减少经济损失 f_3	0	0		1	0	1	0.1
改善环境 f_4	0	0	0		0	0	0
预期实施费用 f_5	0	0	1	1		2	0.2
						10	1.0

可见，用相对比较法确定指标权重比较简单，但在实际使用中需要注意以下几点。

(1) 各指标间相对重要程度要有可比性：指标体系中任意两个指标均能通过主观判断确定彼此重要性的差异。

(2) 应满足指标比较的传递性：若 f_1 比 f_2 重要，f_2 比 f_3 重要，则 f_1 比 f_3 重要。由于人的主观性，打分时可能不一定总是满足传递性。谨慎起见，可以请多个专家同时独立进行打分，然后求其平均。

2. 连环比率法

连环比率法以任意顺序排列指标，按此顺序从前到后，相邻两指标进行重要性比较，依次赋以比率值。赋以最后一个指标得分值为 1，然后从后到前，按比率值依次求出各指标的修正评分值。最后归一化处理得到各指标的权重。方法的具体步骤如下。

(1)以任意顺序排列 n 个指标，不妨设为 f_1，f_2，…，f_n。

(2)填写暂定分数列(r_i栏)。从评价指标的上方依次以邻近的底下那个指标为基准，在数量上进行重要性的判定。例如，$r_i=3$ 表示 f_i的重要程度是 f_{i+1} 的 3 倍；$r_i=1$ 表示 f_i 和 f_{i+1} 同样重要；$r_i=1/2$ 表示 f_i 只有 f_{i+1} 的一半重要。表 8-4 反映出，死亡人数的减少的价值是负伤人数的减少的 3 倍，而负伤人数的减少的价值是经济损失的减少的 3 倍，等等。

表 8-4 用连环比率法确定权重

评价指标	暂定分数 r_i	修正分数 k_i	权重分数 w_i
减少死亡人数 f_1	3.0	9.0	0.62
减少负伤人数 f_2	3.0	3.0	0.21
减少经济损失 f_3	2.0	1.0	0.07
改善环境 f_4	0.5	0.5	0.03
预期实施费用 f_5	—	1.0	0.07
合计	—	14.5	1.00

(3)填写修正分数列(k_i栏)。把最下行的预期实施费用指标设为 1，按从下而上的顺序计算 k_i的值，$k_i = r_i k_{i+1}(i=1,2,\cdots,n-1)$。

(4)对所有修正分数求和并计算得分系数 w_i，$w_i = \dfrac{k_i}{\sum\limits_{i=1}^{n} k_i}(i=1,2,\cdots,n)$。

表 8-4 给出了用连环比率法计算权重的例子。

和相对比较法一样，连环比率法也是一种主观赋权方法。当评价指标的重要性可以在数量上做出判断时，该方法优于相对比较法。但由于赋权结果依赖于相邻的比率值，比率值的主观判断误差，会在逐步计算过程中进行误差传递。

3. 判断矩阵法

从本质上讲，判断矩阵法是对相对比较法的一种改进。由于它改变了相对重要性的赋值只取 0 和 1 两值这种过于简单化的做法，而采用了一种更精确的计分方法，并可对人在判断时的一致性进行检验，因而近几年更为人们广泛采用。用该方法计算权重的步骤如下。

(1)将 M 个评价指标排成一个 $M\times M$ 的方阵。

(2)通过指标两两相比来确定矩阵中元素值大小：极端重要、强烈重要、明显重要、稍微重要、同样重要分别赋予 9、7、5、3、1，反之赋予 1/9、1/7、1/5、1/3 和 1。

(3)将矩阵中元素按行相加(或相乘)并进行正规化，所求的特征向量就是 w_i 值。

表 8-5 给出了用判断矩阵法计算权重的例子。

表 8-5 用判断矩阵法计算权重

指标	f_1	f_2	f_3	f_4	f_5	合计	相对权重
减少死亡人数 f_1	1	5	7	9	7	29.000	0.454
减少负伤人数 f_2	1/5	1	4	7	4	16.200	0.253
减少经济损失 f_3	1/7	1/4	1	6	3	10.393	0.163
改善环境 f_4	1/9	1/7	1/6	1	1/5	1.621	0.025
预期实施费用 f_5	1/7	1/4	1/3	5	1	6.726	0.105

4. 德尔菲法

德尔菲法又称专家调查法，调查者首先将调查内容制定成表格，然后根据调查内容选择权威人士作为调查对象，请他们发表意见并把打分填入调查表，最后由调查者汇总，求得各指标的权重 w_i(Graham et al.，2003；Okoli and Pawlowski，2004)。德尔菲法的具体步骤如下。

(1) 调查者将调查内容制定成表格。

(2) 根据调查内容选择权威人士对调查表格中的各项指标进行打分，如表 8-6 所示。

表 8-6 专家 1 对各项指标的打分结果

指标	f_1	f_2	f_3	f_4	合计	w_i
减少死亡人数 f_1		1	1	1	3	0.500
减少负伤人数 f_2	0		1	0	1	0.166
减少经济损失 f_3	0	0		1	1	0.166
改善环境 f_4	0	1	0		1	0.166
合计	0	2	2	2	6	1.000

注：由于数据进行了四舍五入，权重合计可能存在偏差

(3) 分析各专家对各指标重要程度的打分，用统计方法处理这些得分，把处理的结果再寄回给各专家供他们参考及提出意见，并请他们再重新打分，再作统计处理。经过多次循环，尽可能使专家们的意见相对一致。

(4) 对各专家的意见进行综合，并对调查表作统计处理，计算出综合各专家意见以后各指标的权重，如表 8-7 所示。

表 8-7 综合各专家打分结果以后得到的指标的权重

指标	f_1	f_2	f_3	f_4	合计
专家 1	0.500	0.166	0.166	0.166	1.000
专家 2	0.400	0.200	0.200	0.200	1.000

续表

指标	f_1	f_2	f_3	f_4	合计
⋮					
专家 k	0.450	0.150	0.200	0.200	1.000
⋮					
专家 n	0.390	0.210	0.250	0.150	1.000
合计	1.740	0.726	0.816	0.716	
权重	0.435	0.182	0.204	0.179	

注：由于数据进行了四舍五入，权重合计可能存在偏差

通过对德尔菲法计算权重步骤的描述可见，用德尔菲法进行权重计算的关键有以下两点。

(1) 事先选好专家，并确定足够数量的专家，同时要求专家之间独立发表、不互相影响。

(2) 调查表格的设计，最好采用简单的打分比较法，凭专家的感觉和经验评分。

另外该方法建立在大多数专家意见的基础上，因此在其他方法不宜采用的情况下用此法是比较科学的，当然采用这种方法需要的时间比较长，工作量也比较大。

8.4 系统综合评价

系统综合评价是继分析系统、确定评价指标和权重之后的系统分析中复杂而又重要的一个工作环节。系统综合评价就是利用模型和各种资料将评价对象在系统各项指标上的特征进行综合处理的方法，因此综合评价要从系统整体的观点出发，综合分析对象的利弊得失。系统综合评价过程可以用图 8-3 来反映。

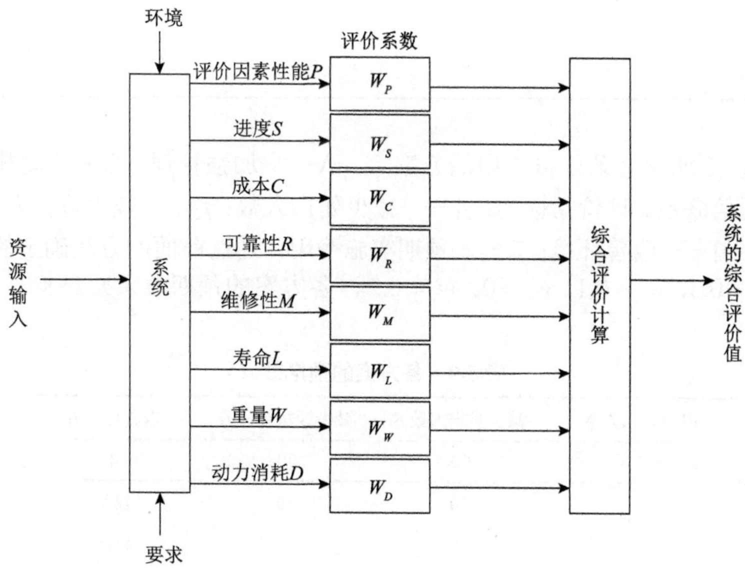

图 8-3 系统综合评价过程示意图

通常是利用价值的概念对系统进行综合评价，价值又可以概括地理解为“有益性”。价值除了会受到系统所处环境条件的影响，其自身还包括很多因素，这些因素之间存在着相互联系，它们共同决定系统的总价值。

系统综合评价中不仅要考虑到价值的量，还要考虑到价值的结构。系统的价值结构是指系统的价值和投入资源之间的关系。一般来说，增加所投入的某种资源，会增加系统的总价值，然而两者之间存在着非线性的关系，就是说，当开始投入资源时，价值逐渐缓慢地增长，随着资源的不断投入，价值将达到一个临界饱和增长区域，最后将不再增长，这种非线性关系对系统的综合评价有重要的实际意义。

下面介绍几种常用的系统综合评价方法。

8.4.1 关联矩阵法

关联矩阵法是考虑各替代方案没有互相干涉和影响的情况下的一种评价方法。它是用矩阵形式来反映各指标的权重、替代方案的评估值。然后计算各方案评估值$W_i=\sum_j w_j\alpha_{ij}$，通过比较$W_i$，综合评价值$W_i$最大的方案即为最优方案，如表 8-8 所示。关联矩阵法的关键在于确定各评价指标的权重，以及由评价主体给定的评价指标的评价尺度。

表 8-8 用关联矩阵法进行综合评价

可行方案	指标				综合评价值 W_i
	a	b	c	…	
	w_1	w_2	w_3	…	
A	α_{11}	α_{12}	α_{13}	…	$\sum_j w_j\alpha_{1j}$
B	α_{21}	α_{22}	α_{23}	…	$\sum_j w_j\alpha_{2j}$
C	α_{31}	α_{32}	α_{33}	…	$\sum_j w_j\alpha_{3j}$

假设改善工地安全条件拟采用的方案有：A——加强管理；B——提升运输系统；C——改进通信联系。评价指标为：f_1——减少死亡人数；f_2——减少负伤人数；f_3——减少经济损失；f_4——改善环境；f_5——预期实施费用。通过前面的方法确定的指标权重为$w_1=0.4$、$w_2=0.3$、$w_3=0.1$、$w_4=0$、$w_5=0.2$，各方案的预期效果见表 8-9。

表 8-9 各方案的预期效果

可行方案	减少死亡人数f_1	减少负伤人数f_2	减少经济损失f_3	改善环境f_4	预期实施费用f_5
	0.4	0.3	0.1	0	0.2
A	5	10	10	较差	20
B	6	15	15	较好	80
C	3	8	5	普通	5

采用1～5记分法对各个方案所达到的效果进行评分，如表8-10所示。

表8-10 用1～5记分法评价各方案可以达到的效果

评价项目	评分				
	5	4	3	2	1
减少死亡人数f_1	8人及以上	6～7人	4～5人	2～3人	1人以下
减少负伤人数f_2	30人及以上	20～29人	15～19人	10～14人	9人及以下
减少经济损失f_3	30万元及以上	20万～29万元	15万～19万元	10万～14万元	0～9万元
改善环境f_4	极好	好	较好	一般	较差
预期实施费用f_5	0~20万元	21万～40万元	41万～60万元	61万～80万元	81万元及以上

要对不同量纲的指标进行无量纲处理得到标准值，再进行加权计算得到综合评价值，如表8-11所示。

表8-11 各方案的综合评价值

可行方案	减少死亡人数f_1	减少负伤人数f_2	减少经济损失f_3	预期实施费用f_5	综合评价值
	0.4	0.3	0.1	0.2	
护栏	3	2	2	5	3
人行地道	4	3	3	2	3.2
信号	2	1	1	5	2.2

通过对综合评价值的比较，得出提升运输系统方案最优。

8.4.2 相关数法

相关数(planning assistance through technical evaluation of relevance numbers，PATTERN)法适用于替代方案多、因素复杂交叉、不易选择最优方案的复杂问题的评价和决策。

使用PATTERN法的关键是构建相关树(relevance tree)。相关树是指用树形结构反映各种因素之间的关系，可以通过回答这样一些问题来构建相关树：①目标和子目标是什么；②为实现这些目标可以采取哪些措施(资源、技术、方案等)。通过评价相关树中各层次、项目的重要性及各项目在整体系统中所处地位来定量地评价整个系统。

使用PATTERN法进行综合评价的步骤包含以下几方面。

(1)描述现有系统，确定系统的基本结构。

(2)构建相关树。

(3)设定评价基准($\alpha,\beta,\cdots,\upsilon$)及其权重($w_\alpha,w_\beta,\cdots,w_\upsilon;\sum_{i=\alpha}^{\upsilon}w_i=1$)，并评价相关树中各项目的相对重要程度$S_j^i$(项目$j$在评价基准$i$上的重要程度)。

$$\alpha \to S_a^{\alpha}, S_b^{\alpha}, \cdots, S_n^{\alpha}; \sum_{j=a}^{n} S_j^{\alpha} = 1$$

$$\beta \to S_a^{\beta}, S_b^{\beta}, \cdots, S_n^{\beta}; \sum_{j=a}^{n} S_j^{\beta} = 1$$

$$\vdots$$

$$\upsilon \to S_a^{\upsilon}, S_b^{\upsilon}, \cdots, S_n^{\upsilon}; \sum_{j=a}^{n} S_j^{\upsilon} = 1$$

$r_i^j = \sum_{j=a}^{n} w_k S_j^k$ 反映 i 层中项目 j 的评价结果，并满足 $\sum_{j=1}^{n} r_i^j = 1$。

(4)针对总目标，将与本项目有关联的上层权重和本项目的权值连乘，得出项目在整个系统中的重要度(关系数)。

PATTERN 法的矩阵如表 8-12 所示。

表 8-12　PATTERN 法的矩阵

评价基准	权重	目的数水平层次项目						
		a	b	c	…	j	…	n
α	w_α	S_a^α	S_b^α	S_c^α	…	S_j^α	…	S_n^α
β	w_β	S_a^β	S_b^β	S_c^β	…	S_j^β	…	S_n^β
γ	w_γ	S_a^γ	S_b^γ	S_c^γ	…	S_j^γ	…	S_n^γ
⋮	⋮	⋮	⋮	⋮		⋮		
χ	w_χ	S_a^χ	S_b^χ	S_c^χ	…	S_j^χ	…	S_n^χ
⋮	⋮	⋮	⋮	⋮		⋮		
υ	w_υ	S_a^υ	S_b^υ	S_c^υ	…	S_j^υ	…	S_n^υ
相关数		r_i^a	r_i^b	r_i^c	…	…	…	r_i^n

表 8-12 中的数值可以通过全体人员投票求均值得到，并求其标准差，若标准差过大可以考虑重新投票。

下面以火灾时的安全避难问题为例，说明 PATTERN 法的具体步骤。根据最初的研究结果，本书制定了该系统的相关树，见图 8-4。

从相关树中可以看出，系统一级项目有把握火灾情况系统Ⅰ、传递火灾信息系统Ⅱ和安全避难系统Ⅲ。安全避难系统下又有二级项目。并且假设一级项目的评价基准是：①生命安全；②财产安全；③生产秩序稳定。其评价结果见表 8-13。二级项目的评价基准有：①生命安全；②财产安全；③生产秩序稳定；④设备费用；⑤现场复杂性。

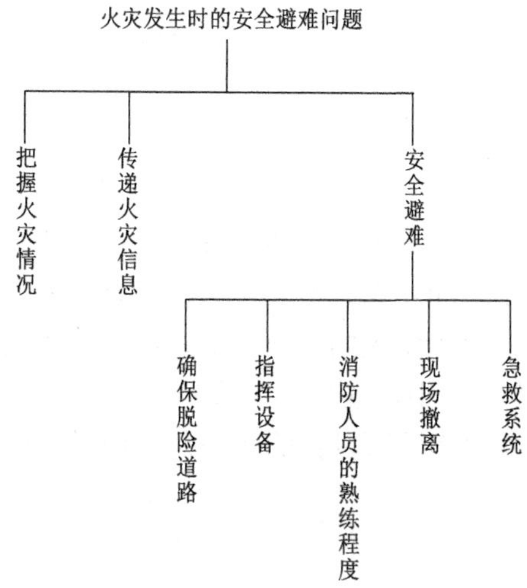

图 8-4　火灾避难系统相关树

表 8-13　火灾一级项目的评价结果

基准		系统		
		I	II	III
生命安全	0.7	0.3	0.3	0.4
财产安全	0.1	0.4	0.4	0.2
生产秩序稳定	0.2	0.3	0.2	0.5

对评价结果的归纳见表 8-14。

表 8-14　火灾系统的综合评价结果

基准	权重	I	II	III				
		1	2	3	4	5	6	7
生命安全	0.50	0.10	0.10	0.20	0.20	0.20	0.10	0.10
财产安全	0.05	0.25	0.20	0.20	0.20	0.20	0.05	0.05
生产秩序稳定	0.05	0.20	0.20	0.10	0.20	0.05	0.20	0.05
设备费用	0.20	0.10	0.10	0.20	0.20	0.05	0.20	0.05
现场复杂性	0.20	0.15	0.15	0.20	0.20	0.15	0.10	0.10
合计	1.00	0.12	0.21	0.19	0.20	0.16	0.12	0.09
关系数		0.04	0.04	0.08	0.08	0.01	0.05	0.03

最后得出结论：确保脱险道路和指挥设备很重要，它们的关系数分别为 0.08 和 0.08。

PATTERN 法的优点主要体现在以下几方面。

(1) 评价结果可信度高，基本考虑了所有影响因素。

(2) 步骤之间的关系密切，上一步骤的结果可以在下个步骤中得到利用。

(3) 评价的结果不受树形结构的影响。

8.4.3 功效系数法

功效系数法是将多指标化为单指标的评价方法，该方法根据多目标规划原理，对每一个评估指标分别确定满意值和不允许值。然后以不允许值为下限，计算各指标实现满意的程度(功效系数)，并转化为相应的评估分数，最后对各指标的评估值进行综合。设系统的评价指标有 n 个，第 i 个指标的功效系数为 $f_i(0\leqslant f_i\leqslant 1)$，其中 0 表示功效最差，1 表示功效最好。系统的总功效系数可以按照下列公式进行计算：

$$F=\sqrt[n]{f_1 f_2 \cdots f_n}$$

除上面所介绍的方法以外，还有连环比率法、可能-满意度法、交叉增援矩阵法等可以用于系统的综合评价。

8.5 层次分析法

8.5.1 层次分析法的提出

在进行系统分析时，经常会碰到一些难以或者不可能建立数学模型进行详细定量分析的问题，对于这类问题只能进行初步的选择和大致的判断。例如，选择一个新厂的厂址，购买一台重要设备，确定到哪里去旅游度假，等等。在这样的背景下美国匹兹堡大学教授 A. L. Saaty 于 1973 年提出了层次分析法(analytic hierarchy process，AHP)。Saaty 教授在 1977 年举行的第一届国际数学建模会议上发表了《无结构决策问题的建模——层次分析理论》，这使得 AHP 得以引起人们的注意和推广应用。1982 年 11 月，在我国召开的能源、资源、环境学术会议上，美国 Moorhead 大学能源研究所所长 Nezhed 教授首次向我国学者介绍了 AHP，随后 AHP 的理论研究和实际应用在我国迅速开展。AHP 将定性分析和定量分析相结合，是适用于分析多目标、多准则的复杂大系统的有力工具。AHP 具有思路清晰、方法简便、适用面广、系统性强等优点，便于普及推广。目前，AHP 应用在能源政策分析、信息系统维护(Wei et al.，2004)、科技成果评价(章磊和韩景倜，2004)、发展战略规划(徐佳娜和西宝，2004)、人才考核评价(Sundarraj，2004)及发展目标分析等许多方面都取得了令人满意的成果。

8.5.2 应用层次分析法的基本思路

应用 AHP 进行决策的基本思路是决策者通过将复杂问题分解为若干层次和若干要素，并在同一层次的各要素之间简单地进行比较、判断和计算，就可以得出不同替代方案的重要度，从而为选择最优方案提供决策依据。具体而言应用 AHP 的思路如下。

(1) 根据问题的性质和目标将问题分解成各个组成因素。

(2)根据因素之间的相互影响和隶属关系建立问题的层次结构模型。

(3)定量描述模型中各层次因素的相对重要性，并且确定其权值。

(4)综合计算因素相对重要性的组合权值，将其作为评价和选择方案的依据。

可见AHP将人们的思维过程和主观判断数学化，不仅简化了系统分析与计算工作，而且有助于决策者保持其思维过程和决策原则的一致性(金菊良等，2004)，所以，对于那些难以全部量化处理的复杂的社会经济问题，它能得到比较满意的决策结果。

8.5.3 层次分析法的基本原理

AHP 的基本原理是这样的，假定有 n 个指标 $A_1, A_2, \cdots, A_n$，其主要程度分别为 $w_1, w_2, \cdots, w_n$。两两比较它们的重要程度得到$n \times n$的比较矩阵A。

$$A = \begin{bmatrix} w_1/w_1 & w_1/w_2 & \cdots & w_1/w_n \\ w_2/w_1 & w_2/w_2 & \cdots & w_2/w_n \\ \vdots & \vdots & & \vdots \\ w_n/w_1 & w_n/w_2 & \cdots & w_n/w_n \end{bmatrix} = (a_{ij})_{n \times n}$$

显然A矩阵具有如下性质：$a_{ii}=1$；$a_{ij}=\dfrac{1}{a_{ji}}$；$a_{ij}=\dfrac{a_{ik}}{a_{jk}}(i,j,k=1,2,\cdots,n)$，且有

$$AW = \begin{bmatrix} w_1/w_1 & w_1/w_2 & \cdots & w_1/w_n \\ w_2/w_1 & w_2/w_2 & \cdots & w_2/w_n \\ \vdots & \vdots & & \vdots \\ w_n/w_1 & w_n/w_2 & \cdots & w_n/w_n \end{bmatrix} \begin{bmatrix} w_1 \\ w_2 \\ \vdots \\ w_n \end{bmatrix} = \begin{bmatrix} nw_1 \\ nw_2 \\ \vdots \\ nw_n \end{bmatrix} = nW$$

即$(A-nI)W=0$，说明W和n分别为矩阵A的特征向量和特征值，I为单位阵，且n为A的唯一非零特征值。

如果W事先是未知的，可以根据方案的两两比较得到，但是得到的比较矩阵不一定能满足上述A的所有特征，将该矩阵记为$\overline{A}$。此时$AW=nW$，变成$\overline{A}W'=\lambda'_{\max}W'$，其中，$\lambda_{\max}$为$\overline{A}$的最大特征值，$W'$为带有偏差的相对权重向量。这就是由判断不相容所引起的误差，为了保证误差不能太大，必须对矩阵进行一致性判断。当A是完全一致时，满足下列条件：$a_{ii}=1$；$\sum_{i=1}^{n}\lambda_i=\sum_{i=1}^{n}a_{ii}=1$；$\exists\lambda_{\max}$且$\lambda_{\max}$为$A$唯一非零特征值。当$\overline{A}$不是完全一致时，一般有$\lambda_{\max} \geqslant n$，根据矩阵理论：

$$\lambda_{\max} + \sum_{i \neq \max} \lambda = \sum_{i=1}^{n} a_{ii} = n$$

则

$$\lambda_{\max} - n = -\sum_{i \neq \max} \lambda$$

将判断矩阵一致性指标定义为

$$C.I=\frac{\lambda_{\max}-n}{n-1}=\frac{-\sum\limits_{i\neq\max}\lambda}{n-1}$$

可见当 $\lambda_{\max}=n$ 时，C.I=0，为完全一致；C.I 值越大，判断矩阵的一致性越差。一般认为 C.I≤0.1 时，该矩阵的一致性是可以接受的。一般随着判断矩阵维数的增大，对矩阵一致性的要求就越宽，为此引入了一致性的修正值 R.I(表 8-15)，并用修正后的 C.R 作为判断矩阵一致性的新标准(徐泽水，2004a，2004b)。三者满足 $C.R=\frac{C.I}{R.I}$。

表 8-15 判断矩阵维数增加时 R.I 的变化表

项目	1	2	3	4	5	6	7	8
R.I	0	0	0.58	0.96	1.10	1.24	1.32	1.41

8.5.4 层次分析法的步骤

用 AHP 分析问题大体要经过以下五个步骤：①建立层次结构模型；②构造判断矩阵；③层次单排序；④层次总排序；⑤一致性检验。其中，后三个步骤在整个过程中需要逐层进行，且这些步骤通常要经过多次循环才能完成。

1. 建立层次结构模型

用 AHP 对上述问题进行决策，首先对所涉及的因素进行分类：目标类——使资金达到最大效用；准则类——为衡量目标是否实现的基准；措施类——实现目标的方案、方法和途径。根据因素的分类构建因素的层次结构并标明上一层因素与下一层因素之间的联系。如果某个因素与下一层次所有因素均有联系，那么称这个因素与下一层次存在完全层次关系。有时存在不完全层次关系，即某个因素只与下一层次的部分因素有联系。层次结构模型往往用结构模型图表示(图 8-5)。

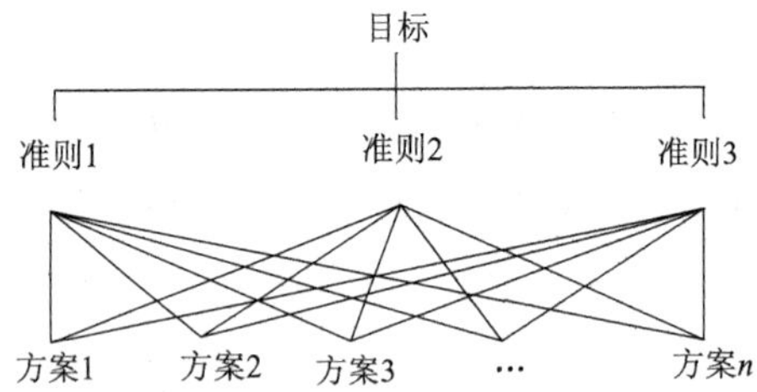

图 8-5 AHP 层次结构模型

有时由于问题的复杂性，仅采用内部独立的递阶层次结构来描述是不够的，需要采取更复杂的结构层次，如循环层次结构、反馈层次结构等，有兴趣的读者可参考有关 AHP 的专著。

2. 构造判断矩阵

有了系统的结构模型以后，决策者需要对各层次、各因素的相对重要性给出判断，这些判断用数值表示出来，反映成矩阵的形式就是判断矩阵。构造判断矩阵之前要对因素进行比较打分，一般采用 1～9 标度，见表 8-16。

表 8-16 1～9 标度

标度 a_{ij}	定义
1	i 因素和 j 因素同样重要
3	i 因素比 j 因素稍微重要一点
5	i 因素比 j 因素较重要
7	i 因素比 j 因素重要很多
9	i 因素绝对比 j 因素重要
2，4，6，8	为以上判断之间的中间状态所对应的标度值
倒数	若 j 因素和 i 因素比较，则得到的判断值为 $1/a_{ij}$

采用 1～9 的打分标度的依据是：①心理学的实验表明，大多数人对不同事物在相同属性上的差别的分辨能力在 5～9 级，采用 1～9 标度反映了大多数人的判断能力；②1～9 标度在现实中早已为人们所熟悉和采用；③科学考察和实践表明，1～9 标度已完全能区分引起人们感觉差别的事物的各种属性。

需要注意的是判断矩阵只能反映同层次中各因素之间的相对重要性。假定 A 层中因素 A_k 与下一层次中因素 $B_1, B_2, \cdots, B_n$ 有联系，则我们构造 B 层的判断矩阵：

$$\begin{array}{c|cccc} A_k & B_1 & B_2 & \cdots & B_n \\ \hline B_1 & b_{11} & b_{12} & \cdots & b_{1n} \\ B_2 & b_{21} & b_{22} & \cdots & b_{2n} \\ \vdots & \vdots & \vdots & & \vdots \\ B_n & b_{n1} & b_{n2} & \cdots & b_{nn} \end{array}$$

显然，判断矩阵都应满足：

$$b_{ii} = 1$$

$$b_{ij} = \frac{1}{b_{ji}}, \quad i, j = 1, 2, \cdots, n$$

因此，对于 n 阶判断矩阵，仅需要给出 $n(n-1)/2$ 个矩阵元素的值，就可以由上述规则得到矩阵中所有元素的取值。

3. *层次单排序*

层次单排序是指对本层次所有因素相对上一层次而言的重要性进行排序。层次单排序可以归结为计算判断矩阵的特征根和特征向量问题，对于判断矩阵 B，按照下面的公式计算其特征根与特征向量：

$$BW = \lambda_{max} W$$

式中，λ_{max}——B 的最大特征根；

W——对应于 λ_{max} 的正规化特征向量，W 的分量 W_i 是相应因素单排序的权值。

需要注意的是这里要对矩阵 B 进行一致性检验，只有满足一致性检验的矩阵所得到的权值才能在实际中加以使用(Aull-Hyde et al.，2006)。

4. 层次总排序

层次总排序是利用层次单排序的结果，计算针对上一层次而言本层次所有因素重要性的权值。层次总排序的计算是从下到上逐层顺序进行的，对于最高层下面的第二层，其层次单排序即为总排序。假定上一层次所有因素 $A_1, A_2, \cdots, A_m$ 总排序已完成，得到的权值分别为 $a_1, a_2, \cdots, a_m$，则与 a_i 对应的本层次因素 $B_1, B_2, \cdots, B_n$ 单排序的结果为 $b_1^i, b_2^i, \cdots, b_n^i$ 若 B_j 与 A_i 无关，则 $b_j^i = 0$，层次总排序如表 8-17 所示。

表 8-17 层次总排序

层次 B	A_1	A_2	…	A_m	B 层次的总排序
	a_1	a_2	…	a_m	
B_1	b_1^1	b_1^2	…	b_1^m	$\sum_{i=1}^{m} a_i b_1^i$
B_2	b_2^1	b_2^2	…	b_2^m	$\sum_{i=1}^{m} a_i b_2^i$
⋮	⋮	⋮		⋮	⋮
B_n	b_n^1	b_n^2	…	b_n^m	$\sum_{i=1}^{m} a_i b_n^i$

显然有 $\sum_{j=1}^{n}\sum_{i=1}^{m} a_i b_j^i = 1$ 成立，说明层次总排序仍然是归一化正规向量。

限于篇幅，本书对一致性检验不再加以介绍。

8.5.5 层次分析法的计算方法

下面简要介绍几种常用的计算判断矩阵最大特征根 λ_{max} 及其对应的特征向量 W 的方法。

1. 幂法

计算特征根的幂法使我们有可能利用计算机得到任意精确度的最大特征根 λ_{max} 及其对应的特征向量 W。这一方法的计算步骤如下。

(1) 任取与判断矩阵 B 同阶的正规化的初值向量 W^0。

(2) 计算 $\overline{W}^{k+1} = BW^k$，$k = 0, 1, 2, \cdots$。

(3) 令 $\beta=\sum_{i=1}^{n}\overline{W}_i^{k+1}$，计算 $W^{k+1}=\frac{1}{\beta}\overline{W}^{k+1}$，$k=0,1,2,\cdots$。

(4) 对于预先给定的精确度 ε，当 $\left|\overline{W}_i^{k+1}-W_i^k\right|<\varepsilon$ 对所有 $i=1,2,\cdots,n$ 成立时，则 $W=W^{k+1}$ 为所求特征向量。$\lambda_{\max}$ 可由下式求得

$$\lambda_{\max}=\sum_{i=1}^{n}\frac{W_i^{k+1}}{nW_i^k}$$

式中，n——矩阵阶数；

W_i^k——向量 W^k 的第 i 个分量。

2. 方根法

方根法是一种近似的计算方法，其计算步骤如下。

(1) 计算矩阵每行元素的几何平均：

$$\overline{w}_i=\sqrt[n]{\prod_{j=1}^{n}b_{ij}},\quad i=1,2,\cdots,n$$

从而得到向量 $\overline{w}=(\overline{w}_1,\overline{w}_2,\cdots,\overline{w}_n)^{\mathrm{T}}$。

(2) 将 $\overline{w}$ 中的元素进行归一化 $w_i=\frac{\overline{w}_i}{\sum_{i=1}^{n}\overline{w}_i}(i=1,2,\cdots,n)$，得到的 $w=(w_1,w_2,\cdots,w_n)$ 为各元素的相对权重，也为矩阵特征向量的近似值。

(3) 计算判断矩阵最大特征根 $\lambda_{\max}$，计算公式为 $\lambda_{\max}=\sum_{i=1}^{n}\frac{(AW)_i}{nW_i}$，其中，$(AW)_i$ 同样表示向量 AW 的第 i 个元素。

(4) 计算判断矩阵的一致性指标，并检验其一致性。

有了各层次的相对权重以后就可以计算综合权重。

8.5.6 网络分析法

1. 概述

AHP 是一种度量评价指标重要程度的一般理论。在层次结构中，它可以通过比较离散或者连续的程度得到指标的相对重要程度。这种比较可以建立在绝对测度的基础之上，也可以建立在反映偏好、情感等的相对测度之上(郭春香和郭耀煌，2004)。AHP 注重对一致性的判别，并且假设同层指标间的相互独立性。目前，AHP 已经在多属性决策分析、计划制订、资源分配和冲突分析等领域得到了广泛的应用。

事实上，许多复杂系统的评价问题不能构建成层次结构，因为它们的高层因素或底层因素间存在关联和依赖关系。在这种情况下，不仅评价指标影响方案的选择，方案自身的重要程度也影响指标的重要程度。此外，复杂系统评价问题的同层因素间也可能存在关联和依赖关系。为了解决这类复杂系统的评价问题，Saaty 提出了网络分析法(analytic network process,

ANP)。事实上，早在 20 世纪 80 年代，Saaty 就注意到复杂系统评价中下层因素对上层因素影响关系的存在性。为此，他在 AHP 的基础上提出了反馈 AHP，它是 ANP 方法的前身。10 年以后，Saaty 系统地提出了 ANP。

和 AHP 类似，ANP 首先对系统结构进行分析。但和 AHP 不同的是，AHP 将系统划分为递阶层次结构，而 ANP 将系统元素划分为两大部分：控制层和网络层。控制层的元素包含系统目标和评价准则，而网络层的元素由所有受控制层支配的元素组成。控制层中上层元素对下层元素有支配关系，而下层元素对上层元素没有影响。网络层元素间存在相互影响关系。图 8-6 为一典型的 ANP 结构。

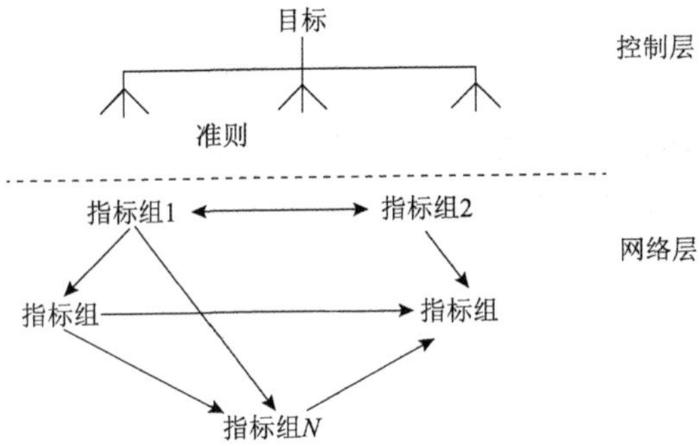

图 8-6　ANP 模型的结构图

需要注意的是，在图 8-6 中每个指标组中又含有若干个指标。

2. 元素重要程度判定

AHP 中通过元素两两比较得到判断矩阵，然后再依据判断矩阵得到各元素的重要程度。而在 ANP 中，网络层元素间存在相互影响关系，元素间的独立性被破坏，因而不能直接对元素进行两两比较。ANP 中元素重要程度的确定可以通过以下两种方式进行。

(1) 直接重要程度。在某一设定准则下，两元素对该准则的重要程度进行比较。

(2) 间接重要程度。在某一设定准则下，两元素对该准则下的第三个元素的影响程度进行比较。例如，比较 A、B 两人对于上级营销能力的重要程度，可以通过比较他们对营销团队所取得的营销成果的影响力来得到。

直接重要程度适用于元素间相互独立的情形，而间接重要程度适用于元素间存在相互影响的情形。

ANP 中控制层元素间相互独立，因此控制层元素的重要程度可以通过直接重要程度的判定得到；网络层元素间存在相互依存关系，因此网络层元素的重要程度可以通过间接重要程度的判定得到。

3. 超矩阵的构建

假设某复杂系统 ANP 结构的控制层元素为 $p_1,\cdots,p_m$；网络层元素组为 $C_1,\cdots,C_N$；其中元素组 C_i 含有元素 $c_{i1},\cdots,c_{in_i}$。对网络层元素重要程度的确定需要通过间接判定方法。首先以控制层 p_s 为准则，以元素组 C_j 中的元素 c_{jl} 为次准则，元素组 C_i 中的元素按其对 c_{jl} 的影响力大小进行间接重要程度比较，得到判断矩阵：

c_{ji}	$c_{i1},c_{i2},\cdots,c_{in_i}$	归一化特征向量
c_{i1}		w_{i1}^{jl}
c_{i2}		w_{i2}^{jl}
$\vdots$		$\vdots$
c_{in_i}		$w_{in_i}^{jl}$

依据判断矩阵，可由特征根法得到排序向量$(w_{i1}^{jl},\cdots,w_{in_i}^{jl})^{\mathrm{T}}$。

同理，可得到元素组 C_i 在以控制层 p_s 为准则和以元素组 C_j 中的其他元素为次准则下的判断矩阵，并得到对应的排序向量。将元素组 C_i 在以控制层 p_s 为准则和以元素组 C_j 中的所有元素为次准则下得到的排序向量用矩阵表示，得

$$W_{ij}=\begin{bmatrix} w_{i1}^{j1} & w_{i1}^{j2} & \cdots & w_{i1}^{jn_j} \\ w_{i2}^{j1} & w_{i2}^{j2} & \cdots & w_{i2}^{jn_j} \\ \vdots & \vdots & & \vdots \\ w_{in_i}^{j1} & w_{in_i}^{j2} & \cdots & w_{in_i}^{jn_j} \end{bmatrix}$$

式中，矩阵的第 k 列— 元素组 C_i 在以控制层 p_s 为准则和以元素组 C_j 中的元素 c_{jk} 为次准则下得到的排序向量。

同理，元素组 C_k 在以控制层 p_s 为准则、以元素组 C_j 中的元素为次准则下，可以得到排序向量构成的矩阵为 W_{kj}。将控制层 p_s 下所有元素组的排序向量矩阵构建成超矩阵，得到超矩阵 W。

$$W=\begin{array}{c} \\ 1\cdots n_1 \\ 1\cdots n_2 \\ \\ 1\cdots n_N \end{array}\begin{array}{c} \begin{array}{cccc} 1\cdots n_1 & 1\cdots n_2 & & 1\cdots n_N \end{array} \\ \begin{bmatrix} W_{11} & W_{12} & \cdots & W_{1N} \\ W_{21} & W_{22} & \cdots & W_{2N} \\ \vdots & \vdots & & \vdots \\ W_{N1} & W_{N2} & \cdots & W_{NN} \end{bmatrix} \end{array}$$

由于控制层有 m 个元素，因此超矩阵有 m 个。并且所有的超矩阵均为非负矩阵，每个超矩阵的子矩阵的列均是归一化的，但整个超矩阵的列并不是归一化的。

4. 加权超矩阵的构建

以控制层 p_s 为准则，以任一元素组 $C_j(j=1,2,\cdots,N)$ 为次准则，对各个元素组的重要程度进行比较，得判断矩阵：

C_j	$C_1,C_2,\cdots,C_N$	归一化特征向量
C_1		a_{1j}
C_2		a_{2j}
$\vdots$		$\vdots$
C_N		a_{Nj}

由 $a_{ij}(i=1,2,\cdots,N; j=1,2,\cdots,N)$ 构成加权矩阵 A：

$$A=\begin{bmatrix} a_{11} & a_{12} & \cdots & a_{1N} \\ a_{21} & a_{22} & \cdots & a_{2N} \\ \vdots & \vdots & & \vdots \\ a_{N1} & a_{N2} & \cdots & a_{NN} \end{bmatrix}$$

利用加权矩阵 A 对超矩阵 W 中的元素进行加权，得

$$W'_{ij}=a_{ij}W_{ij}, \quad i=1,2,\cdots,N; j=1,2,\cdots,N$$

由 W'_{ij} 构成的超矩阵 W' 即为加权超矩阵。不难证明，加权超矩阵各列之和为 1。为简便起见，以下超矩阵均为加权超矩阵，并仍然记为 W。

5. 极限加权超矩阵

由上面步骤计算出加权超矩阵 W 中的元素表示元素间的一次优势度。为了计算元素间的二次优势度，需要计算 W^2；计算元素间的三次优势度，需要计算 W^3；以此类推，计算极限加权超矩阵。极限加权超矩阵中的元素表示控制层 p_s 下网络层各元素间的极限优势度。

为了更方便地计算和使用极限加权超矩阵，下面不加证明地给出三条定理。

定理 8-1 设 A 为 n 阶非负矩阵，$\lambda_{\max}$ 为其最大特征值，则有

$$\min_i \sum_{j=1}^{n} a_{ij} \leqslant \lambda_{\max} \leqslant \max_i \sum_{j=1}^{n} a_{ij}$$

定理 8-2 设非负列随机矩阵 A 的最大特征根 1 是单根，其他特征根的模均小于 1，则 A 存在，并且 A 的各列都相同，都是 A 属于 1 的归一化特征向量。

定理 8-3 设 A 为非负不可约列随机矩阵，则 $A=\lim\limits_{k\to\infty} A^k$ 存在的充分必要条件是 A 为素阵。

依据极限加权超矩阵，即可得到各个准则的重要程度、各评价指标的重要程度及评价方案的排序。

例如，某评价系统中含有 1 个目标、3 个准则 (p_1, p_2, p_3)、6 个评价指标 $(c_1, c_2, \cdots, c_6)$、3 个备选方案 (A_1, A_2, A_3)。经计算，该评价系统极限加权超矩阵如表 8-18 所示。

表 8-18 某评价系统极限加权超矩阵

项目	p_1	p_2	p_3	c_1	c_2	c_3	c_4	c_5	c_6	A_1	A_2	A_3
p_1	0.086	0.086	0.086	0.086	0.086	0.086	0.086	0.086	0.086	0.086	0.086	0.086
p_2	0.080	0.080	0.080	0.080	0.080	0.080	0.080	0.080	0.080	0.080	0.080	0.080
p_3	0.084	0.084	0.084	0.084	0.084	0.084	0.084	0.084	0.084	0.084	0.084	0.084
c_1	0.078	0.078	0.078	0.078	0.078	0.078	0.078	0.078	0.078	0.078	0.078	0.078
c_2	0.098	0.098	0.098	0.098	0.098	0.098	0.098	0.098	0.098	0.098	0.098	0.098

续表

项目	p_1	p_2	p_3	c_1	c_2	c_3	c_4	c_5	c_6	A_1	A_2	A_3
c_3	0.079	0.079	0.079	0.079	0.079	0.079	0.079	0.079	0.079	0.079	0.079	0.079
c_4	0.087	0.087	0.087	0.087	0.087	0.087	0.087	0.087	0.087	0.087	0.087	0.087
c_5	0.077	0.077	0.077	0.077	0.077	0.077	0.077	0.077	0.077	0.077	0.077	0.077
c_6	0.080	0.080	0.080	0.080	0.080	0.080	0.080	0.080	0.080	0.080	0.080	0.080
A_1	0.085	0.085	0.085	0.085	0.085	0.085	0.085	0.085	0.085	0.085	0.085	0.085
A_2	0.088	0.088	0.088	0.088	0.088	0.088	0.088	0.088	0.088	0.088	0.088	0.088
A_3	0.076	0.076	0.076	0.076	0.076	0.076	0.076	0.076	0.076	0.076	0.076	0.076

依据表 8-18，不难得出该评价系统的评价准则集中准则 p_1 最重要；相比较而言，准则 p_2 最不重要。评价指标中指标 c_2 最重要，指标 c_4 次之，指标 c_5 在指标集中的重要程度最低。被评价方案中方案 A_2 最优，方案 A_1 次之，方案 A_3 最差。

下面给出几种特殊评价系统的网络结构，并给出其对应的超矩阵。

6. 几种特殊评价系统的网络结构及其对应的超矩阵

1) 内部独立的递阶层次结构

内部独立的递阶层次结构示意图及其对应的超矩阵如图 8-7 所示。

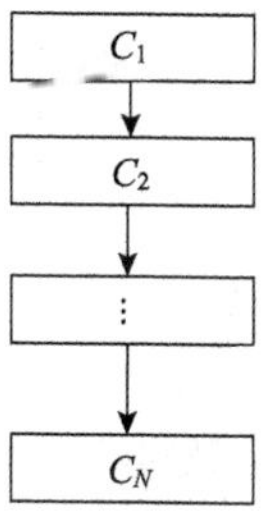

$$W=\begin{bmatrix} 0 & & & & \\ W_{21} & 0 & & & \\ & W_{32} & \ddots & & \\ & & \ddots & 0 & \\ & & & W_{NN-1} & I \end{bmatrix}$$

图 8-7 内部独立的递阶层次结构及其超矩阵

2) 内部独立的反馈结构

内部独立的反馈结构示意图及其对应的超矩阵如图 8-8 所示。

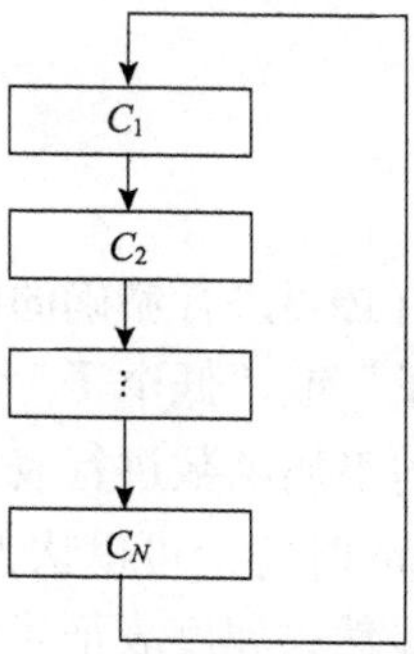

$$W=\begin{bmatrix} 0 & & & & W_{1N} \\ W_{21} & 0 & & & \\ & W_{32} & \ddots & & \\ & & \ddots & 0 & \\ & & & W_{NN-1} & 0 \end{bmatrix}$$

图 8-8 内部独立的反馈结构及其超矩阵

3) 内部关联的递阶结构

内部关联的递阶结构示意图及其对应的超矩阵如图 8-9 所示。

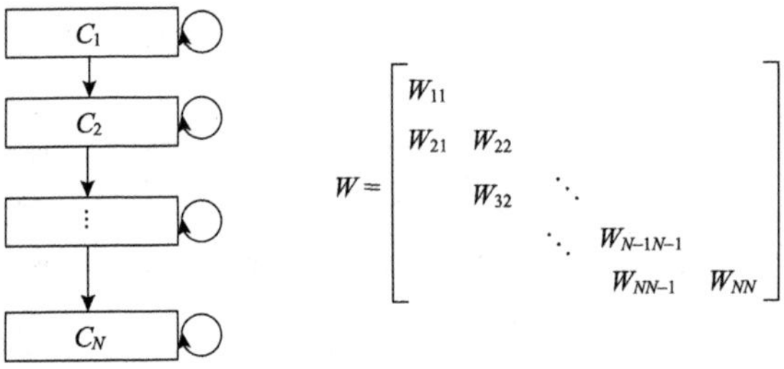

图 8-9　内部关联的递阶结构及其超矩阵

4) 内部关联的反馈结构

内部关联的反馈结构示意图及其对应的超矩阵如图 8-10 所示。

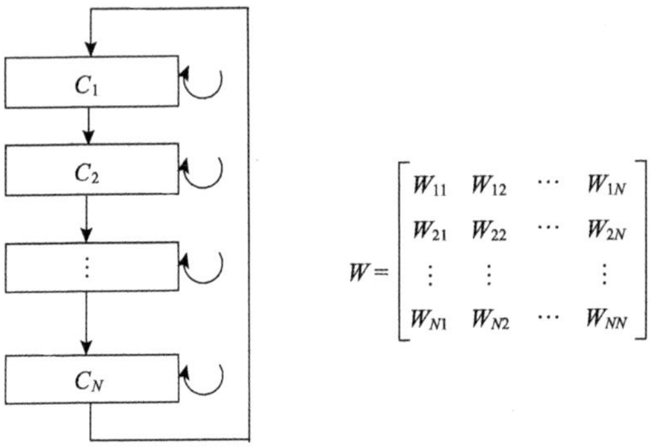

图 8-10　内部关联的反馈结构及其超矩阵

8.6　模糊评价法

模糊评价法是利用模糊集理论进行评价的一种方法，适用于对复杂系统及无法进行精确定量计算的方案进行评价。

8.6.1　模糊的概念及度量

日常生活中，有些评估无法进行精确或者没有必要进行精确的时候可以用模糊的概念进行描述，如人们描述某人的身高时用“高个子”或“低个子”等语言来描述。为了定量地刻画这种模糊概念，可以采用模糊数学中的隶属函数进行表示。例如，对身高而言 A=(1/180,0.5/175,0.2/170,0/165)表示身高 180cm 时完全可以认为是高个子，为 175cm 身高者为高个子的程度仅为 0.5 等，以此类推。显然隶属度表征了模糊性，并且隶属度为 0.5 时模糊性最强。

8.6.2 模糊变量的运算

由于模糊变量是用隶属度描述的，因此其运算与经典代数运算有所不同，下面简单介绍模糊运算。设有模糊矩阵 R 和 S：

$$R=\begin{pmatrix}0.5 & 0.3\\0.4 & 0.8\end{pmatrix},\quad S=\begin{pmatrix}0.8 & 0.5\\0.3 & 0.7\end{pmatrix}$$

1. 模糊矩阵的并运算

模糊矩阵的并运算和经典集合的并运算相似，为取大运算。

$$R\bigcup S=\begin{pmatrix}0.5\vee 0.8 & 0.3\vee 0.5\\0.4\vee 0.3 & 0.8\vee 0.7\end{pmatrix}=\begin{pmatrix}0.8 & 0.5\\0.4 & 0.8\end{pmatrix}$$

2. 模糊矩阵的交运算

模糊矩阵的交运算的规则为取小运算。

$$R\bigcap S=\begin{pmatrix}0.5\wedge 0.8 & 0.3\wedge 0.5\\0.4\wedge 0.3 & 0.8\wedge 0.7\end{pmatrix}=\begin{pmatrix}0.5 & 0.3\\0.3 & 0.7\end{pmatrix}$$

3. 模糊矩阵的乘积

模糊矩阵的乘积定义为模糊集合的并交运算，假设 $C=R\cdot S$，则 $c_{ij}=\bigcup\limits_{k}\left(r_{ik}\bigcap s_{kj}\right)$：

$$C=R\cdot S=\begin{pmatrix}(0.5\wedge 0.8)\vee(0.3\wedge 0.3) & (0.5\wedge 0.5)\vee(0.3\wedge 0.7)\\(0.4\wedge 0.8)\vee(0.8\wedge 0.3) & (0.4\wedge 0.5)\vee(0.8\wedge 0.7)\end{pmatrix}=\begin{pmatrix}0.5 & 0.5\\0.4 & 0.4\end{pmatrix}$$

8.6.3 模糊综合评价

模糊综合评价是运用模糊集理论对某一对象进行综合评价的一种方法，该方法主要用于指标值难以精确描述的评价系统，例如，“把企业办得更好、改善服务态度、让顾客满意”等指标的描述。具体而言模糊综合评价主要包括以下元素。

(1)因素集 U：相当于评价指标集。$U=\{u_1,u_2,\cdots,u_n\}$，其中，u_i 表示具体的指标。例如，对设计人员进行考核，因素集可定义为 U={再现能力，发现能力，创造能力，…}。

(2)评判集 V：因素的可能评估值 $V=\{v_1,v_2,\cdots,v_m\}$。例如，按四级评分制，评判集 V={优秀，良好，及格，不及格}。

(3)模糊评价矩阵 $\underset{\sim}{R}$：反映 U 到 V 的模糊映射。其中，元素 r_{ij} 表示对象中第 i 个因素对第 j 种评语的可能程度。

$$\underset{\sim}{R}=\begin{bmatrix}r_{11} & r_{12} & \cdots & r_{1m}\\r_{21} & r_{22} & \cdots & r_{2m}\\\vdots & \vdots & & \vdots\\r_{n1} & r_{n2} & \cdots & r_{nm}\end{bmatrix}$$

(4) 权重分配 $\{\underset{\sim}{A}(\mu_{ij})\}(i=1,2,\cdots,n)$：$U$ 中各元素 u_i 的权重。由于 U 中各因素之间有不同的权衡，人们对这个问题的认识体现为 U 的一个模糊子集 $\underset{\sim}{A}$，U 中元素 u_i 对 $\underset{\sim}{A}$ 的隶属度为 $\underset{\sim}{A}(\mu_i)$，也称为因素 u_i 被分配的权重，并且有 $\sum_{j=1}\underset{\sim}{A}(\mu_i)=1$。

(5) 综合评价模型：根据 $\underset{\sim}{R}$ 和 $\underset{\sim}{A}$，可以得出综合评价模型为 $\underset{\sim}{B}=\underset{\sim}{A}\cdot\underset{\sim}{R}$。最后根据 $\underset{\sim}{B}$ 对对象进行综合评价。

下面举例来进行说明：现在要评估某航空客机采购需求，设 U={经济性,可维修性, 环境友好性, 技术先进性}，$V=\{$很好,较好,一般,差$\}$，$\underset{\sim}{A}=\{0.5,0.2,0.2,0.1\}$。

调查分析以后得到某一客机的评价矩阵为

$$\underset{\sim}{R}=\begin{bmatrix}0.4 & 0.5 & 0.1 & 0\\0.6 & 0.3 & 0.1 & 0\\0.1 & 0.2 & 0.6 & 0.1\\0.1 & 0.2 & 0.5 & 0.2\end{bmatrix}$$

则该客机的综合评价模型为

$$\begin{aligned}\underset{\sim}{B}=\underset{\sim}{A}\cdot\underset{\sim}{R}&=(0.5,0.2,0.2,0.1)\cdot\begin{bmatrix}0.4 & 0.5 & 0.1 & 0\\0.6 & 0.3 & 0.1 & 0\\0.1 & 0.2 & 0.6 & 0.1\\0.1 & 0.2 & 0.5 & 0.2\end{bmatrix}\\&=((0.5\wedge0.4)\vee(0.2\wedge0.6)\vee(0.2\wedge0.1)\vee(0.1\wedge0.1),\\&\quad(0.5\wedge0.5)\vee(0.2\wedge0.3)\vee(0.2\wedge0.2)\vee(0.1\wedge0.2),\\&\quad(0.5\wedge0.1)\vee(0.2\wedge0.1)\vee(0.2\wedge0.6)\vee(0.1\wedge0.5),\\&\quad(0.5\wedge0)\vee(0.2\wedge0)\vee(0.2\wedge0.1)\vee(0.1\wedge0.2))\\&=(0.4,0.5,0.2,0.1)\end{aligned}$$

根据结果，可以得出该客机的综合评价属于较好。

8.7 可能-满意度法

可能-满意度法和前面所介绍的功效系数法有联系，但也有一定区别，方法主要的着眼点在于替代方案的可能性及满意程度。

8.7.1 可能性

可能性是指若一个指标肯定能够实现的可能度有多少。通常用 P=1 表示实现的可能度最大；P=0 表示某项指标肯定达不到。一般情况下，P 为 0～1。当可能度的变化是线性时，可用图 8-11 和图 8-12 进行说明。

$$P(r)=\begin{cases}1, & r\leqslant r_A\\ \dfrac{r-r_B}{r_A-r_B}, & r_A<r<r_B\\ 0, & r\geqslant r_B\end{cases}$$

式中，r ——某种可能性指标。

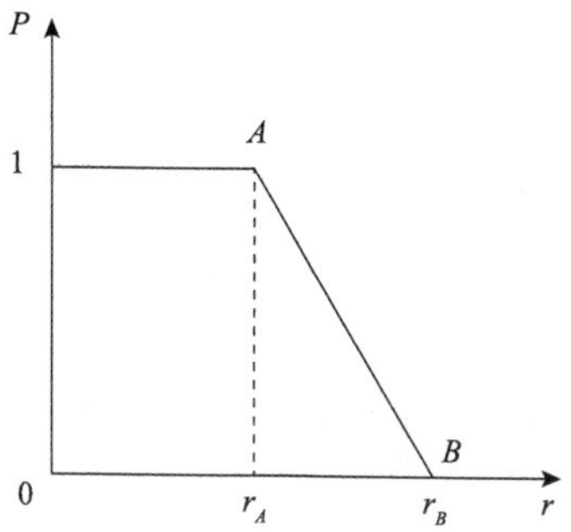

图 8-11 P 和 r 呈反方向变化

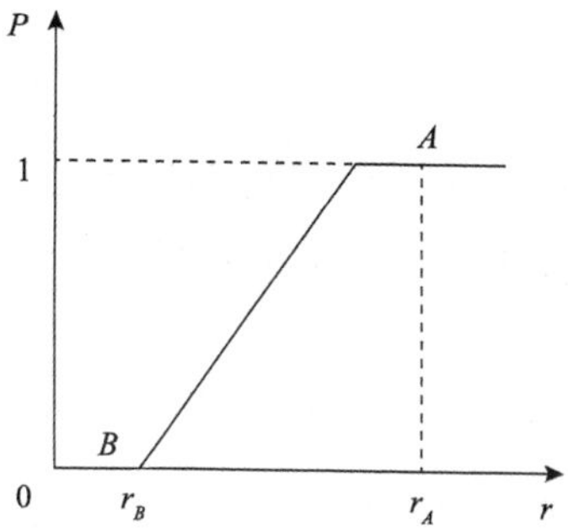

图 8-12 P 和 r 呈同方向变化

图 8-11 反映出 P 和 r 成反比：P 越大，r 越小，如成本越大，获取高额利润的可能性就越小；图 8-12 所反映出 P 和 r 成正比：P 越大，r 越大，如工人工资越高，其进行高额消费的可能性就越大。

8.7.2 满意度

满意度说明指标的满意程度，其推导和可能性类似：满意度 Q=1 表示完全满意；Q=0 表示完全不满意。一般满意度 Q 的变化范围为 0～1。图 8-13 和图 8-14 反映了两类线性满意度评价指标。

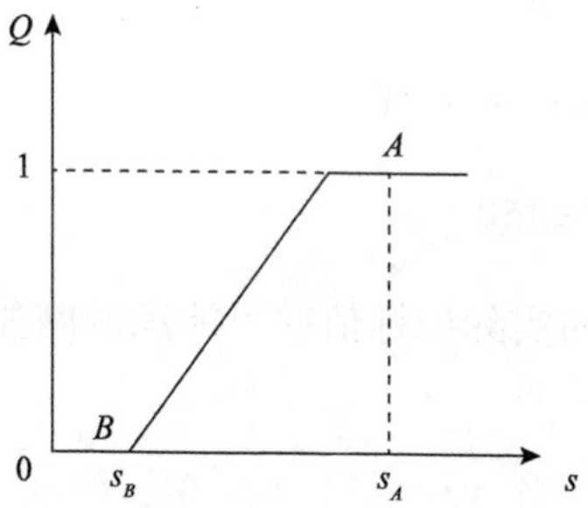

图 8-13 Q 和 s 呈同方向变化

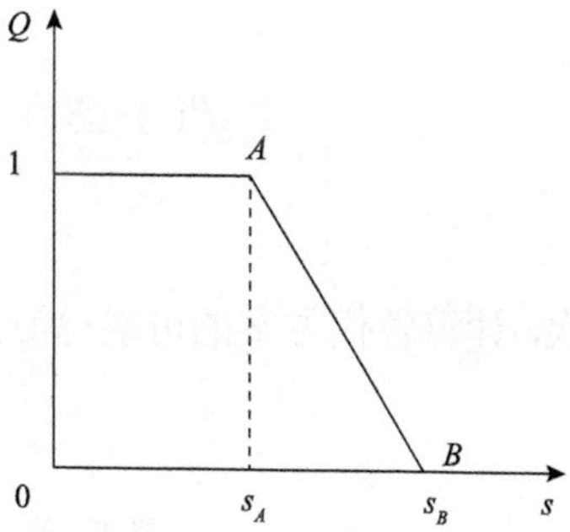

图 8-14 Q 和 s 呈反方向变化

图 8-13 表明，Q 与 s 方向是一致的：Q 随着 s 的增大而增大，如人民生活水平越高，其对社会的满意度也越大；图 8-14 表明 Q 与 s 变化方向是相反的，即 s 越小，Q 越大，如环境污染程度越小，人们对社会的满意度越大。

8.7.3 可能-满意度

如果评价指标既具有可能度属性 $P(r)$，又具有满意度属性 $Q(s)$，这时采用综合表达法，即可能-满意度法。当百分之百既可能又满意时，记 $W=1$；当百分之百既不可能又不满意时，记 $W=0$。但这两种极端情况的中间状态却是极其复杂的，可用下式抽象表达：

$$
\begin{aligned}
&W(a)=\langle P(r)\bullet Q(s)\rangle \\
&\text{s.t. } f(r,s,a)=0 \\
&r\in R, s\in S, a\in A
\end{aligned}
$$

式中，a——某些用可能-满意度表达的指标；

$\langle\cdots\bullet\cdots\rangle$——合并运算符号；

R、S、A——r、s、a 的可行域。

例如，对利润和成本的可能-满意度评估可用 $W(a)\leqslant \max\limits_{p\cdot r}\min\langle P(r)\bullet Q(s)\rangle$ 进行反映。下面举例来说明可能-满意度法的使用。

现要修建一个港口，需要进行港址选择，该项决策的评价指标是气候条件，具体而言有风力、风速、港区的波浪高度。衡量的依据是港口规范规定的作业条件：①风力为5～7级，风速10～15m/s，港内浪高0.5～1m时，全年作业天数为329～347天；②港口全年可作业天数为200～330天。金山港的码头处于风浪较大的杭州湾，实际全年可作业天数为330天。

首先，计算满意度的上限：由分析可知，港口全年装卸作业最高天数为340天，这是可能度上限，达到这个天数是完全满意，即 $P=1$，$Q=0$。

其次，计算满意度的下限：若以每周工作3天计算，扣除法定假日7天，全年工作日为149天，为方便按150天计算。所以可能度和满意度的上、下限为 $r_A=340$ 天，$r_B=150$ 天，此时 $P=0$，$Q=0$。

$$
P(r)\cdot Q(r)=\begin{cases}1, & r\geqslant 340\\ \dfrac{r-r_B}{r_A-r_B}, & 340>r\geqslant 150\\ 0, & r<150\end{cases}
$$

再次，计算替代方案的可能-满意度：替代方案的实际指标值的可能满意度如表8-19所示。

表8-19 替代方案的可能-满意度值

评价指标名称	指标上下限		各方案的 r 值		
	上限	下限	金山港	外高桥	青岛港
气候条件（作业天数）	340	150	300	331	331
可能-满意度	1	0	0.79	0.95	0.95

最后，将可能-满意度值作为评价值，利用前述的评价矩阵法，对金山港进行综合评价(表 8-20)。

表 8-20 金山港评价指标的数据及计算

序号	直接经济效益指标	单位	可能-满意度参数			可能-满意度
			r_B下限	r_A上限	指标值	
1	投资额	亿元/泊位	0.3	1.5	0.675	0.313
2	建设周期	年	10	50	30.600	0.515
3	资金回收期	年	10	30	21.200	0.560
4	年利润及税金	亿元	3.0	0	2.845	0.948

8.8 主成分分析法

8.8.1 主成分分析法及其思路

主成分分析法也称主分量分析法，是一种利用降维的思想，把多指标转化为少数几个综合指标的多元统计分析方法，其目的是数据压缩和数据解释。主成分分析的思想是虽然影响系统的因素很多，但整个系统常常只是由少数几个主成分决定的。由于主成分分析法对于属性独立性要求不是很高，目前主成分分析法频繁用于复杂系统的分析和设计中。

主成分分析的基本思路是通过对原变量构造矩阵，计算向量之间方差和协方差，得到若干个相互无关并能在很大程度上替代原有变量的新变量，利用得到的新变量进行系统分析和决策。

8.8.2 总体主成分

1. 定义

假设某一实际问题涉及的随机变量有 $x_1,x_2,\cdots,x_n$，记作 $x=\{x_1,x_2,\cdots,x_n\}^{\mathrm{T}}$，则其协方差为

$$\Sigma=(\sigma_{ij})_{n\times n}\underline{\underline{\Delta}}E[x-E(x)][x-E(x)]^{\mathrm{T}}$$

由矩阵论知识可知，该矩阵为 N 阶半正定矩阵，设 $l_i=(l_{1i},l_{2i},\cdots,l_{ni})^{\mathrm{T}}(i=1,2,\cdots,n)$ 为 N 个向量，则分析下面组合。

$$\begin{cases}Y_1=l_1{}^{\mathrm{T}}X=l_{11}x_1+l_{21}x_2+\cdots+l_{n1}x_n\\Y_2=l_2{}^{\mathrm{T}}X=l_{12}x_1+l_{22}x_2+\cdots+l_{n2}x_n\\\qquad\vdots\\Y_n=l_n{}^{\mathrm{T}}X=l_{1n}x_1+l_{2n}x_2+\cdots+l_{nn}x_n\end{cases}$$

则

$$\mathrm{Var}(Y_i)=\mathrm{Var}(l_i^{\mathrm{T}}X)=l_i^{\mathrm{T}}\Sigma l_i,\quad i=1,2,\cdots,n$$
$$\mathrm{Cov}(Y_i,Y_j)=\mathrm{Cov}(l_i^{\mathrm{T}}X,l_j^{\mathrm{T}}X)=l_i^{\mathrm{T}}\Sigma l_j,\quad i\neq j;i,j=1,2,\cdots,n$$

并且为了使 $\mathrm{Var}(Y_i)$ 有界，设定 $l_i^{\mathrm{T}}l_i=1$。

若想要用 Y_i 来替代原有的 $x_1,x_2,\cdots,x_n$，则前者必须尽可能多地反映出原有变量组所含有的信息，可以将这个问题转换成在 $l_i^{\mathrm{T}}l_i=1$ 约束下，求 l_i 使得 $\mathrm{Var}(Y_i)$ 达到最大，此时 Y_i 称为 $x_1,x_2,\cdots,x_n$ 的第一主成分。

然后根据下面的方程组，求得第 $2,3,\cdots,k$ 个主成分。

$$\begin{cases}\max\mathrm{Var}(Y_j)\\ \mathrm{Cov}(Y_i,Y_j)=0\\ l_j^{\mathrm{T}}l_j=1\end{cases}$$

2. 相关定理和定义

利用线性代数知识，可证明如下定理。

定理 8-4 设 Σ 为 $x=\{x_1,x_2,\cdots,x_n\}^{\mathrm{T}}$ 的协方差矩阵，其特征值及相应的正交单位化特征向量分别为 $\lambda_1\geqslant\lambda_2\geqslant\cdots\geqslant\lambda_n\geqslant0$，则第 i 个主成分为

$$Y_i=e_i^{\mathrm{T}}X=e_{1i}x_1+e_{2i}x_2+\cdots+e_{ni}x_n$$

且：

$$\mathrm{Var}(Y_i)=e_i^{\mathrm{T}}\Sigma e_i=\lambda_i$$
$$\mathrm{Cov}(Y_i,Y_k)=e_i^{\mathrm{T}}\Sigma e_k=0$$
$$i\neq k;i,k=1,2,\cdots,n$$

定理 8-5 若 Y_i 为 $x=\{x_1,x_2,\cdots,x_n\}^{\mathrm{T}}$ 的 n 个主成分，则：

$$\sum_{i=1}^{n}X_i=\sum_{i=1}^{n}\sigma_{ii}=\sum_{i=1}^{n}\lambda_i=\sum_{i=1}^{n}Y_i$$

定义 8-1 将 $\dfrac{\lambda_i}{\sum_{i=1}^{n}\lambda_i}$ 定义为第 i 个主成分 Y_i 的贡献率；将 $\dfrac{\sum_{i=1}^{m}\lambda_i}{\sum_{i=1}^{n}\lambda_i}$ 定义为前 m 个主成分的累计贡献率。

累计贡献率反映前 m 个主成分提取 $x=\{x_1,x_2,\cdots,x_n\}^{\mathrm{T}}$ 中的总信息量的。实际中通常选择 $m<n$，使得前 m 个主成分的累计贡献率达到预定的比率，这样用 m 个主成分表示 $x=\{x_1,x_2,\cdots,x_n\}^{\mathrm{T}}$ 不至于信息损失太多。

8.8.3 标准化变量的主成分

总体主成分中没有反映变量的量纲问题，但在实际问题中不同的变量往往有不同的量纲，所以在进行主成分分析时首先要消除各个变量量纲的差异性。常采用变量标准化的方法来消除量纲差异，即 $X_i^*=\dfrac{X_i-u_i}{\sqrt{\sigma_{ii}}}$，其中 $u_i=E(X_i)$，$\sigma_{ii}=\mathrm{Var}(X_i)$，此时 $X^*=(X_1^*,X_2^*,\cdots,X_n^*)^{\mathrm{T}}$ 的协方差矩阵为原有变量组 $X=(X_1,X_2,\cdots,X_n)^{\mathrm{T}}$ 的相关矩阵。

$$\rho_{ij}=E\left[\frac{X_i-u_i}{\sqrt{\sigma_{ii}}}\right]\left[\frac{X_j-u_j}{\sqrt{\sigma_{jj}}}\right]=\frac{\mathrm{Cov}(X_i,X_j)}{\sqrt{\sigma_{ii}\sigma_{jj}}}$$

利用 ρ 进行主成分分析可以得到以下结论。

定理 8-6 设 $X^*=(X_1^*,X_2^*,\cdots,X_n^*)^{\mathrm{T}}$ 为标准化随机向量，ρ 为其协方差矩阵，则其第 i 个主成分为

$$Y_i^*=e_i^{*\mathrm{T}}X^*=\sum_{j=1}^{n}e_{ji}\frac{x_j-u_j}{\sqrt{\sigma_{jj}}},\qquad i=1,2,\cdots,n$$

并且满足 $\sum\limits_{j=1}^{n}Y_i^*=\sum\limits_{j=1}^{n}\lambda_i^*=\sum\limits_{j=1}^{n}X_i^*=n$。其中 $\lambda_1^*\geqslant\lambda_2^*\geqslant\cdots\geqslant\lambda_n^*\geqslant0$ 为 ρ 的特征值，$e_1^*,e_2^*,\cdots,e_n^*$ 为 ρ 的正交单位特征向量。

此时，可以将 i 个分量的贡献率定义为 $\dfrac{\lambda_i^*}{n}(i=1,2,\cdots,n)$；前 m 个分量的累计贡献率定义为 $\dfrac{\sum\limits_{i=1}^{m}\lambda_i}{n}$。

8.8.4 样本主成分

前面讨论的是总体主成分，但在实际问题中，一般 $\Sigma(\rho)$ 是未知的，需要通过样本来估计取得。若以 S 和 R 作为 Σ 和 ρ 的估计，可以得到样本主成分。

设 $x_i=\{x_{1i},x_{2i},\cdots,x_{pi}\}^{\mathrm{T}}(i=1,2,\cdots,n)$ 为 $X=\{x_1,x_2,\cdots,x_p\}^{\mathrm{T}}$ 的简单随机样本，则样本的协方差和相关方差可以定义为

$$S\underline{\underline{\Delta}}(s_{ij})_{p\times p}=\frac{1}{n-1}\sum_{k=1}^{n}(x_k-\overline{x})(x_k-\overline{x})^{\mathrm{T}}$$

$$R\underline{\underline{\Delta}}(r_{ij})_{p\times p}=\frac{s_{ij}}{\sqrt{s_{ii}s_{jj}}}$$

其中：

$$\overline{x}=\{\overline{x}_1,\overline{x}_2,\cdots,\overline{x}_p\}^{\mathrm{T}}\text{，}x_i=\frac{1}{n}\sum_{j=1}^{n}x_{ij}$$

$$s_{ij}=\frac{1}{n-1}\sum_{k=1}^{n}(x_{ik}-\overline{x}_i)(x_{jk}-\overline{x}_j)\text{，}i=1,2,\cdots,p$$

定理 8-7 设$S=(s_{ij})_{p\times p}$为其协方差矩阵，其特征值为$\widehat{\lambda}_1^*\geqslant\widehat{\lambda}_2^*\geqslant\cdots\geqslant\widehat{\lambda}_p^*\geqslant 0$，正交单位特征向量为$\widehat{e}_1^*,\widehat{e}_2^*,\cdots,\widehat{e}_p^*$，则其第 i 个主成分为

$$Y_i=\widehat{e}_i^{\mathrm{T}}X=\sum_{j=1}^{p}\widehat{e}_{ji}x_j$$

并且 $x=\{x_1,x_2,...,x_p\}^{\mathrm{T}}$ 为任意观测值，通过 x 的 n 个观测值 $x_k=\{x_{1k},x_{2k},\cdots,x_{pk}\}^{\mathrm{T}}$ $(k=1,2,\cdots,n)$，可以得到第 i 个样本主成分 Y_i 的 n 个观测值 $y_{ik}(k=1,2,\cdots,n)$，并且满足：

$$\begin{cases}Y_i\text{的样本方差}=\widehat{e}_i^{\mathrm{T}}s\widehat{e}_i=\widehat{\lambda}_i\\ Y_i\text{和}Y_j\text{的样本协方差}=\widehat{e}_i^{\mathrm{T}}s\widehat{e}_j=0\\ \text{样本总方差}=\sum_{i=1}^{p}s_{ii}=\sum_{i=1}^{p}\widehat{\lambda}_i\\ i,j=1,2,\cdots,n;i\neq j\end{cases}$$

将$\dfrac{\widehat{\lambda}_i}{\sum_{i=1}^{n}\widehat{\lambda}_i}$定义为第 i 个样本主成分 Y_i 的贡献率，将$\dfrac{\sum_{i=1}^{m}\widehat{\lambda}_i}{\sum_{i=1}^{n}\widehat{\lambda}_i}$定义为前 m 个样本主成分的累计贡献率。

同样为了消除量纲影响，可以对样本主成分进行标准化：

$$X_i^*=\left[\frac{x_{1i}-\overline{x}_1}{\sqrt{s_{11}}},\frac{x_{2i}-\overline{x}_2}{\sqrt{s_{22}}},\cdots,\frac{x_{pi}-\overline{x}_p}{\sqrt{s_{pp}}}\right]^{\mathrm{T}},\quad i=1,2,\cdots,n$$

和标准化主成分的概念类似，可以定义标准化样本主成分。下面借用例子来说明样本主成分分析。

照相机的显影色彩很容易受显影液微小变化的影响，为了对显影液进行质量控制，将胶卷在不同情形下曝光，然后将红、绿、蓝滤色片在高、中、低三种密度下进行测量，故每一胶卷共有 9 个指标，共做了 108 个实验(数据略)，根据数据可求得样本协方差矩阵 S(为便于理解，我们写出了 S 各列所对应的指标，各行对应的指标相同，而 S 的对称部分未写出)，见表 8-21。

表 8-21 样本协方差矩阵

高			中			低		
红	绿	蓝	红	绿	蓝	红	绿	蓝
177	179	95	96	53	32	−7	−4	−3
	419	245	131	181	127	−2	1	4
		302	60	109	142	4	4	11
			153	102	42	4	3	2
				137	96	4	5	6
					128	2	2	8
						34	31	33
							39	39
								48

求出 S 的特征值和相应的正交单位化特征向量可得样本主成分的累计贡献率，如表 8-22 所示。

表 8-22 样本主成分的累计贡献率

i	$\hat{\lambda}_i$	全累计贡献率
1	878.52	60.92%
2	196.10	74.51%
3	128.64	83.44%
4	103.43	90.62%
5	81.26	96.25%
6	37.85	98.88%
7	6.98	99.36%
8	5.71	99.76%
9	3.51	100.00%

由于前三个样本主成分提取的信息已经大于 80.00%，所以采用前三个样本主成分分析此问题。

8.8.5 主成分分析的计算步骤

利用主成分分析方法进行系统分析和决策一般包含以下步骤。

(1) 对原始信息进行标准化处理，处理的公式为 $\dfrac{x_{ji}-\overline{x}_j}{\sqrt{s_{jj}}}$ 。

(2) 利用标准化处理的结果，计算样本相关矩阵 R。

(3) 计算相关矩阵 R 的特征值和特征向量。

(4) 计算样本主成分的累计贡献率。

(5)对样本主成分进行选择。

(6)给出所选择的样本主成分的经济学解释。

通常，主成分分析只是决策分析的一个中间步骤，利用主成分分析将大量待处理信息进行压缩，然后利用压缩的结果进行回归分析或者聚类分析等处理，并利用处理后的结果辅助决策。

8.9 数据包络分析

8.9.1 数据包络分析及其相关经济学原理

数据包络分析(data envelopment analysis，DEA)是评价同类组织间的相对有效性的决策方法，能有效解决多个输入、输出的部门之间的相对有效性评价。该方法最早是由著名运筹学家 A. Charnes 和 W. W. Cooper 等学者于 1978 年在《欧洲运筹学杂志》上发表“Measuring efficiency of decision making units”一文中正式提出的。国内介绍 DEA 的第一篇文章出现于 1986 年，1988 年魏权龄教授所著的《评价相对有效性的 DEA 方法：运筹学的新领域》一书出版，促使 DEA 方法在国内普及、推广。经过多年的发展，DEA 理论与方法已经成为经济、管理、决策分析等领域的有效工具(吴文江，2002；张俊容和郭耀煌，2004；张目，2004)。

下面介绍几个与 DEA 相关的基本概念和原理。

1. DMU

每个系统都可以看成是某个单元为了实现自己的目标将一定的输入转化成一定的输出的过程，我们将单元称为决策单元(decision making unit，DMU)。系统中可以同时含有多个 DMU。

2. 生产可能集

将集合 $T=\{(x,y|输入x可以产出y)\}$ 称为所有可能的生产活动构成的生产可能集。若存在多个 DMU，则有多个生产可能集，如系统中有 n 个 DMU，有 m 个输入变量，s 个输出变量，则第 j 个 DMU 的输入、输出向量可以表示为

$$x_j=(x_{1j},x_{2j},\cdots,x_{mj})^{\mathrm{T}}$$

$$y_j=(y_{1j},y_{2j},\cdots,y_{sj})^{\mathrm{T}},\quad j=1,2,\cdots,n$$

并且记录实际已经发生的生产活动 $(x_j,y_j)(j=1,2,\cdots,n)$，则 $(x_j,y_j)\in T$，称集合 $T=\{(x_1,y_1),(x_2,y_2),\cdots,(x_n,y_n)\}$ 为参考集。

(1)凸性。若 $\exists\forall(x,y)\in T$，$\exists\forall(x',y')\in T$，且 $\alpha\in[0,1]$，有 $\alpha(x,y)+(1-\alpha)(x',y')\in T$ 成立，说明生产可能集为凸集，此定义可以推广到有限个组合。

(2)锥性。若 $\exists\forall(x,y)\in T$ 和 $k>0$，使得 $k(x,y)\in T$ 成立。

(3)无效性。T 满足：①$\exists\forall(x,y)\in T$，且对 $\forall x'>x$ 均有 $(x',y)\in T$；②$\exists\forall(x,y)\in T$，且对 $\forall y'<y$ 均有 $(x,y')\in T$ 成立。

(4) 最小性。T 同时凸性、锥性和无效性，满足：① $\exists\forall(x,y)\in T$，且对 $\forall x'>x$ 均有 $(x',y)\in T$；② $\exists\forall(x,y)\in T$，且对 $\forall y'<y$ 均有 $(x,y')\in T$ 成立。

假设一个单输入、单输出的系统，有观察数据 $\{(1,2),(3,3),(4,2)\}$，则其构成的生产可能集如图 8-15 所示。

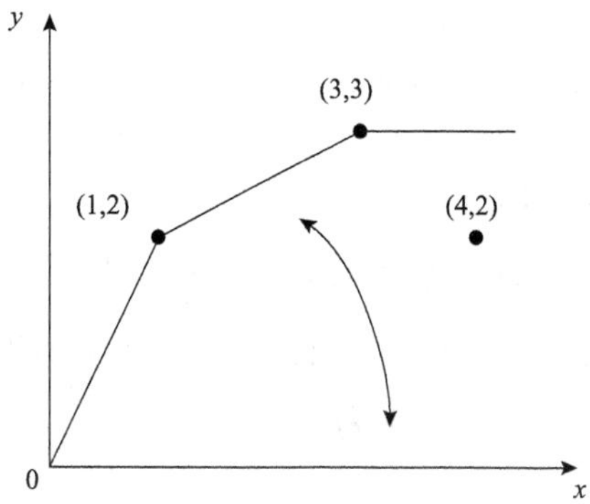

图 8-15 单输入、单输出的生产可能集

3. 生产函数

(1) 技术有效：对于 $\exists\forall(x,y)\in T$，若不存在 $y'>y$ 且 $(x,y')\in T$，则称 $(x,y)\in T$ 为技术有效的生产活动。

(2) 生产函数：生产可能集 T 中所有技术有效的生产活动构成的空间超曲面 $y=f(x)$ 称为生产函数。

(3) 规模效益：将产出和投入的同期相对变化比值 $k=\dfrac{\Delta y}{y}\Big/\dfrac{\Delta x}{x}$ 称为规模效益。若 $k>1$，说明规模效益递增，这时可以考虑增大投入；若 $k<1$，说明规模效益递减，这时可以考虑减小投入；若 $k=1$，说明规模效益不变，并称该点为规模有效，如图 8-16 中的 A 点即为规模有效。

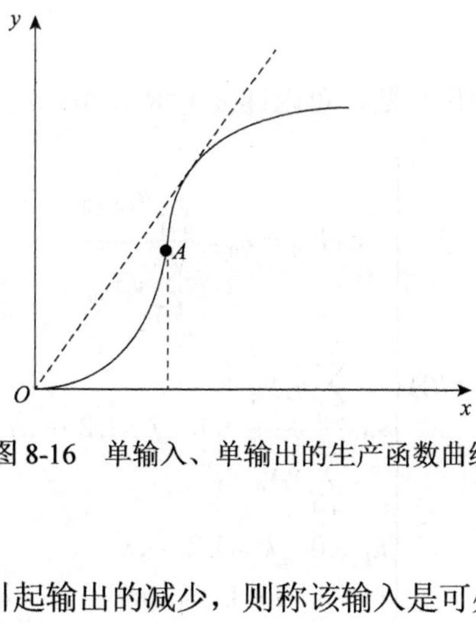

图 8-16 单输入、单输出的生产函数曲线

4. 输入输出可处理性

若某输入的增加不会引起输出的减少，则称该输入是可处理的，同样可以对输出的

可处理性进行定义。

8.9.2 C²R 模型

1. 假设条件的提出

介绍模型之前，首先提出如下假设。

(1)假设系统有 n 个 DMU，其中第 j 个 DMU 的输入、输出向量分别为

$$x_j = (x_{1j}, x_{2j}, \cdots, x_{mj})^{\mathrm{T}} > 0$$
$$y_j = (y_{1j}, y_{2j}, \cdots, y_{sj})^{\mathrm{T}} > 0, \quad j = 1, 2, \cdots, n$$

(2)输入向量 x_j 所对应的权重为 v_j，输出向量 y_k 所对应的权重为 $u_k, (1 \leqslant j, k \leqslant n)$，则输入向量和输出向量对应的权向量分别为

$$v = (v_1, v_2, \cdots, v_m)^{\mathrm{T}}$$
$$u = (u_1, u_2, \cdots, u_s)^{\mathrm{T}}$$

2. 效率评价指数

对于第 j 个 DMU 而言，按照下式定义其效率评价指数。

$$h_j \triangleq \frac{u^{\mathrm{T}} y_j}{v^{\mathrm{T}} x_j} = \frac{\sum_{k=1}^{s} u_k y_{kj}}{\sum_{i=1}^{m} v_i x_{ij}}, \quad j = 1, 2, \cdots, n$$

从效率评价指数的定义可以得出以下结论。

(1)一定存在 v 和 u 使得 $h_j \leqslant 1$ 成立。

(2) h_j 的值越大表明该 DMU 可以从相对较少的输入获得相对较多的输出。

3. C²R 模型的具体形式

有效率评价指数作为评价参数，可以建立 C²R 模型：

$$(P1)\begin{cases} \max V_{P1} = h_0 = \dfrac{\sum_{k=1}^{s} u_k y_{kj0}}{\sum_{i=1}^{m} v_i x_{ij0}} \\ \text{s.t.} \dfrac{\sum_{k=1}^{s} u_k y_{kj}}{\sum_{i=1}^{m} v_i x_{ij}} \leqslant 1, \quad j = 1, 2, \cdots, n \\ u_k \geqslant 0, \quad k = 1, 2, \cdots, s \\ v_i \geqslant 0, \quad i = 1, 2, \cdots, m \end{cases}$$

令$t=\dfrac{1}{v^{\mathrm{T}}x_0}$，$w=tv$，$\mu=tu$，上面的规划问题可以整理为

$$(P)\begin{cases}\max V_P=\mu^{\mathrm{T}}y_0\\ \text{s.t.}W^{\mathrm{T}}x_j-\mu^{\mathrm{T}}y_j\geqslant 0,\quad j=1,2,\cdots,n\\ W^{\mathrm{T}}x_0=1\\ W\geqslant 0,\quad \mu\geqslant 0\end{cases}$$

式中，约束$W^{\mathrm{T}}x_0=1$反映被评的第j_0个DMU的输入组合为1。下面根据线性规划的定义给出第j_0个DMU的严格定义。

定义 8-2 若线性规划(P)的最优解W^*,μ^*满足$V_P=\mu^{*\mathrm{T}}y_0=1$，则称第$j_0$个DMU为弱DEA有效。

定义 8-3 若线性规划(P)的最优解W^*,μ^*满足$V_P=\mu^{*\mathrm{T}}y_0=1$，并且$W^*>0,\mu^*>0$，则称第$j_0$个DMU为DEA有效。

另外还可以从线性规划的对偶问题的角度进行讨论，线性规划(P)的对偶问题为

$$(D)\begin{cases}\min V_D=\theta\\ \text{s.t.}\sum\limits_{j=1}^{n}x_j\lambda_j+s^+=\theta x_0\\ \sum\limits_{j=1}^{n}y_j\lambda_j-s^-=y_0\\ \lambda_j\geqslant 0,\quad j=1,2,\cdots,n\\ s^+\geqslant 0,s^-\geqslant 0\end{cases}$$

根据对偶线性规划给出第j_0个DMU的严格定义。

定义 8-4 若对偶线性规划(D)的最优解满足$\theta^*=1$，则称第j_0个DMU为弱DEA有效。

定义 8-5 若对偶线性规划(D)的最优解满足$\theta^*=1$，并且有$s^+=0,s^-=0$成立，则称第j_0个DMU为DEA有效。

4. 例子

下面举例说明DEA模型。用DEA模型评价系统相对有效性，已知条件是系统中存在4个DMU，每个DMU有2个输入和1个输出，输入输出表如表8-23所示。

表 8-23 各 DMU 输入输出表

DMU	1	2	3	4
输入	1	3	3	4
	3	1	3	2
输出	1	1	2	1

1)线性规划求解

第一步：建立 DMU_1 的线性规划模型并求解。

$$(P)\begin{cases}\max V_P = \mu_1 \\ \text{s.t.} w_1 + 3w_2 - \mu_1 \geqslant 0 \\ 3w_1 + w_2 - \mu_1 \geqslant 0 \\ 3w_1 + 3w_2 - 2\mu_1 \geqslant 0 \\ 4w_1 + 2w_2 - \mu_1 \geqslant 0 \\ w_1 + 3w_2 = 1 \\ w_1, w_2, \mu \geqslant 0\end{cases}$$

解得最优解为 $W^* = (1/2, 1/6)$， $\mu^* = 1$，并且 $V_P = \mu^* = 1$，故第 1 个 DMU 为 DEA 有效。

第二步：建立 DMU_2 的线性规划模型并求解。

$$(P)\begin{cases}\max V_P = \mu_1 \\ \text{s.t.} w_1 + 3w_2 - \mu_1 \geqslant 0 \\ 3w_1 + w_2 - \mu_1 \geqslant 0 \\ 3w_1 + 3w_2 - 2\mu_1 \geqslant 0 \\ 4w_1 + 2w_2 - \mu_1 \geqslant 0 \\ 3w_1 + w_2 = 1 \\ w_1, w_2, \mu \geqslant 0\end{cases}$$

解得最优解为 $W^* = (1/6, 1/2)$， $\mu^* = 1$，并且 $V_P = \mu^* = 1$，故第 2 个 DMU 为 DEA 有效。

第三步：建立 DMU_3 的线性规划模型并求解。

$$(P)\begin{cases}\max V_P = 2\mu_1 \\ \text{s.t.} w_1 + 3w_2 - \mu_1 \geqslant 0 \\ 3w_1 + w_2 - \mu_1 \geqslant 0 \\ 3w_1 + 3w_2 - 2\mu_1 \geqslant 0 \\ 4w_1 + 2w_2 - \mu_1 \geqslant 0 \\ 3w_1 + 3w_2 = 1 \\ w_1, w_2, \mu \geqslant 0\end{cases}$$

解得最优解为 $W^* = (1/4, 1/12)$， $\mu^* = 1/2$，并且 $V_P = 2\mu^* = 1$，故第 3 个 DMU 为 DEA 有效。

第四步：建立 DMU_4 的线性规划模型并求解。

$$(P)\begin{cases}\max V_P = \mu_1 \\ \text{s.t.} w_1 + 3w_2 - \mu_1 \geqslant 0 \\ 3w_1 + w_2 - \mu_1 \geqslant 0 \\ 3w_1 + 3w_2 - 2\mu_1 \geqslant 0 \\ 4w_1 + 2w_2 - \mu_1 \geqslant 0 \\ 4w_1 + 2w_2 = 1 \\ w_1, w_2, \mu \geqslant 0\end{cases}$$

解得最优解为 $W^* = (1/10, 3/10)$，$\mu^* = 3/5$，并且 $V_P = \mu^* = 3/5 < 1$，故第 4 个 DMU 不满足 DEA 有效。

2) 利用对偶线性规划求解

第一步：建立 DMU_1 的对偶线性规划模型并求解。

$$(D)\begin{cases}\min V_D = \theta \\ \text{s.t.} \lambda_1 + 3\lambda_2 + 3\lambda_3 + 4\lambda_4 + s_1^+ = \theta \\ 3\lambda_1 + \lambda_2 + 3\lambda_3 + 2\lambda_4 + s_2^+ = 3\theta \\ \lambda_1 + \lambda_2 + 2\lambda_3 + \lambda_4 - s^- = 1 \\ \lambda_j \geqslant 0, \quad j = 1,2,3,4 \\ s_1^+, s_2^+, s^- \geqslant 0\end{cases}$$

解得最优解为 $\lambda^* = (1,0,0,0)$，$s_1^{+*} = s_2^{+*} = s^{-*} = 0$，$\theta^* = 0$，故第 1 个 DMU 为 DEA 有效。

第二步：建立 DMU_2 的对偶线性规划模型并求解。

$$(D)\begin{cases}\min V_D = \theta \\ \text{s.t.} \lambda_1 + 3\lambda_2 + 3\lambda_3 + 4\lambda_4 + s_1^+ = 3\theta \\ 3\lambda_1 + \lambda_2 + 3\lambda_3 + 2\lambda_4 + s_2^+ = \theta \\ \lambda_1 + \lambda_2 + 2\lambda_3 + \lambda_4 - s^- = 1 \\ \lambda_j \geqslant 0, \quad j = 1,2,3,4 \\ s_1^+, s_2^+, s^- \geqslant 0\end{cases}$$

解得最优解为 $\lambda^* = (0,1,0,0)$，$s_1^{+*} = s_2^{+*} = s^{-*} = 0$，$\theta^* = 1$，故第 2 个 DMU 为 DEA 有效。

第三步：建立 DMU_3 的对偶线性规划模型并求解。

$$
(D)\begin{cases}
\min V_D = \theta \\
\text{s.t.}\lambda_1 + 3\lambda_2 + 3\lambda_3 + 4\lambda_4 + s_1^{+} = 3\theta \\
3\lambda_1 + \lambda_2 + 3\lambda_3 + 2\lambda_4 + s_2^{+} = 3\theta \\
\lambda_1 + \lambda_2 + 2\lambda_3 + \lambda_4 - s^{-} = 2 \\
\lambda_j \geqslant 0, \quad j = 1,2,3,4 \\
s_1^{+}, s_2^{+}, s^{-} \geqslant 0
\end{cases}
$$

解得最优解为 $\lambda^* = (0,0,1,0)$，$s_1^{+*} = s_2^{+*} = s^{-*} = 0$，$\theta^* = 1$，故第 3 个 DMU 为 DEA 有效。

第四步：建立 DMU_4 的对偶线性规划模型并求解。

$$
(D)\begin{cases}
\min V_D = \theta \\
\text{s.t.}\lambda_1 + 3\lambda_2 + 3\lambda_3 + 4\lambda_4 + s_1^{+} = 4\theta \\
3\lambda_1 + \lambda_2 + 3\lambda_3 + 2\lambda_4 + s_2^{+} = 2\theta \\
\lambda_1 + \lambda_2 + 2\lambda_3 + \lambda_4 - s^{-} = 1 \\
\lambda_j \geqslant 0, \quad j = 1,2,3,4 \\
s_1^{+}, s_2^{+}, s^{-} \geqslant 0
\end{cases}
$$

解得最优解为 $\lambda^* = (0,3/5,1/5,0)$，$s_1^{+*} = s_2^{+*} = s^{-*} = 0$，$\theta^* = 3/5$，故第 4 个 DMU 不满足 DEA 有效。

由此可见，用线性规划对 DEA 求解和用对偶线性规划对 DEA 求解所得到的结论完全一致。

8.9.3 使用 DEA 方法的步骤

使用 DEA 方法进行多个单元的相对有效性评价一般包含以下几个步骤。

(1) 系统分析：这一阶段具体的任务有确定系统边界、分析系统评价的目标、界定影响系统目标的因素。

(2) DMU 的选择：根据系统目标选择 DMU，DMU 应该具有相同的目标和任务、相同的环境、输入/输出指标。

(3) 评价指标体系的构建：指标体系的构建是整个评价过程的关键，在确定评价指标时确保指标的针对性、真实性、精简性、可操作性和数据可得性。

(4) 历史资料的收集和整理：历史数据是 DEA 评价模型定量分析的基础，并且数据的准确性会将直接影响各 DMU 的相对有效性评价结果(刘大为等，2004)。所以，对历史数据的收集和整理十分关键。

(5) 建立 DEA 模型并进行求解：根据上面步骤建立相应的 DEA 模型并采用求解线性规划的思路进行求解，从而得到各 DMU 的评价结果。

(6) 分析结果：对 DEA 模型的结果进行分析和判定，并找出非有效性 DMU 的无效原因及其改进措施，形成评价报告，并给决策者提出建议。

➢思考题与习题

1. 简述系统评价的复杂性和重要性。

2. 确定评价指标的原则有哪些并解释原因。

3. 现在有几种方案用于企业的扩建，请构建评价这些扩建方案的指标体系，并分别用相对比较法、连环比率法和判断矩阵法给出各个指标的权重。

4. 分析关联矩阵法、PATTERN法和功效系数法的步骤和特点。

5. 指出应用AHP的关键所在，并用AHP分析下面的判断矩阵是否一致。

$$A=\begin{bmatrix}1 & 0.6 & 0.8 & 2\\ 1.5 & 1 & 0.4 & 0.5\\ 1.2 & 1.6 & 1 & 3\\ 0.4 & 3 & 2 & 1\end{bmatrix}$$

6. 现在要对用企业上年度的业绩进行评估，已知评价指标为U={利润，上缴税务，职工培训，治理污染}；可能评估值为V={很好，较好，一般，差}；各个指标的权重分配为$\underset{\sim}{A}=\{0.5,0.2,0.2,0.1\}$，该企业的评价矩阵为

$$\underset{\sim}{R}=\begin{bmatrix}0.4 & 0.5 & 0.1 & 0\\ 0.6 & 0.3 & 0.1 & 0\\ 0.1 & 0.2 & 0.6 & 0.1\\ 0.1 & 0.2 & 0.5 & 0.2\end{bmatrix}$$

请用模糊综合评价方法进行分析。

7. 彩色胶卷的显影色彩很容易受显影液微小变化的影响，为了对显影液进行质量控制，将胶卷在不同情形下曝光，然后将红、绿、蓝滤色片在高、中、低三种密度下进行测量，故每一胶卷共有9个指标，假设根据实验数据所求的样本协方差矩阵如表8-24所示。

表8-24 实验数据样本协方差矩阵

高			中			低		
红	绿	蓝	红	绿	蓝	红	绿	蓝
177	179	95	96	53	32	−7	−4	−3
	419	245	131	181	127	−2	1	4
		302	60	109	142	4	4	11
			153	102	42	4	3	2
				137	96	4	5	6
					128	2	2	8
						34	31	33
							39	39
								48

请根据主成分分析，找出样本协方差矩阵的特征值和相应的正交单位化特征向量，并指出累计贡献率大于80%的样本主成分。

8. 请用 DEA 模型评价系统相对有效性，已知条件是系统中存在 4 个 DMU，每个 DMU 有 2 个输入和 1 个输出，输入输出表如表 8-25 所示。

表 8-25 模型输入输出表

DMU	1	2	3	4
输入	2	3	3	4
	3	4	3	2
输出	1	3	2	2

注意：请用线性规划和对偶规划两种方式进行求解。

第9章

系统决策

每个组织、每个人都会遇到决策问题，决策是对系统未来的一种选择，正确的决策能够保证系统达成预定的目标，错误的决策往往导致系统偏离目标。古往今来，由于决策失误，系统陷入混乱状态甚至消亡的例子比比皆是。而决策问题的复杂性在于面对的是一个未来不确定的环境，因此任何决策从本质上讲都带有一定的风险。当今社会，环境的不确定性与日俱增，决策失误的代价越来越大，因此如何做出更加科学的决策显得尤为重要。

9.1 系统决策模型与方法

9.1.1 决策的定义和要素

1. 决策的定义

决策是指在一定的环境下，结合系统的当前状态和将来的发展趋势，依据系统的发展目标在可选策略中选取一个最优策略并付诸实施的过程。整个决策过程可以简化为对目标的选择过程和对方案的选择过程：前者要求对目标的选择要明确、具体、恰当和可验证；后者以前者为依据。人们习惯上把只有一个方案可供选择、没有其他选择余地的选择称为“霍布森选择”，若只有一种被选方案，决策就失去了意义。

前面所介绍的系统结构理论、系统控制和系统建模均可以为系统决策服务：在进行系统决策之前要分析系统结构、建立系统决策模型，在系统决策执行过程中要运用系统控制理论保证系统按照预期的目标运作。

2. 决策的构成要素

决策一般包含以下几个构成要素：决策主体、决策方案、决策目标和决策结果。

(1) 决策主体。决策主体可能是个人或组织，一般由组织的领导者担任，其任务是对各决策方案进行评价并进行选择。

(2) 决策方案。进行系统决策时，至少有两个或者两个以上的决策方案可供选择。方案的制订包含对系统属性的描述和系统目标的确定。

(3) 决策目标。进行系统决策是为了达到系统目标，决策后的效果评价以决策目标为依据。

(4) 决策结果。无论决策主体选择什么样的决策方案，最后都会产生决策结果，通过对决策结果的分析来评价系统决策的成败。

9.1.2 决策的原则和分类

1. 决策的原则

决策者在进行决策时通常要遵循以下四条原则。

(1) 可行性原则。决策是为了达到目标而采取的一系列行动方案，所以决策是达到目标的手段。为了能达到预期的目标，决策中所提供的方案在技术上和资源上必须是可行的。这样的方案才有价值和意义。

(2) 经济性原则。决策就是为了能够得到最大利益，所以方案之间进行比较的时候必须有很强的经济指标作为参考。

(3) 信息性原则。信息的采集和利用贯穿于决策的整个过程中，决策之前利用系统内外部信息辅助决策，决策过程中利用各种信息进行定性和定量分析，决策以后将结果作为信息提供给组织。

(4) 系统性原则。决策的整个过程是一个系统的过程，不仅要考虑决策对象，还要考虑其环境，只有将其作为一个系统进行考虑才能保证决策的顺利开展和实施。

2. 决策的分类

按照不同的分类标准，可以对系统决策进行不同的分类。

(1) 按照决策目标的影响程度，可以将系统决策划分为战略决策、战术决策和作业决策三个等级。战略决策是对组织进行长远发展规划和战略方面的决策，如新产品的开发方向，该类决策对组织未来的发展影响最大；战术决策是战略决策的阶段性决策，为战略决策服务，如企业中工艺方案的选择；作业决策是对具体行动方案的选择，如日常的生产线决策、作业调度。

(2) 按照系统决策的结构化程度，可以将系统决策划分为结构化决策、非结构化决策和半结构化决策。结构化决策是例行常规、可重复进行的决策，有规律可循的决策，可预先做出有序的安排而达到预期的结果或目标，可按程序化步骤和常规性的方法处理，如最优库存模型的确定等；非结构化决策是指偶发的、非常规的，或其决策过程过于复杂以至于毫无规律可循，这类决策一般无法照章行事，如国家政策的颁布等；半结构化决策介于结构化决策和非结构化决策之间，如房地产价格的确定等。

(3) 按照决策进行的过程，可以将系统决策划分为经验决策和科学决策。经验决策是指决策者根据历史经验、自身知识对系统进行主观判断；科学决策不同于经验决策，它是建立在对系统科学分析的基础上，运用科学的思维，采用科学的技术而做出有科学依据的决策过程。

(4) 按照决策的可控程度，可以将系统决策划分为确定型决策和非确定型决策。确定型决策指决策环境是已知的、确定的，决策过程的结果完全由决策者所采取的行动决定，确定型决策问题可采用最优化、动态规划等方法解决。非确定型决策又称为风险型决策。风险型决策的决策环境不确定，决策者的各种可选方案在不同自然状态下的结果不同。按照人们对自然状态信息的掌握程度将风险型决策进一步划分为无概率风险型决策、无试验风险型决策和有试验风险型决策。无概率风险型决策是指不知道自然状态的任何信息，只能凭着决策者对待风险的态度进行方案选择；无试验风险型和有试验风险型决策均知道各种自然状态发生的概率，两者的区别在于前者的概率信息是根据历史数据等资料得到的，并没有通过试验进行修正，而后者的概率是经过试验进行修正的，所以更接近于现实的概率分布。

此外，按照决策的连续性将决策划分为单项决策和连续决策；按照决策人数将决策划分为个人决策和群体决策；按照决策要达到的目标个数将决策划分为单目标决策和多目标决策，等等。

9.1.3 决策的一般步骤

科学决策的一般步骤为：①发现需要解决的问题；②问题确认；③建立解决问题的议程；④确定问题目标；⑤搜索相关信息；⑥分析影响问题的各种因素；⑦拟订备选方案；⑧构建系统决策模型；⑨对各个方案的结果进行预测，选择最优方案；⑩评价和分析决策结果。

9.1.4 决策模型和方法

1. 决策模型的定义

模型是为了研究方便，对所研究对象的结构和行为进行模仿和抽象而建立的对象仿制品。模型通常只由对象的主要构成要素组成，反映这些要素之间以及对象和环境之间的联系，利用模型可以帮助我们形象地了解系统结构，分析系统行为，预测系统状态。决策模型是对系统决策行为的抽象和类比，反映决策的输入、输出和运作机理，利用它可以辅助系统决策。

决策模型的目的是辅助系统进行决策，建立系统决策模型的步骤如下。

(1) 分析系统的内部构成要素、外部环境、系统目标、制约因素。

(2) 建立系统的概念模型，决策问题的系统模型是对决策问题的初步抽象和概括。

(3) 建立决策的过程模型，构造系统决策所涉及的过程，指导决策活动的进行。

(4) 建立决策的数学模型，该模型用各种数学方程反映系统中各个要素之间的关系。选用相应的决策方法求解模型得到决策的最优方案。这个过程是任何科学决策必不可少的。

2. 系统决策模型和方法

针对不同类型的决策，以及决策的不同时期，可以选用不同的决策模型和方法。

1) 主观决策模型和方法

主观决策模型和方法的实质是决策者根据主观经验进行决策，常用的方法有因素成对比较法、直接给出权值法、德尔菲法、头脑风暴法、名义小组法和AHP等。

(1) 德尔菲法。它以匿名方式反复函询征求专家的意见，对每一轮专家的意见进行统计处理，经过多次反馈，使专家分散的评估意见逐步收敛，最后集中在比较协调一致的评估结果上，从而得出可信度较高的结论。

(2) 头脑风暴法。该方法将对解决某一问题有兴趣的人集合在一起，在完全不受约束的条件下，敞开思路，畅所欲言。这种方法的原则包括①独立思考，开阔思路，不重复别人的意见；②意见、建议越多越好，不受限制；③对别人的意见不作任何评价；④可以补充和完善已有的意见。

2) 定量决策模型和方法

对于确定性决策，其决策模型和方法主要有线性规划方法(董肇君，2003)、盈亏平衡分析法、信息熵方法(方大春等，2004；费奇等，2011)、神经网络方法、模糊建模、灰色系统理论方法(周斌，2003)、最大方差法(刘智敏，1998)、主成分分析法等。其中线性规划方法主要用于解决资源一定的条件下，力求完成更多的任务，取得最好经济效益的问题；或者是利用最少的资源来完成任务。盈亏平衡分析法是研究决策方案的销量，以及生产成本与利润之间函数关系的一种数量分析方法。盈亏平衡点表示方法有两种。①盈亏平衡点产量：$Q_0=\dfrac{F}{P-V}$；②盈亏平衡点销售收入：$S_0=PQ_0=\dfrac{F}{1-VP}$。

$$\begin{cases} S=PQ \\ C=F+VQ \end{cases}$$

式中，S——收入；

P——单价；

Q——产量；

C——成本；

F——固定成本；

V——变动成本。

对于有概率信息的风险型决策，其决策模型和方法主要有期望值决策法和决策树法，该部分内容将在 9.2 节详细介绍。

对于无概率信息的风险型决策而言，由于无概率可依，不能运用概率统计方法，只能从乐观原则、悲观原则、后悔值原则等原则中视情况择其一作为决策依据。乐观原则也称为大中取大法，找出每个方案在各种自然状态下的最大损益值，取其中大者，所对应的方案即为最优方案；悲观原则也称为小中取大法，找出每个方案在各种自然状态下最小损益值，取其中大者所对应的方案，即为合理方案；后悔值原则是指计算各方案在各种自然状态下的后悔值，并列出后悔值表，找出每一方案在各种自然状态下后悔值的最大值，取其中最小值，其所对应的方案为合理方案。

9.2 风险型决策分析

9.2.1 风险型决策分析的特征

风险型决策是在决策环境不确定，决策者对决策环境或者影响决策的因素不完全了解的情况下进行的，它具有以下几个方面的特征：决策者有明确的目标；有决策者无法控制的不确定因素；有多种方案可供选择；各方案在不同自然状态下的收益值可以估计。

风险型决策可以划分为无概率风险型决策、无试验风险型决策和贝叶斯决策(有试验风险型决策)。

9.2.2 无概率风险型决策

无概率风险型决策又称为不确定决策或者无知型决策，决策者只是知道各个方案的损益值，如何对方案进行选择，则完全取决于决策者对待风险的态度。常用的决策原则有：悲观原则、乐观原则、平均值原则和最小后悔值原则。

(1)悲观原则。该原则又称为小中取大原则，运用此法进行决策时，首先要确定每一个可选方案的最小收益值，然后从这些最小收益值中选出一个最大值，与该最大值对应的方案就是决策所选择的方案，即$\max\limits_{a}\left\{\min\limits_{b}\{C(a_i,b_j\}\right\}$。

举例说明：某报童决定本周六要批发多少张报纸，有三种方案可供选择：100 张、50 张和 0 张。每卖出一份报纸可以获利 0.2 元，卖不出的报纸则每张亏损 0.2 元。方案的后果受天气影响：天气不好，闭门在家看电视的人多，出来买报纸的人少；天气晴朗，则外出街头的人多，买报纸的人也多。假设天气很好的时候，报童可以卖出 100 张报纸，天气好的时候可以卖出 80 张，天气一般的时候可以卖出 50 张，天气差的时候一张也卖不出去。报童的决策矩阵如表 9-1 所示。

表 9-1 小中取大原则的计算结果

方案	差	一般	好	很好	本方案中最小收益
方案一(100)	–20	0	12	20	–20
方案二(50)	–10	10	10	10	–10
方案三(0)	0	0	0	0	0

例中，选择方案一的最坏收益为 min{–20，0，12，20}= –20；选择方案二的最坏收益为 min{–10，10，10，10}= –10；选择方案三的最坏收益为 min{0，0，0，0}=0。在这三者中取最大值 max{–20，–10，0}=0。因此选择方案三。

悲观原则是指在决策者不知道哪种自然状态会发生的情况下，为避免最坏的结果，力求风险最小。该原则的客观依据是决策的系统功能欠佳，形势对决策者不利。所以，决策者没有理由希望获得各方案的最佳结果。面对这种情况，决策者只好从每一方案的最坏处着眼，认为每一方案都只能取得最小的收益值，并选择其中最大收益值的一个方案作为决策方案。

(2)乐观原则。该原则又称为大中取大原则，该原则与悲观原则的思路相反，是从最有利的环境下选取收益最大的方案。该方法是指在各种方案中选择最大收益，然后在各最大收益中选择最大值，即$\max\limits_{a}\left\{\max\limits_{b}\{C(a_i,b_j\}\right\}$。

还用上述报童的例子来加以说明，其计算结果如表 9-2 所示。

表 9-2 大中取大原则的计算结果

方案	差	一般	好	很好	本方案中最大收益
方案一(100)	−20	0	12	20	20
方案二(50)	−10	10	10	10	10
方案三(0)	0	0	0	0	0

例中，选择方案一的最好收益为 max{−20，0，12，20}=20；选择方案二的最好收益为 max{−10，10，10，10}=10；选择方案三的最好收益为 max{0，0，0，0}=0。在这三者中取最大值 max{20，10，0}=20。因此选择方案一。

乐观原则是指在决策者不知道哪种自然状态会发生的情况下，在最好的自然状态下获得最高的收益。这种方法的客观基础就是所谓的天时、地利和人和，决策者感到前途乐观，有信心取得每一方案的最佳结果。但是这一原则只是关心最大收益，而忽略了其他收益。这种原则应用成功可以得到最大收益，一旦失败其损失也是最大的，所以它是最乐观的，也是最危险的。

(3) 平均值原则。该方法用折中的思想将每一种方案的收益算术平均数作为该方案的收益，然后各平均收益最大的方案为优选方案，即 $\max\limits_{a}\left\{\dfrac{1}{n}\sum\limits_{i=1}^{n}C(a_i,b_j)\right\}$， $i=1,2,\cdots,n$。

用上述报童的例子来加以说明，其计算结果如表 9-3 所示。

表 9-3 平均值原则的计算结果

方案	差	一般	好	很好	本方案的平均收益
方案一(100)	−20	0	12	20	3
方案二(50)	−10	10	10	10	5
方案三(0)	0	0	0	0	0

例中，选择方案一的平均收益为 $\dfrac{1}{4}\times(-20+0+12+20)=3$；选择方案二的平均收益为 $\dfrac{1}{4}\times(-10+10+10+10)=5$；选择方案三的平均收益为 $\dfrac{1}{4}\times(0+0+0+0)=0$。

在这三者中取最大值 max{3，5，0}=5。因此选择方案二。该原则实质上把各种收益出现的概率均视为相同。

(4) 最小后悔值原则。最小后悔值法是指在决策者不知道各种自然状态发生概率的情况下，避免较大的机会损失发生的方法。运用此法进行决策时，首先要计算出各种方案在每种自然状态下的后悔值；其次，确定每一可选方案的最大机会损失；最后，在这些方案的最大机会损失中选出一个最小值，与该最小值对应的方案即为决策选择的方案。

用上述报童的例子来加以说明，其计算结果如表 9-4 所示。

表 9-4 最小后悔值原则的计算结果

方案	差	一般	好	很好	最大后悔值
方案一(100)	20	10	4	0	20
方案二(50)	10	0	6	10	10
方案三(0)	0	10	16	20	20

在这三个后悔值中取最小值 min{20，10，20}=10。因此选择方案二。

9.2.3 无试验风险型决策

常用解无试验风险型决策的模型和方法有损益矩阵和决策树法。

1. 损益矩阵

风险型决策是不确定性决策，可以引入期望后果值作为决策准则。根据自然条件出现概率的不同求不同方案的期望收益值，根据期望收益值选择最优方案。由于期望值常采用货币单位，所以在一些文献中经常被称作期望货币值(the expected monetary value，EMV)准则。用损益矩阵法求解风险型决策的关键是建立损益矩阵，通常损益矩阵的一般形式如表 9-5 所示。

表 9-5 风险型决策的损益矩阵

方案	事件			
	B_1	B_2	…	B_n
	P_1	P_2	…	P_n
A_1	C_{11}	C_{12}	…	C_{1n}
A_2	C_{21}	C_{22}	…	C_{2n}
…	…	…	…	…
A_m	C_{m1}	C_{m2}	…	C_{mn}

损益矩阵中各个元素 C_{ij} 代表“策略—事件”对应的收益值；A_i 代表各种方案；B_j 代表各个事件；P_j 反映各个事件发生的概率。

对损益矩阵的求解，常用最大期望收益决策准则和最小机会损失决策准则。

(1) 最大期望收益决策准则。该准则通过概率 P_j 来计算各个方案的期望收益值：$S_i = \sum_{j=1}^{n} P_j C_{ij}$，$i=1,2,\cdots,m; j=1,2,\cdots,n$。

然后从一组期望收益值中选择最大者 $S^* = \max(S_i)$，$i=1,2,\cdots,m$，其所对应的方案为最优方案。

举例说明：某报童决定本周六要批发多少张报纸，有三种方案可供选择：100 张、50 张和 0 张。每卖出一份报纸可以获利 0.2 元，卖不出的报纸则每张亏损 0.2 元。方案的后果受天气影响：天气不好，闭门在家看电视的人多，出来买报纸的人少；天气晴朗，则外出街头的人多，买报纸的人也多。假设天气很好的时候，报童可以卖出 100 张报纸，天气好的时候可以卖出 80 张，天气一般的时候可以卖出 50 张，天气差的时候一张也卖不出去。报童的决策矩阵如表 9-6 所示。

表 9-6　报童的决策矩阵

方案	事件				EMV
	差	一般	好	很好	
	0.2	0.4	0.3	0.1	
方案一(100)	−20	0	12	20	1.6
方案二(50)	−10	10	10	10	6
方案三(0)	0	0	0	0	0

这时，max(1.6，6，0)=6，即方案二为最优方案，S^*=6。

EMV 决策是根据各自然状态发生的概率，求不同方案的期望收益值，取其中概率平均收益值最大者为选择的方案。

(2)最小机会损失(expected opportunity loss，EOL)决策准则。该准则以概率 P_j 来计算各个方案的期望损失值：$S_i=\sum_{j=1}^{n}P_jC'_{ij}$，$i=1,2,\cdots,m; j=1,2,\cdots,n$。其中，$C'_{ij}$ 代表“策略—事件”对应的损失值。

然后从一组期望损失值中选择最小者 $S^*=\min(S_i)$，$i=1,2,\cdots,m$，其所对应的方案为最优方案。仍然以报童卖报作为例子，得到的损失矩阵见表 9-7。

表 9-7　报童的损失矩阵

方案	事件				EOL
	差	一般	好	很好	
	0.2	0.4	0.3	0.1	
方案一(100)	20	10	4	0	9.2
方案二(50)	10	0	6	10	4.8
方案三(0)	0	10	16	20	7.8

这时，min(9.2，4.8，7.8)=4.8，即利用 EOL 原则，选择方案二为最优方案，此时最小损失为 S^*=4.8。

(3)全情报的价值(expected value of perfect information，EVPI)。风险决策中，各个自然情况出现的概率是决策者耗费了一定的经费和精力获得的，决策者通过这些情报做出的决策所获得的期望收益记为 EPPL。若 EPPL 大于最大期望收益，即 EPPL>EMV，则说明决策者在决策过程中收集的情报是有价值的；若 EPPL≤EMV，则说明决策者花费资金和精力去收集情报是没有意义的。

将 EPPL–EMV=EVPI 称之为全情报的价值。若决策者在收集情报中所消耗的成本大于或者等于 EVPI，则决策者可以考虑不收集情报，否则决策者收集情报是合算的。

这里仅说明了全情报价值的概念和意义，实际上计算情报费用是很复杂的。

以前例加以说明，当决策者不掌握全情报时得到的方案二是最优方案，数学期望最大值为 $S^*=6$，记 EMV。若得到全情报：周六的天气很好，可以批发 100 张报纸，则全情报的期望收益 EPPL 为 $100\times0.2\times1=20$。

那么，EVPI = EPPL–EMV = 20–6=14。此时全情报价值为 14。

2. 决策树

1) 决策树的定义

决策树是用来求解风险决策的又一方法，常用于序列决策。决策树是用树状图中的树干来反映决策步骤，用节点来反映决策在不同自然状态下的收益。

2) 决策树的结构

决策树常用的符号有三种：△ 反映结果节点，表示某方案在一定状态下的效用值；□ 反映决策节点，表示决策者所做的决策或者选择；○ 反映状态节点，表示决策者所处的客观环境。

运用决策树可以清晰地反映整个决策过程，包含决策环境和各个方案在环境下的收益。决策者可以根据决策树计算各个方案在不同环境下的收益，选择最优方案。

3) 运用决策树进行决策的过程

用决策树辅助决策包含以下步骤：分析决策问题；构建决策树；自右到左计算各方案的期望值，将结果标在方案节点处；选收益期望值最大(损失期望值最小)的方案为最优方案。如图 9-1 所示。

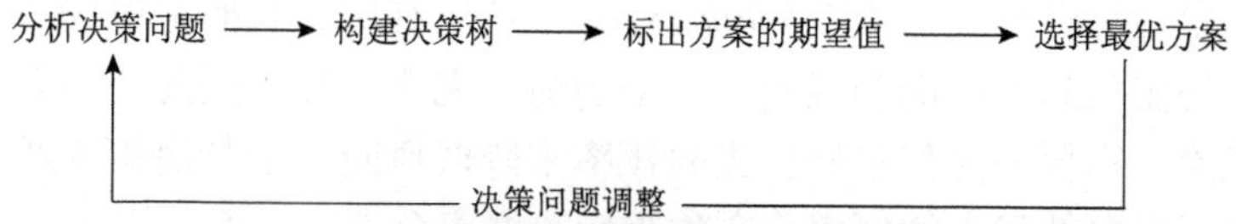

图 9-1 决策树辅助决策的步骤

下面举例说明决策树的应用。某企业打算新投产一种产品，可以采取三种方案：大批量生产、中批量生产和小批量生产。通过对市场的调研，发现该产品在市场上需求量大的概率为 0.3，需求量小的概率为 0.7。大批量生产的情况下，市场的需求量大时企业可获得的净收益为 30 万元，市场的需求量小时企业将亏损 6 万元；中批量生产的情况下，市场的需求量大时企业可获得的净收益为 20 万元，市场的需求量小时企业将亏损 2 万元；小批量生产的情况下，市场的需求量大时企业可获得的净收益为 10 万元，市场的需求量小时企业可获得的净收益为 5 万元。通过上述信息构建的决策树见图 9-2。

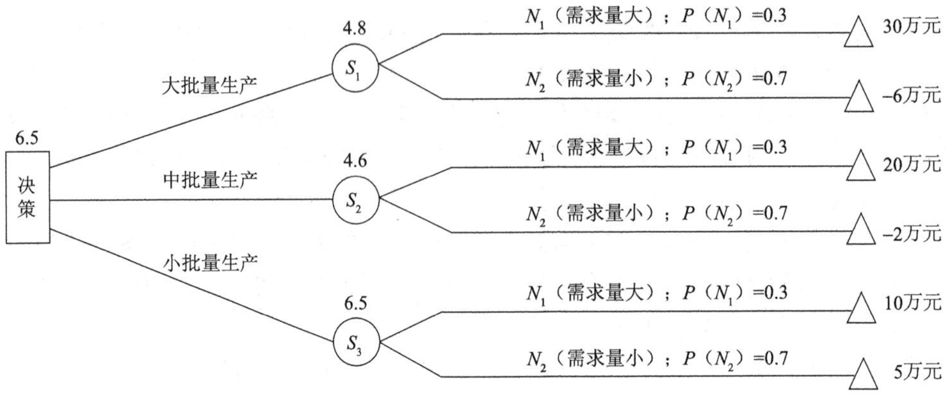

图 9-2　决策树

算得各个事件的期望值：

$$S_1：0.3\times30+0.7\times(-6)=4.8$$

$$S_2：0.3\times20+0.7\times(-2)=4.6$$

$$S_3：0.3\times10+0.7\times5=6.5$$

最后，按照最大期望收益原则进行系统决策，max(4.8，4.6，6.5)=6.5，说明应该选择小批量生产方案。

9.3　贝叶斯决策

9.3.1　贝叶斯决策的基本方法

风险决策可以划分为无试验风险决策和试验风险决策。前者是决策者根据历史资料或主观判断确定各种自然状态概率(先验概率)，然后利用先验概率根据相关原则确定最优决策方案。历史信息不可能和现在、将来的情况完全一样，因此利用先验概率进行决策存在很大风险，需要补充信息修正先验概率来降低风险，于是决策者通过调查和做试验等途径将修正后自然状态的概率分布称为后验概率分布。

将利用科学试验修正自然状态发生的概率，再采用期望效用最大等准则来确定最优决策方案的决策方法称为有试验风险决策方法或贝叶斯决策方法(邱菀华和高建伟，2001)。

在贝叶斯决策中，主要利用贝叶斯公式来修正先验概率，贝叶斯公式如下：

$$P(B_i|A)=\frac{P(B_i)P(A|B_i)}{\sum P(B_i)P(A|B_i)},\quad i=1,2,\cdots,n$$

式中，A——任意一个随机事件；

$\{B_i\}$（$i=1,2,\cdots,n$）——事件组，满足 $B_i\cap B_j=\Phi$ $(i,j=1,2,\cdots,n,i\neq j)$，$\bigcup_{i=1}^{n}B_i=\Omega$。

9.3.2 贝叶斯决策的基本步骤

1. 贝叶斯决策的基本步骤和公式

(1)由过去的历史信息、决策者的经验和专家知识获得将发生事件的先验概率。

(2)根据调查研究和统计分析计算得到事件的条件概率，再利用贝叶斯公式计算出各事件的后验概率。

(3)利用相关的决策原则(如期望效用最大原则)进行决策。

下面举例说明贝叶斯决策的应用。某企业决定投产一种机械设备，该设备销售前景好的概率为$P(O)=0.5$；销售前景差的概率为$P(D)=0.5$。为了获得最佳收益，先做市场调查。根据市场调查的资料可知：销售前景好的地区做调研时市场前景也好的概率$P(F|O)=0.9$；做调研时市场前景不好的概率$P(U|O)=0.1$。销售前景差的地区做调研时市场前景好的概率$P(F|D)=0.2$；做调研时市场前景不好的概率$P(U|D)=0.8$。则在该地区做试验以后，销售前景好和不好的概率各为多少？

解：

步骤1：计算做市场调研时，销售前景好和不好的概率。

前景好的概率：

$$\begin{aligned}P(F)&=P(O)P(F|O)+P(D)P(F|D)\\&=0.5\times0.9+0.5\times0.2=0.55\end{aligned}$$

前景不好的概率：

$$\begin{aligned}P(U)&=P(O)P(U|O)+P(D)P(U|D)\\&=0.5\times0.1+0.5\times0.8=0.45\end{aligned}$$

步骤2：利用贝叶斯计算各事件的后验概率。

作调研前景好的条件下，销售好的概率：

$$P(O|F)=\frac{P(O)P(F|O)}{P(F)}=\frac{0.45}{0.55}=\frac{9}{11}$$

作调研前景好的条件下，销售不好的概率

$$P(D|F)=\frac{P(D)P(F|D)}{P(F)}=\frac{0.10}{0.55}=\frac{2}{11}$$

作调研前景不好的条件下，销售好的概率：

$$P(O|U)=\frac{P(O)P(U|O)}{P(U)}=\frac{0.05}{0.45}=\frac{1}{9}$$

作调研前景不好的条件下，销售不好的概率

$$P(D|U)=\frac{P(D)P(U|D)}{P(U)}=\frac{0.40}{0.45}=\frac{8}{9}$$

2. 用图形法求解贝叶斯决策

以上的计算过程也可以用图 9-3 来反映。

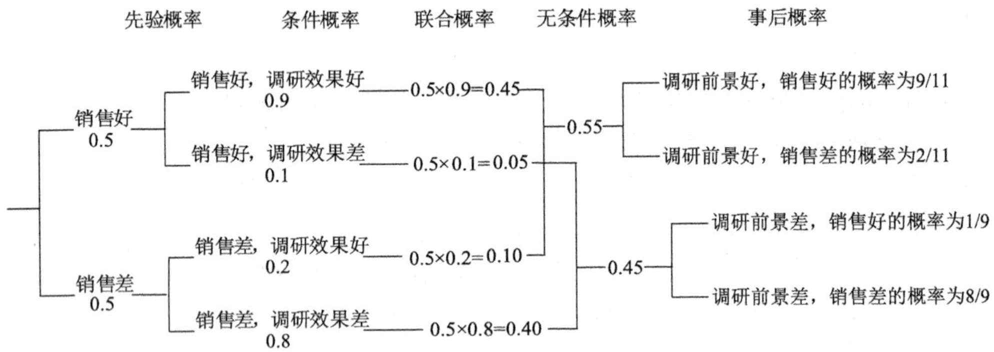

图 9-3 贝叶斯决策

3. 用表格法求解贝叶斯决策

贝叶斯决策还可以用表格来完成，用例子加以说明：假设根据历史资料分析得到了产品次品率的先验概率，见表 9-8，现在对产品进行抽样检验，抽样 30 个产品，发现了一个次品，试修订先验概率。

表 9-8 先验概率表格

次品率 P'	0.01	0.03	0.08	0.1
先验概率	0.5	0.25	0.2	0.05

步骤 1：列出先验概率表格。

步骤 2：计算条件概率 P''。

由于抽样检验的次品率服从二项分布，在表 9-8 所示的各个先验概率条件下，分别计算抽样 30 个产品，发现了一个次品的条件概率，计算公式为

$$P''(x|n,p)=\frac{n!}{x!(n-x)n!}p^x(1-p)^{n-x}$$

由公式计算得出各条件概率分别为 $P''(1|30,0.01)=0.2242$； $P''(1|30,0.03)=0.3721$； $P''(1|30,0.08)=0.2138$； $P''(1|30,0.1)=0.1413$。

步骤 3：联合概率 q_i 的计算，计算公式为联合概率$q_i=$先验概率$p_i'\times$条件概率p_i''。

步骤 4：贝叶斯概率 p_i 的计算，计算公式为 $p_i=\frac{q_i}{\sum q_i}$。

将以上各步骤的计算结果填写到表 9-9 中。

表 9-9 先验概率、条件概率、联合概率和贝叶斯概率

次品率	先验概率	条件概率	联合概率	贝叶斯概率
0.01	0.50	0.2242	0.1121	0.4396
0.03	0.25	0.3721	0.093	0.3647
0.08	0.20	0.2138	0.0428	0.1678
0.10	0.05	0.1413	0.0071	0.0278
合计	1.00		0.255	

9.4 效用与决策分析

前面所描述的风险决策的模型大多利用期望值理论，但是期望值是多次重复事件的平均值，决策问题一般不会多次重复进行，因此用期望值作为风险型决策的选优标准不完全合理。另外，不同决策者对决策问题的主观价值、对风险的态度和方案的偏爱不同，其对方案的选择也是不同的。下面引用“效用”来反映决策者对待风险的态度。

9.4.1 效用和效用值

效用的概念是由贝努利提出的，反映人们对钱财真实价值的考虑和其钱财拥有量之间的对数关系。经济学中的效用反映人们对事物的主观价值、态度、偏爱等。在风险决策中常用效用来衡量决策者对待风险的态度，也可以用其反映决策者对决策损益的满意度。例如，人们在假日里往往想出去看电影、购物或者待在家看电视，看电影、购物不如看电视经济。但有人情愿花钱去满足自己的欲望。诸如此类决策问题的解决既要涉及定量分析，也要涉及个人对效用的定性判断。

效用值是衡量效用大小的数量，为主观价值，反映决策者对事件的偏爱程度。一般取[0，1]的数值作为效用值，其中 1 表示最为喜爱，0 表示最不喜爱。

9.4.2 效用曲线

在直角坐标体系中，横坐标表示损益值，纵坐标表示效用值，用曲线反映决策者所持的态度，该曲线称为效用曲线。图 9-4 为效用曲线的一个例子。

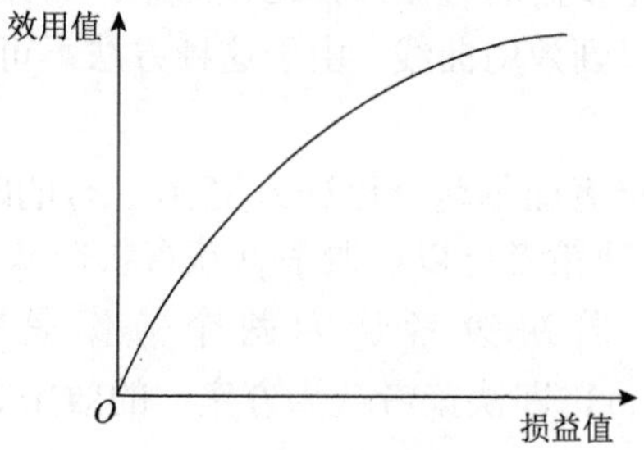

图 9-4 效用曲线

9.4.3 效用曲线的类型

根据效用曲线的形状，可以将效用曲线划分为三类，不同类型的效用曲线反映决策者对待风险的不同态度，如图 9-5 所示。

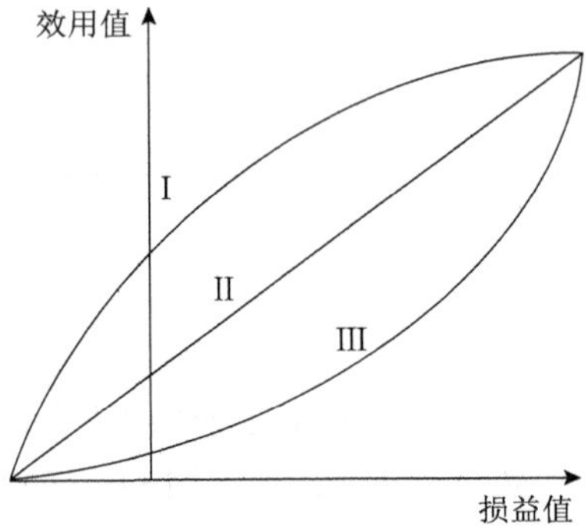

图 9-5 效用曲线的类型

(1) 保守型曲线。如曲线 I 所示，反映决策者对肯定能够得到的收益的效用大于对带有风险的相同甚至更大的损益期望值效用。例如，某决策者愿意选择肯定能够获得 100 万元收益的方案，也不愿意冒险获得 150 万元的收益。这类决策者对风险较为敏感，属于保守型决策者。

(2) 中间型曲线。如曲线 II 所示，反映决策者将能够得到的损益期望值和效用本身看成正比关系，他进行决策的唯一依据是损益期望值。该类决策者愿意冒一定的风险按照期望值的大小选择决策方案。

(3) 冒险型曲线。如曲线III所示，反映的决策者特点和 I 类型曲线反映的决策者特点恰恰相反，决策者愿意冒风险选择期望损益大的方案。这类决策者较为乐观，对收益敏感。

9.4.4 效用曲线的应用

确定效用曲线的方法有两种：直接提问法和对比提问法。

(1) 直接提问法是指向决策者提出一些问题，由决策者进行主观衡量并做出回答。例如，提问“当你获得 50 万元收益的时候，你比较满意；当你获利多少的时候，你加倍满意？……”。通过不断提问得到效用曲线。由于这种方法不可能得到很确切的回答，所以应用很少。

(2) 对比提问法。当决策者面临两种可选方案 A_1、A_2 的时候，假设 A_1 表示决策者肯定可以获得收益 x_1；A_2 表示决策者可以以概率 p_1 获得收益 x_2；以概率 p_2 亏损 x_3；用 $U(x_i)$ 表示金额 x_i 的效用值。若决策者认为两个方案是等价的，则式子成立：$U(x_1)=pU(x_2)+(1-p)U(x_3)$，即决策者认为方案一的效用等于方案二的期望效用。

可以通过拟定类似于以上不同的方案，重复上述过程，用对比提问的方法建立效用曲线。下面举例说明：某决策者认为今年可以获得 30 万元的效用为 1，即 $U(30)=1$；亏损 0.5 万元的效用为 0，即$U(-0.5)=0$；然后通过对比提问的方式确定其效用曲线。

提问一：若方案一以 0.5 的概率可以获得 30 万元，以 0.5 的概率可能亏损 0.5 万元；方案二肯定可以获得 x 万元。问 x 为多少时，两方案等价？假设决策者的回答是 10 万元，则：

$U(10)=0.5U(30)+(1-0.5)U(-0.5)=0.5$，这样在坐标系中标出点(10，0.5)。

提问二：若$U(x)=0.5U(30)+(1-0.5)U(10)=0.75$成立，$x$ 取什么值？若回答 15 万元，则：

$U(15)=0.5U(30)+(1-0.5)U(10)=0.75$，这样在坐标系中标出点(15，0.75)。

提问三：若$U(x)=0.5U(10)+(1-0.5)U(-0.5)=0.25$成立，$x$ 取什么值？若回答 0 万元，则：

$U(0)=0.5U(10)+(1-0.5)U(-0.5)=0.25$，这样在坐标系中标出点(0，0.25)。

反复重复以上过程，可以绘制该决策者的效用曲线，如图 9-6 所示。

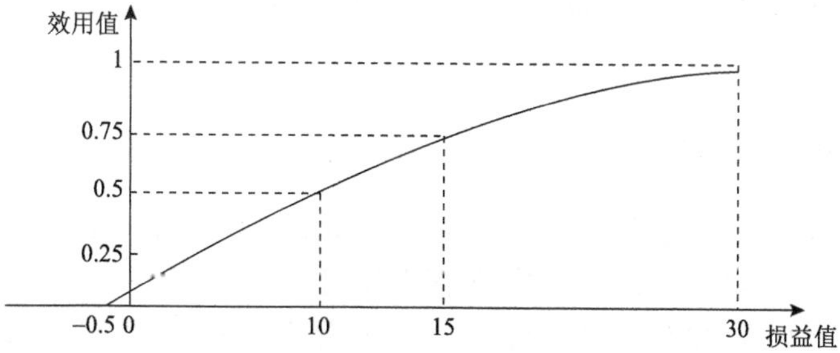

图 9-6 效用曲线

利用效用曲线进行决策的时候，需要用解析式来表示效用曲线，这需要对提问所得到的数据进行拟合，常用的拟合函数如下。

线形函数：$U(x)=c_1+a_1(x-c_1)$

指数函数：$U(x)=c_1+a_1[1-e^{(x-c_1)}]$

幂函数：$U(x)=a_1+c_1\cdot a_2[c_1(x-a_3)]^{a_4}$

对数函数：$U(x)=c_1+a_1\log(c_3x-c_2)$

9.4.5 决策分析

决策分析是为解决不确定决策问题提供的一套推理方法和逻辑步骤。决策分析需要完成的主要任务有收集信息、分析影响决策的各种因素、决策目标的确定、构建决策模型、评价方案、灵敏度分析等。

(1) 收集信息。信息是决策分析进行的依据，也是决策分析提供的结果。决策信息的收集不可能是一步到位完成的，在决策分析的过程中也会不断补充新信息。

(2) 分析影响决策的各种因素。收集了相关信息以后，分析影响决策的各种因素，并确定哪些因素是确定要素，哪些是不确定因素，哪些影响因素可以测得其概率分布等一系列问题。

(3) 决策目标的确定。确定系统目标，并分析系统目标和影响因素之间的关系。

(4) 构建决策模型。在现实的基础上，提出理论假设，并根据系统目标及其与影响因素之间的关系抽象出系统模型。

(5) 评价方案。将各个方案的信息输入到系统模型中，并进行求解，得到各个方案所对应的多目标收益值，分析各方案在不同环境下、不同状态下所付出的代价和得到的收益(王丽燕，2001)，利用相应的评价准则进行方案选择。

(6) 灵敏度分析。由于对各个因素和环境的分析掺和个人的主观判断，故利用灵敏度分析来分析方案的可信度。

9.5 决策支持系统与专家系统

随着计算机技术的发展，其相关技术不断应用到系统决策模型的建立、模型的求解过程中。决策支持系统(decision support system，DSS)的提出改善了决策系统的信息组织方式、处理方法和技术手段。

9.5.1 决策支持系统的概念

DSS 是由管理信息系统发展而来，是辅助决策的信息系统，目前已经有很多 DSS 软件产品上市，它们在辅助决策方面发挥了很大作用。

DSS 的研究起始于 20 世纪 70 年代，美国麻省理工学院的斯科特和凯恩等做了开创性的工作。DSS 的定义可以概括为以计算机技术、仿真技术、网络技术和信息技术为工具和手段，以管理科学、运筹学、决策理论、控制论和行为科学为基础，辅助决策者进行半结构化和非结构化决策的人机交互信息系统。

DSS 具体的运作原理：利用计算机存储容量大、运算速度快等特点，应用各种决策理论和方法，并运用行为科学、网络技术、数据库技术、人工智能技术，详细了解决策过程中的各种因素及其影响，启发思维的创造力，建立并求解各种模型来进行人机交互，解决决策问题。

DSS 的总体目标是辅助决策者进行决策以获得最高的经济效益。

(1) 支持半结构化和非结构化问题的决策。

(2) 支持决策过程的各个阶段，包含对决策系统的理解、对决策模型的设计和求解。

(3) 为各个层次的决策者提供决策支持，既要为高层领导提供决策支持，也要考虑为整个管理层提供决策支持。

(4) 以交互式来辅助决策者进行决策。

(5) DSS 面向的对象多为中、高层领导，需要尽量降低其使用难度。

9.5.2 决策支持系统的功能

根据上面对 DSS 目标的分析，得到 DSS 的主要功能如下。

(1) 收集各种与决策有关的信息，这些信息既要包含系统的内部信息，也要包含系统的外部信息，这些信息是决策者进行决策的基础。

(2)构造决策问题的求解模型，如数学模型、运筹学模型、程序模型和经验模型等。

(3)存储与决策有关模型、方法、知识以及运行所需要的数据，并能将模型、数据、知识、方法进行自动连接。

(4)形成候选的决策方案，包括目标、规则、方法和途径等。

(5)建立评价决策问题的各种准则，如价值准则、科学准则、效益准则等。

(6)应用决策模型、各种方法、知识对各个决策方案进行详细剖析，包含对方案、目标的比较和优化，将决策结果或方案分到特定的环境中进行情景分析，分析决策结果或方案对实际问题可能产生的作用和影响，分析各种环境因素、变量对决策方案或结果的影响程度，对所选择的方案进行灵敏度和稳定性分析等。

9.5.3 决策支持系统的结构

目前所提出的DSS结构有很多种，最基本的结构如图9-7所示。

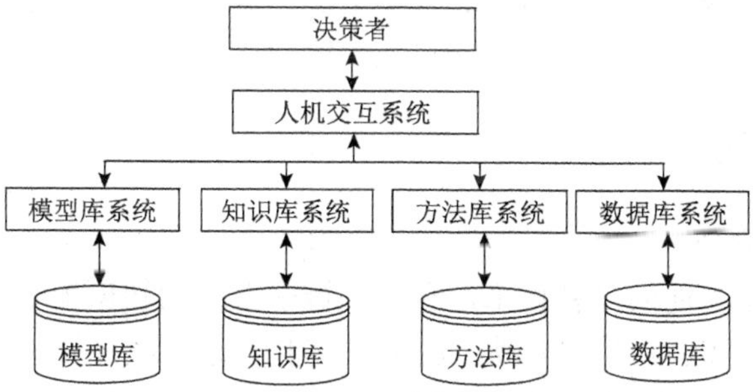

图9-7 决策支持系统结构

从图9-7可知，DSS一般由人机交互系统、模型库系统、知识库系统、方法库系统和数据库系统组成。

(1)人机交互系统。该部分包含人机接口和信息转化器，负责计算机和人之间的信息交互，因为该部分直接和决策者接触，所以有很高的界面要求。另外，该部分还负责模型库、数据库、知识库和方法库之间信息的相互传递，保证它们之间可以协调、一致地工作。人机交互系统一般是通过对决策者不断提问来达到人机交互目的的。

(2)模型库系统。DSS的模型库及其模型库管理系统是DSS的核心，建模的对象是DSS需要解决的问题，不同的组织以及组织不同层次的决策需求是不一样的，其模型库也是不一样的。

(3)数据库系统。数据库系统由数据库和数据库管理系统构成。数据库管理系统负责管理和维护DSS中使用的各种数据，模型库以这些数据为运行依据并产生各种决策信息，将产生的结果以报表或图形形式存放在数据库中。同样地，方法库和知识库与数据库之间的联系和模型库类似。

(4)知识库系统。该系统由知识库及其管理系统、知识推理系统组成，该系统基于相关领域专家的知识，将与决策有关的知识信息、事实规则、人工智能技术相结合，通过推理机来实现知识的表达与运用。

(5)方法库系统。方法库及其管理系统用来存储和管理各种决策方法，包含数值方法和非数值方法，如预测方法(时序分析法、结构性分析法、回归预测法等)、统计分析法(回归分析、主成分分析法等)、优化方法(线性规划法、非线性规划法、动态规划法、网络计划法等)等。

9.5.4 决策支持系统的发展

随着信息技术、计算机技术、网络技术、各种智能技术和管理思想理论的不断发展，DSS 正在向智能化、群体化等方面发展。

(1)智能 DSS(intelligence decision supporting system，IDSS)。该系统是知识工程(knowledge engineering，KE)、人工智能，以及专家系统(expert system，ES)技术和 DSS 相结合的产物。IDSS 为处理复杂的决策问题提供了技术保证，使得 DSS 具有了智能。

(2)群体 DSS(group decision supporting system，GDSS)。GDSS 是由 DSS 发展而来，通过多个决策者参与决策过程，信息的来源更加广泛，这样可以避免单个决策者的片面性和可能出现的独断专行等缺点，所以 GDSS 比 DSS 更合理、更科学。

9.5.5 专家系统

1. 专家系统的概念

专家系统是人工智能的一种技术，它将领域中专家的知识集中起来，建成一个知识库，然后利用这些知识、启发式算法、经验规则和推理方法进行决策。

专家系统一般可以划分为以下几个组成部分：知识库系统、推理机系统、知识获取系统、人机界面。其中，知识库系统和推理机系统是核心组成部分。

从专家系统的组成可以得知其主要包含以下关键技术。

(1)知识表示技术。该技术将专家的知识转变成计算机程序系统所能接受和应用的形式。可以用逻辑方法、语意网络法、框架法、产生式规则法等方法对专家知识进行表示。

(2)推理技术。通过对决策者提问，运用专家知识进行判断、推理，直至得出结论。推理包含确定推理和不确定推理，后者又分为概率推理与模糊推理。

(3)人机接口技术。决策者通过人机接口向系统输入需求和有关信息，而系统通过接口向决策者输出关于决策问题的解决方案。

2. 专家系统的开发

20 世纪 60 年代中期，美国斯坦福大学的 DENDRAL 计划以及麻省理工学院的 MACSYMA 计划开始研制首批专家系统，后来提出了较为完善的专家系统的概念。目前专家系统广泛应用于医学、地质、生物化学、故障诊断、工程、数学问题求解、教育、军事等领域，取得了很大的进步。例如，1986 年 Lemmon 等开发的棉花生产管理系统 COMAX；陆汝钤等的“天马”专家系统开发工具；吕民等的 ASCS 农业专家咨询系统开发平台。目前利用我国中国科学院合肥智能机械研究所研制的“雄风”系列农业专家系统开发工具，已开发出施肥、栽培管理、园艺生产管理、畜禽水产管理饲养、水利灌溉等专家系统，在全国 20 个省区市 200 多个县推广应用，效果很好。

9.6 冲突分析

前面所分析的风险型决策、效用理论、贝叶斯决策等决策分析方法都是在定量或者可以转化成定量的前提下才可以使用的。但是现实的政治和经济系统中存在大量的信息无法进行量化，下面的冲突分析正是为这一类决策服务的。

9.6.1 冲突和冲突分析

冲突事件常常发生在日常的生活和生产中。冲突可以小到人与人之间的分歧和矛盾，大到社会集团，乃至国家与地区之间在经济或政治利益上的争端和冲突。冲突可以简单定义为两个或两个以上的组织(个人)为了各自的利益采取行动来达到自身目的所形成的状态。

冲突分析是利用数学理论和方法对冲突事件进行正规分析的方法，它运用数学模型来描述冲突现象，提取冲突过程的本质和特点，分析各种可能和必然的冲突结果，并为决策者提供有力的决策依据。冲突分析研究是决策论的一个分支。

冲突分析的步骤可以抽象为图 9-8。分析现实问题，描述冲突事件，对问题进行抽象并建立相应的冲突模型，然后分析冲突结果，最后提出决策结果，若结果并不能令决策者满意，可以重新进行冲突分析。

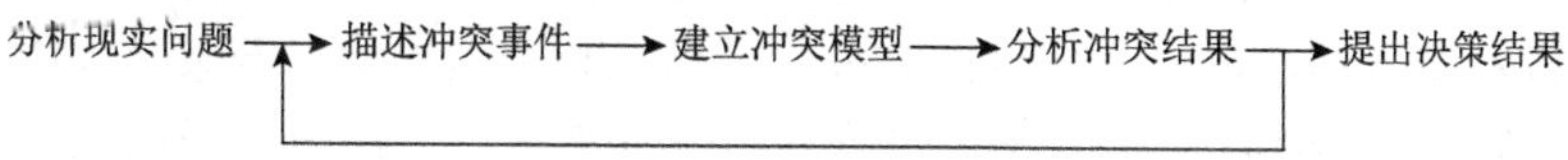

图 9-8 冲突分析的步骤

9.6.2 冲突模型

1. 冲突模型的构成要素

通过以上对冲突分析的介绍不难看出，不同的冲突现象具有一些共同的特征，都包含局中人、策略、结局、偏好序列、时间点等。

(1)局中人。任一冲突至少会涉及两个或更多的参与者，他们为了达到自己的目的进行决策，将具有独立决策权的参与者称为局中人。局中人可以是个人也可以是团体，将冲突中利益与行动完全一致的参与者视为同一个局中人。

(2)策略。将局中人所选择的行动方案称为策略，所有策略的集合称为策略空间。需要注意的是策略空间描述的是一个完整的行动方案而不是某个单独的方案，这一点恰恰说明了行动和策略之间的区别。若在冲突模型中，策略的个数是有限的，则称之为“有限对策”；否则称之为“无限对策”。

(3)结局。各个局中人所选择的策略集合称为冲突的结局。

(4)偏好序列。各局中人根据自己的价值观，用偏好函数计算对各个结局的偏好，将各个结局按照其偏好顺序进行排列形成了偏好序列。对偏好函数的选择在冲突分析中起着非常重要的作用，也是模型化过程中最重要的一步。

(5)时间点。冲突分析是一个动态的过程，决策各个阶段的状态可能不断发生变化，因此用时间点来描述冲突分析的各个阶段。

2. 冲突模型的稳定性分析

在进行冲突分析过程中，一般假设所有的局中人都是理性的：决策者总是在几种可能的选择中选择能给他带来最有利结局的策略。但是冲突分析的一个重要特点是结局都是由两个或者多个局中人共同决定，单个局中人不能决定冲突的结局。局中人只能决定自己的行动，而无法控制其他局中人的策略选择(将局中人可以单独改变自身策略的能力记为 UI)。我们将冲突分析中最有可能为所有局中人所接受的结局称之为稳定解。稳定性分析是指在冲突分析中寻找稳定解的过程。稳定性分析中稳定解的选择受局中人自身经验和对待风险态度的情况影响。所以在稳定性分析时要根据局中人自身的特点，选用不同的决策准则来进行分析。稳定性分析的结果就是稳定解，它将给局中人提供决策依据：反映出局中人应该采取什么样的行动来达到自身目的，同时还揭示各种结局之间的动态联系，以及各局中人相应的策略变化。这样，当冲突的某些条件发生变化的时候，决策者可以及时做出相应的策略变动。

根据稳定性定义，可以将冲突分析的稳定性划分为三种类型。

(1)合理稳定性(r，rational stable)。如果任一局中人都不能对冲突进行单方面改进(即局中人在某个结局中都没有 UI)，那么该结局对局中人是理性稳定的，并记作 r。合理稳定性就是纳什均衡，表示局中人在现有结局中已无法进一步优化自己的偏好。

(2)连续稳定性(s，sequentially stable)，是指在某个结局中，若某个局中人单方面采取了改进措施，则其他局中人也会采取单方面改进策略，使得改进后的结局比初始的结局还要差，这种稳定性是由考虑到局中其他对手连锁反应的后果而造成的，所以叫作连续稳定，并记作 s。

(3)不稳定(u，unstable)。在结局中，若局中人至少有一个未被约束的 UI，那么该决策对于该局中人就是不稳定的。

3. 案例

下面以囚徒困境为例来说明上述理论和概念。囚徒甲和囚徒乙由于涉嫌一个案件被拘留，警察已经确定他们是有罪的，但是没有找到足够的证据。现在将二人分开监禁并告诉他们条件，各个囚徒需要在坦白和不坦白之间做出选择：若二人都不坦白，警察将二人各判 1 年；若其中一人坦白，则坦白者从轻处罚，不判刑，而对不坦白者严重处罚，判刑 4 年；若二人都坦白，则二人都从轻处罚，都判刑 2 年。

首先，对这个冲突的描述见表 9-10。

表 9-10 囚徒困境

囚徒甲	囚徒乙	
	不坦白	坦白
不坦白	−1，−1	−4，0
坦白	0，−4	−2，−2

表9-10中的行表示囚徒甲的策略集，列表示囚徒乙的策略集。行和列的交叉处表示一个结局，由于甲乙二人各有两个策略，故一共可能出现的结局有四个：第一个结局是二人均不坦白；第二个结局是甲不坦白，而乙坦白；第三个结局是甲坦白，乙不坦白；第四个结局是二人都坦白。每一个结局都用两个数字来反映，其中第一个数字反映囚徒甲的偏好，第二个数字反映乙的偏好。例如，甲乙二人都不坦白(–1，–1)结局中，第一个–1反映囚徒甲的偏好，第二个–1反映乙的偏好；而(–4，0)中–4反映囚徒甲的偏好，0反映乙的偏好。

其次，对囚徒困境进行冲突分析。对于甲乙的策略集合，0反映该策略不被选择，1反映该策略被选择。下面用表9-11来反映囚徒困境的冲突分析结果。

表9-11 囚徒困境：局中人及其行动

囚徒甲				
(1)坦白	1	0	1	0
(2)不坦白	0	1	0	1
囚徒乙				
(1)坦白	1	1	0	0
(2)不坦白	0	0	1	1
结局	1	2	3	4

表9-11中第一列的结局反映二人坦白；第二列结局反映甲不坦白，乙坦白；第三列结局反映甲坦白，乙不坦白；第四列结局反映甲、乙都不坦白。

表9-12反映了甲乙的偏好量，根据各个局中人对结局偏好值的不同，将偏好值从高到低排列，形成了0-1式冲突模型。

表9-12 囚徒困境中局中人的偏好量

囚徒甲的偏好量					囚徒乙的偏好量				
囚徒甲					囚徒甲				
(1)不坦白	0	1	0	1	(1)坦白	1	1	0	0
(2)坦白	1	0	1	0	(2)不坦白	0	0	1	1
囚徒乙					囚徒乙				
(1)不坦白	1	1	0	0	(1)坦白	0	1	0	1
(2)坦白	0	0	1	1	(2)不坦白	1	0	1	0
结局	2	1	4	3	结局	3	1	4	2

最后，分析该冲突决策的稳定性。

表9-13中，由于囚徒甲在结局2和结局4没有Ul，而乙在结局3和结局4也没有Ul，故结局2和结局4对甲与结局3和结局4对乙满足合理稳定性。

表 9-13 囚徒困境：稳定性分析

决策者	状态	状态	状态	状态	稳定性
	X	E	E	X	整体稳定性
	r	s	r	u	个体稳定性
囚徒甲	2	1	4	3	
		2		4	
	r	s	r	u	个体稳定性
囚徒乙	3	1	4	2	
		3		4	

注：X 表示没有均衡；E 表示有均衡

表 9-12 中标注的结局 1 中，对于甲而言，甲可以利用 UI2 将结局 1 改变到结局 2；但对于乙，乙也有 UI，乙可以将结局由 2 改变到 4。但是对甲来说，结局 4 比结局 1 要差，甲的 UI 被制裁，所以结局 1 对甲是连续稳定的。同理，囚徒乙中的结局 1 也是连续稳定的。

表 9-13 中，囚徒甲在结局 3 中总要通过 UI 改变自身的处境，同样囚徒乙在结局 2 中也是如此，故这两个结局是不稳定的。

将稳定性分析结果填写到表 9-13 中。

9.6.3 冲突模型的分类

根据冲突模型的特点来对冲突模型进行分类。

(1) 根据局中人的数量来进行分类：将只含有两个局中人的冲突模型称为“二人对策”(简单冲突)；而含有多个局中人的冲突为“多人对策”(复杂冲突)。

(2) 根据局中人所拥有的策略数目来分类：若二人决策中一个局中人有 m 个策略，另一个有 k 个策略，则这样的冲突有 $m×k$ 个对策。另外，若局中人在冲突中只能使用单一的策略，则称为纯对策，否则为混合对策。

(3) 根据局中人的偏好与偏好函数来分类：若局中人的偏好是用定量函数来表示的，则称为效益函数或支付函数；若无法用定量的信息来描述，则称为偏好函数。

另外，若局中人的数目是有限的，而且所有局中人的策略也是有限的，则称为有限对策，否则称为无限对策。若决策中，一方的收益恰好等于另外一方的损失，则将这种冲突称为零和对策，它代表了一种绝对的冲突情况。

冲突分析特别强调决策者个人的性格、特点和经验的差异，因为这些差异影响着冲突的演变和发展方向。在冲突分析中，根据决策者自身的特点，选择不同的决策准则。冲突分析和其他决策分析最大的不同在于冲突分析中局中人之间存在着对话、谈判和合作的可能性，而且由各方合作导致的结果比不合作更为有利。

➢思考题与习题

1. 决策分析有哪些类型？构成决策分析的条件是什么？

2. 某报刊亭订购下一年的挂历。据过去经验和市场预测，下一年挂历的销售量可能是0.5万本、1.0万本、1.5万本、2万本。每本挂历的订购成本是10元，售价为15元。销售不完的挂历做废纸处理，每本2元。请分别用悲观原则、乐观原则、平均值原则和最小后悔值原则确定挂历的订购数量。

3. EMV和EOL有什么联系？

4. 报童决定本周六要批发多少张报纸，有三种方案可供选择：100张、50张和0张。每卖出一份报纸可以获利0.2元，卖不出的报纸则每张亏损0.1元。方案的后果受天气影响：天气不好，闭门在家看电视的人多，出来买报纸的人少；天气晴朗，则外出街头的人多，买报纸的人也多。假设天气很好的时候，报童可以卖出100张报纸，天气好的时候可以卖出80张，天气一般的时候可以卖出50张，天气差的时候一张也卖不出去。根据相关部门的信息测得本周六天气差的概率为0.2，天气一般的概率为0.4，天气好的概率为0.3，天气很好的概率为0.1。请分别用EMV和EOL方法对报纸的批发数量进行决策。另外，分析没有天气的全情报价值最大不能超过多少？

5. 某企业打算新建一个分厂，可以采取三种方案：大规模建设、中规模建设和小规模建设；通过对市场的调研，发现该产品在市场上需求大的概率为0.3，需求小的概率为0.7。大规模建设情况下，市场的需求量大时企业可以获得的产品利润为100万元，市场的需求量小时企业获得的产品利润为20万元；中规模建设情况下，市场的需求量大时企业可以获得的产品利润为60万元，市场的需求量小时企业可以获得的产品利润为5万元；小规模建设情况下，市场的需求量大时企业可以获得的产品利润为30万元，市场的需求量小时企业可以获得的产品利润为5万元。但是大规模建设的成本为40万元、中规模建设的成本为20万元和小规模建设的成本为10万元，请用决策树法对上述问题进行决策。

6. 开发DSS的关键技术有哪些？

7. 冲突分析的解题步骤是什么？

第10章

系统工程的最新进展

随着知识经济和全球化的到来，人类社会发生了诸多变化。如，原先以数据为中心，现以信息、概念、知识和智慧为中心；原先处理相对简单的系统，现在需处理复杂系统、开放复杂巨系统、复杂自适应系统以及系统的系统(即体系)；原先人工劳动和传统机械设备占主导，现在以信息技术为代表的高新技术(如互联网、大数据、人工智能、虚拟现实、机器人、云计算）不断涌现。人类社会的这些新变化带来了系统联系和交互的愈发频繁和紧密，系统工程规模也变得越来越大、越来越复杂。复杂系统工程(CSE)、体系工程(SoSE)逐渐成为系统工程、管理科学新的研究领域。

10.1 复杂系统

系统可以分为简单系统和复杂系统，复杂系统是相对于简单系统而言的，简单系统个体之间的相互作用比较弱，比如封闭的气体或遥远的星系，所以我们能够应用简单的统计平均的方法来研究它们的行为；复杂系统中的个体相互之间存在强烈的耦合关系，并且一般具有一定的智能性，如生态系统中的动物、公司里的职员。这些个体都可以根据自身所处的部分环境和掌握的部分信息来进行智能的判断或决策。

10.1.1 复杂系统的概念

系统的整体性意味着认识了系统的各个组成部分并不等于认识了系统整体，系统的整体功能并不是各组成部分的简单叠加，这便造成了系统的复杂性。复杂性是非线性、不可逆性、不确定性、标度无关性、自相似性、模糊性等复杂属性的总称。复杂性可以说是现代科学中最复杂的概念之一，所以至今无法给出统一的定义。

系统的复杂性主要表现在以下几个方面。

(1)系统的各个元素之间存在紧密的联系，因此每一个元素的变化都会受到其他元素的影响，并且会引起其他元素的变化。

(2)系统层次的多少也是系统复杂性的一个重要表现。系统在发展过程中能够不断地学习并对其层次结构进行重组和完善。

(3) 系统是动态的，它处于不断的发展变化之中，与环境有着密切的联系，能与环境进行物质和能量的交换，从而更好地适应环境。

关于复杂系统，许多科学家提出了多种定义方式，虽然国内外学者对系统工程的定义差别较大，但我们可以通过复杂系统的一些特点来理解究竟什么是复杂系统。

复杂系统中的元素或主体的行为遵循一定的规律，并且能够根据外部环境和自身接收的信息来调整自己的状态和行为，这也是复杂系统最本质的特征。例如，一个企业若想生存下去，需要适应外部的环境、掌握有效的信息，并根据这些调整自身的做法，这里企业就可以被看作一个复杂系统。

在复杂系统中，没有哪个主体能够知道其他所有主体的状态和行为，每个主体只能从相对较小的一个集合中获取信息，即所谓的局部信息，再做出相应的决策。还是以企业为例子，很多企业中都会设置不同的部门，每个部门相对独立又相互合作，多数情况下，人们只对本部门的情况较为了解，哪怕是企业的最高领导者也不会对所有的信息都了如指掌。

复杂系统可以被看作一般系统的一个种类，与一般系统相比，复杂系统组分之间相互作用、相互联系的方式不同。复杂系统组成成分一般非同质，且具有多层次结构，不仅各个组成部分之间存在相互作用，而且子系统之间、层次之间都存在着复杂的相互作用，尤其是存在着强非线性的相互作用。例如，企业中各个部门之间，同一部门的上下级之间都存在着各种各样的联系。需要注意的是，非线性是复杂系统的必要条件而不是充分条件，即复杂系统一定具有非线性，但具有非线性的系统不一定是复杂系统。

综上所述，我们可以把复杂系统定义为具有中等数目基于局部信息做出行动的智能型、自适应性主体的系统。复杂系统是由众多存在复杂相互作用的组分(或子系统)组成的，系统的整体行为不能由其组分的行为来获得。在我们的日常生活中，随处可见复杂系统。

10.1.2　复杂系统理论的发展历史

研究复杂系统理论的发展历史首先要从复杂性科学(complexity science)的发展谈起。

尽管复杂性科学这个范畴是在 20 世纪 80 年代才被提出的，但是关于复杂性的研究其实早在 20 世纪上叶就开始了。复杂性科学的发展大致可分为三个阶段。

研究的初始阶段是从 20 世纪 40 年代开始的。此期间的主要成就表现为：一般系统论、控制论和信息论。

1937 年，奥地利生物学家贝塔朗菲在芝加哥大学莫利斯主持的哲学讨论会上第一次提出一般系统论的概念。1945 年他发表《关于一般系统论》，一般系统论是研究系统中整体和部分、结构和功能、系统和环境等之间的相互联系、相互作用的理论。贝塔朗菲研究了机体系统、开放系统和动态系统的理论，试图以机体系统理论解释生命的本质。他还把开放系统作为系统的一般情形，全面考虑了开放系统的输入、输出和状态等基本因素，科学地解释了与开放系统有关的稳态及有序性等问题。关于动态系统，他用数学的方法描述了系统的各种性质，如整体性、加和性、竞争性、机械性、集中性、终极性、等。所有这些工作，为他的一般系统论奠定了理论基础。

控制论是关于在动物和机器中控制与通信的科学，创始人是维纳。他提炼出来包括生物系统和人工系统在内的极为广泛的一大类系统的共性和规律。控制论提炼出的诸如目的、行为、通信、信息、输入、输出、反馈、控制一类的基本概念，以及在这些概念基础上的控制论系统模型，具有广泛的普适意义。

信息论是关于信息的本质和传输规律的科学理论，是研究信息的计量、发送、传递、交换、接收和存储的一门学科。1948 年，美国贝尔电话研究所的数学家申农发表《通信的数学理论》一文，成为信息论诞生的标志。

20 世纪 60～70 年代是研究发展的第二阶段。在此期间产生的主要复杂性科学理论包括耗散结构理论、协同论、突变论。

耗散结构理论是比利时物理化学家普里高津在 1969 年提出的。他认为热力学第二定律以及统计力学所揭示的是孤立系统(与环境没有物质和能量交换)在平衡态和近平衡态条件下的规律。但在开放并且远离平衡的情况下，系统就有可能从原来的无序状态自发转变到在时间、空间和功能上的有序状态。耗散结构是相对平衡结构而言的，平衡结构不需要同外界进行物质或能量的交换就可以维持有序状态，但耗散结构必须同外界交换物质或能量才能维持其有序状态。

协同论是德国物理学家哈肯在 1969 年提出的，他发现激光是一种典型的远离平衡态时由无序转化为有序的现象，但他也发现即使在平衡态时也有类似现象，如超导和铁磁现象。这就表明，一个系统从无序转化为有序的关键并不在于系统是否处于平衡状态，而是系统内部各子系统之间在一定条件下，通过非线性相互作用，自发地产生在时间、空间和功能上稳定的有序结构，这就是自组织。哈肯还提出，系统在临界点附近的行为仅由少数慢变量决定，系统的快变量由慢变量支配，这就是所谓的役使原理。

突变论是法国数学家托姆在 1972 年提出的。突变论是非连续性变化的数学理论，通常所指的突变理论实际上是初等变换。突变论的主要任务是建立突变现象的定性定量模型，用以研究不连续现象的机理并做出预测。

到了 20 世纪 80 年代复杂性科学进入了第三阶段，即综合研究阶段，复杂性科学研究不再是分门别类地进行，而是打破了以前的学科界线，进行综合研究。

三位美国的物理学和经济学等领域诺贝尔奖获得者，盖尔曼、阿罗、安德森认识到复杂性科学的重要意义，并聚集了一批物理、经济、生物、计算机等方面的研究人员，1984 年在圣塔菲成立了一个研究所，就是著名的圣塔菲研究所，并将研究复杂系统的学科称为复杂性科学。圣塔菲研究所在复杂系统方面的研究内容包罗万象，几乎包括传统自然科学和人文社会科学的全部领域。

1994 年，在圣塔菲研究所成立十周年之际，霍兰正式提出复杂适应系统理论，这个理论的提出对于人们认识、理解、管理复杂系统提供了新思路。

中国最早重视复杂性科学研究的是钱学森。他从 20 世纪 80 年代就洞察到这一科学新方向的重要性，以他为核心，聚集了一批力量，“以开放的复杂巨系理论为学术旗帜开创了中国复杂性研究之先河”，被称为钱学森学派。

10.1.3　复杂系统的特点

前面两个小节介绍了复杂系统的概念以及发展历史，本节将通过介绍复杂系统的特点来进一步地阐述什么是复杂系统。总结起来，复杂系统具有以下几个主要的特点。

(1) 自适应性/自组织性(self-adaptive/self- organization)。系统是由时空交叠或分布的组件(有时也称为主体、元素等)构成的。这些组件具有自适应、自学习、自聚集、自组织等能力，组件能够通过不断地学习，调整自身的结构和行为，以适应外部和内部的变化。组件之间、组件与环境之间会发生各种各样的交互作用，正是组件的自主性，以及组件间交互的复杂性，使得整个复杂系统呈现出复杂性，同时也是复杂系统不断演化的驱动力。这也是复杂系统最基本的一个特点。

(2) 不确定性(uncertainty)。不确定性与随机性相关，随机性指的是不规则、不能预测的行为，复杂系统中的随机因素不仅影响系统的状态，而且影响组织结构和行为方式。不确定性还与混沌相关，混沌是指发生在确定性系统中貌似随机的不规则运动，一个确定性理论描述的系统，其行为却表现为不确定，既不可重复也不可预测，这就是混沌现象。进一步研究表明，混沌是非线性动力系统的固有特性，是非线性系统普遍存在的现象。在现实生活和实际工程技术问题中，混沌是无处不在的。

(3) 涌现性(emergence)。所谓涌现性是指系统的各个部分组成一个整体后，就会产生整体具有而部分没有的某些东西(性质、功能、要素)。涌现是有层次的。不同的层次将产生不同的涌现效果，上一层次的涌现必由下面层次的涌现产生。涌现应具备以下一些特征：一是必须由系统产生，该系统由多个组分(子系统)组成；二是系统具有一定的自适应能力，能够通过不断地学习，调整自身的结构和行为，以适应外部和内部的变化；三是通过适应改变了系统的结构和行为形成演化，具备了新系统的整体功能，从而产生了涌现。

(4) 目的性(objective)。任何一个复杂系统都有特定的目的，为了总体目的，各子系统直至每个元素都有各自的目的。只有了解不同层次的目的，才能更好地管理系统。在分析系统目的性时往往采用目的-手段法，就是将系统要达到的目的与所需手段按照系统展开，一级手段等于二级目的，二级手段等于三级目的，以此类推，即认为目的是上一层的手段，手段是下一层的目的。

(5) 演化性(evolution)。复杂系统对于外界环境和状态的预期—适应—自组织过程导致系统从功能到结构的不断演化。这种演化运动在物理系统中是不存在的。物理系统一般由多个已有的元素组成，功能和结构都不会改变。而复杂系统一般是由简单的元素组合，经过不断的演化而发展为功能和结构更为复杂的系统。从低级到高级，从简单到复杂，不断地演化，是复杂系统最本质的特性。

(6) 开放性(opening)。系统与外部环境以及子系统之间存在能量、信息或物质的交换。就系统环境而言，开放表现为最复杂与最常见的不确定的、动态连续的环境类型。复杂性不仅体现在系统本身，而且也体现在环境。一般来讲，一个复杂系统在诞生以后，它会主动适应环境的需要，调整自己使自己适应环境，从而更加有利于自身的发展。因此，在分析复杂系统问题时，要充分考虑环境对系统的作用。

10.2 复杂系统工程

复杂系统受到众多科学领域的关注，目前已经成为国内外学者研究的热点。为了解决越来越多的复杂系统问题，复杂系统工程(complex systems engineering，CSE)应运而生。如果系统工程是对系统实施组织与管理的综合技术，那么，复杂系统工程就是对复杂系统实施组织和管理的综合技术。

10.2.1 复杂系统工程的基本特点

就复杂系统工程的主体而言，其主体具有一定程度的智能性，即具有了解其所处的环境，预测其变化，并按预定目标采取行动的能力，这也就是生物进化、技术革新、经济发展以及社会进步的内在原因。

就复杂系统工程要达到的目标而言，无非是使系统达到最优的开发、设计、管理和运行。但实际工作中，由于系统的复杂性，达到最优的情况是不现实的，人们往往追求“满意”的结果，但在不同的时期，人们对于系统的功能需求的重点也是在不断变化的，这就造成了系统目标的不确定性。

就复杂系统工程的研究对象而言，具有一定的潜在性和隐蔽性，一个系统现象可能由多个子系统交互影响，为了实现复杂系统时时变化的目标，需要在不同阶段选择不同的系统控制点。例如我国光伏产业的发展，由最初的制造业逐渐转换为光伏应用，国家对其的政策也有最初的供应补给转变为以需求补给为主。复杂系统的研究对象是十分广泛的，基本囊括了生活的方方面面：经济、技术、环境、资源、交通、安全等等。

就复杂系统工程解决问题的方法而言，是以软为主，软硬结合，所谓的“以软为主，软硬结合”是指由于系统的复杂性，通常无法找找一种现成的硬技术可以很好的解决问题，而需要应用系统分析、系统评价和系统仿真等软技术，结合现有的硬技术，综合解决系统问题。复杂系统工程解决问题不仅仅涉及事物本身的机理，还涉及运用什么技术、手段去解决、以及如何协调与事物相关的方方面面。

10.2.2 复杂系统工程组织自主协调性

任何复杂系统在某个时刻都具有一定的组织。组织这个词虽然我们经常使用，国内外学者也提出过众多关于组织的理论，由于不同理论的角度不同，如从组织结构方面、组织形态方面、组织行为方面、组织控制等方面去理解组织，对组织概念的解释相差也比较大。从广义上说，组织是指由诸多要素按照一定方式相互联系起来的系统。系统论、控制论、信息论、耗散结构论和协同论等，都是从不同侧面研究有组织的系统的。从狭义上说，组织就是指人们为实现一定的目标，互相协作结合而成的集体或团体，如党团组织、工会组织、企业、军事组织等。

复杂系统工程由一系列的组织对象相互作用来完成共同目标，其中组织对象具有自主性，即他们需要根据系统中其他组织的状态以及系统外部环境的状况，在不受其他组织和系统的干扰下，进行自我判断与自我行动。这种性质是由系统的复杂性引起的，如系统要素之间存在复杂的交互行为。这种复杂性也使得集中控制难以实现系统的目标，需要分布式的控制方式，组织的主体需要自主地调整自己的行为。除此以外，工程目标、外部环境以及其他的组织对象都会影响组织的自主性。

如果组织对象只具有自主性，会导致系统效率的下降。比如篮球比赛中，五个队员发挥着不同的作用，一般情况下，前锋负责抢内线篮板并且帮助后卫外线得分，中锋主要负责篮板和内线得分，后卫则以组织进攻为主，他们都具有一定的自主性，但是如果他们之间没有很好的配合协调，就会很难取得比赛的胜利。因此，复杂系统工程的对象除了具有自主性，还需要具有合同协调性。

所谓合同协调性就是组织对象在一系列合同的制约下，相互协作来共同完成某项任务的性质。复杂系统工程具有工程目标的不确定性和外部环境的多变性特点，而合同协调性有益于系统应对这种不确定性，从而保证系统目标的成功实现，合同协调性也为整个大系统产生协同性的自组织结构的涌现提供了可能。

抗灾动员指挥复杂系统工程承担着人们对其复杂多样的功能需求。这些功能需求是多样的，如安全需求、经济物质需求、社会需求、工程技术需求、政治需求、环境需求等。同时，这些需求也是多层次的，如安全需求包括受灾群众的生命安全、救援人员的生命安全、灾区珍稀动植物的安全、灾区重要设施安全、灾区国家机密安全(核机密)等。抗灾动员指挥复杂系统工程的目标就是更好地满足这些复杂的系统需求，灾害的复杂性及抗灾动员指挥复杂系统需求的演进性，造成了系统目标的不确定性。在灾害爆发时，抗灾动员指挥复杂系统就面对着多种交织的目标需求。首先，要考虑对受灾群众开展救援工作，这是系统目标需求之一。同时，必须考虑救援人员的安全，此时进入灾区是否安全，这是系统目标需求之二。由此，必须利用各种技术对灾害的发展进行预测，这是目标需求之三。此外，还必须要考虑是否存在突发情况引发更大的安全需求如二次灾害的发生，这是目标需求之四。此时，可能还存在更多没有考虑到的系统目标需求。可见，抗灾动员指挥复杂系统工程的目标并不是很清晰，具有一定的不确定性。抗灾动员指挥复杂系统目标的不确定性造成了抗灾动员指挥复杂系统工程控制对象的多变性。在灾害的爆发初期，抗灾动员指挥复杂系统的主要控制对象是人，主要目标是使用各种手段保障人的生命安全和防止次生灾害。人员救治工作完成后，系统主要控制对象就是人民生活，目标是满足灾区灾民及救治人员的各种生活需求，进行科学合理的安置。安置工作完成后，系统主要控制对象就是社会经济需求，目标是使灾区更好、更快地重建，让人民群众安居乐业。

抗灾动员指挥复杂系统目标和控制对象的变化要求抗灾动员指挥复杂系统组织结构做出调整来满足系统控制目标的变化。抗灾动员指挥复杂系统工程中分为人员救治阶段、群众安置阶段、次生灾害控制阶段、灾区重建阶段等。各阶段的系统组织结构在应急性与经常性、短期性与长期性、分布性与集中性、地区性与全国性等方面，都存在着明显的差异，需要灵活的调度策略来组织系统中众多元素构成新的组织结构。

10.3 体系

随着社会的不断发展，新的任务不断出现，复杂系统以及复杂系统工程也不能完全满足需求。近年来，“系统的系统”(system of systems)越来越频繁地出现在系统工程的领域中，得到了普遍的关注(王元放等，2007；徐振兴和姜江，2011)。“系统的系统”即体系。互联网是“系统的系统”最为典型也最为人所熟悉的例子，除此以外，航空系统、智能交通系统等也是具有代表性的例子，可以说，现代复杂系统最具体的现实体现就是体系。

10.3.1 “体系”的定义

在不同领域和应用背景中，体系的定义不尽相同，目前尚未形成一个精确定义或描述。据统计，体系的典型概念与定义不下 40 种(顾基发，2018)。以下对部分典型定义进行介绍。

Manthorpe 认为体系是由 C4I(command, control, computers, communications and information)和 ISR(intelligence, surveillance and reconnaissance)系统联系起来的具有相互协同和协作能力的系统。其应用背景是现代军事系统。

美国空军技术部门根据空军面临的挑战，指出体系由一组成员系统组成，这些成员系统可以根据实际情况动态地添加或删除，每个成员系统都具备一定的功能并自我管理，当它们集合在一起时便产生出某种卓越的能力。

美国陆军部在陆军软件模块化法规中定义体系为系统的集合，这些系统在协同交互过程中实现信息的交换与共享。

Maier 于 1996 年总结了综合防空体系和互联网表现出的体系特征，指出体系由一组成员系统组成，每个成员系统都是一个独立的系统，并具有运作独立性和管理独立性。如国际航空系统(飞机、机场、航空公司、航空交通控制系统)，战区弹道导弹防御体系(监视、跟踪、拦截系统和 C4I)。

美国国防采办大学的研究指出，体系是一个由独立起作用的系统组成的以实现特定功能的更大规模的系统组合，强调“整体大于部分之和”。

Cook 在 2001 年提出，体系是包含人类活动的社会—技术复杂系统，通过组成系统之间通信和控制实现整体涌现行为。

Kaplan 于 2006 年抓住体系的整体特征和为了进一步的研究需要，定义体系是一个由不同组织开发的相互依赖的子系统组成的大型、复杂、持久的系统集合，它的目的是提供多种能力以完成多种任务。

除此之外，顾基发于 2018 年总结了体系的若干其他定义，如：

体系是系统的综合，而非单纯的系统集成。系统的综合以系统的演化发展、协同与优化为目的，最终达到提高整体效能的宗旨。应用背景是未来战场环境信息系统的综合集成，军事领域复杂体系的发展规划；

体系是分布环境中异构系统组成网络的集成，体系中这些异构系统表现出独立运作、独立管理和区域分布特征。其应用背景是国家交通系统、军事体系和空间探索；

体系的组成不同于一般系统的内部结构，是一种系统间的交互，而非重叠。其能够提供单一系统简单集成所不具备的更多或更强的功能，其组成系统是能够独立运作的单元，能够在体系所生存的环境中发挥其自身的职能。应用背景包括地面防控体系、战区导弹防御体系、航天飞机等。

从以上各种关于体系的定义与描述可以看出：在不同的体系(如武器体系、计算机体系、防御体系、企业体系)内，体系通常有各自的定义。但总体上来看，体系是由系统组成的，但并不是系统的简单叠加，组分系统的缺失都会造成整个体系效能的大幅下降，甚至失效。体系的目标是动态的、不确定的。组成体系的系统可以独立地管理和运行；体系不存在明确的边界并且会随着时间以及环境的变化而演化。

10.3.2　“体系”分类

Maier(1996)提出“系统的系统”分为三种类型：定向式、协同式和虚拟式。

(1)定向式“体系”，指具有特定功能、集成的“系统的系统”，采用集中管理模式，确保长期、可靠、稳定运行；成员系统独立运行，其常规功能服务于集中管理的要求。例如，综合防空体系采用集中式管理，以防御敌方系统的攻击。

(2)协同式“体系”主要特点是集中管理机构，但不具有强制力。各成员系统自愿协同工作，以实现集中组织和管理。例如，互联网是协同式“系统的系统”，其实在早期，互联网是定向式“系统的系统”，主要实现计算机资源共享，后来逐渐演化为协同式“系统的系统”。

(3)虚拟式“体系”没有集中的管理机构和协议，必须依靠隐含机制维持运行，如万维网和社会经济系统等，它们在物理上和管理上都是分布的。万维网比互联网更加分布，万维网从来没有集中控制机构，它通过公开出版的标准(包括命名规则和文档结构等)实现控制，网站自愿选择是否遵守标准。

10.3.3　体系、一般系统与复杂系统

我们认为，体系是由系统演化而来，从广义上讲，体系属于系统，是一类复杂巨系统，但“体系”与一般系统有着明显的区别。

就设计目的而言，一般系统主要是满足相对简单的、静态的功能，“体系”则可以根据用户需求以及外部环境的变化，满足较为复杂的、动态的功能，这也是提出“体系”的初衷：解决社会、经济、军事等领域的复杂问题。

就管理方式而言，一般系统拥有中心控制结构管理整个系统。“体系”则不存在中心控制系统，成员系统独立运行和管理，这也是“体系”最为突出的特点。例如，综合防空体系是“系统的系统”，其成员系统包括雷达系统、导弹系统和指挥命令中心，其都能够独立运行和管理；而导弹系统则不是“体系”，因为其组成部件，诸如马达、机身和传感器等都不能独立运行和管理。

就系统规模而言，一般系统有着确定的系统边界，“体系”，系统边界也是不确定的，

可能随着时间或者环境的变化而变化。地理上分布范围广泛，通常分布在很大的区域内。

体系与复杂系统的差别相对较小，但是也不能混为一谈。复杂系统在同一环境中，只有部分组成元素具备独立性。体系的每个组成元素都必须能够独立运作。这是体系与复杂系统最主要的一个区别。

10.3.4 “体系”实例

上部分内容我们已经介绍了“体系”的定义、分类以及它与一般系统、复杂系统的区别与联系，本小节将举出几个具有代表性的“体系”。

1. 互联网

互联网是典型的“体系”，主要由计算机网络和主机节点构成。主机节点通过协议进行信息交互，这些协议依靠主机节点自愿遵守，仅有很小的强制性，强制性仅体现在主要节点达成协议，实现通信流量控制和观测异常站点。基于互联网产生了新的“体系”，即万维网，最初目的是传输科学数据，现在已经扩展到商业、政治等多种用途。互联网协调运行通过自愿采用技术标准实现，标准确定的过程同样遵守自愿原则，具有运行独立性，它的各个成员系统独立维护和管理，大部分由企业按照市场要求开发建设和管理，具有管理独立性。

2. 现代军事综合防空体系

现代军事综合防空体系是“体系”。综合防空体系由众多不同地区的、半自治成员系统构成，成员系统包括监视雷达、被动式监测系统、导弹发射系统、导弹跟踪和控制站点、空中监视和跟踪雷达系统、战斗机及防空高炮等。成员单位通过命令和控制网络联结起来，从而建立地区级乃至国家级综合防空体系。作为“体系”运行的综合防空体系突现新功能(Saunders et al.，2005)。成员系统由军事命令和控制网络联结，在一定程度上运行，具有有限的运行独立性；成员系统由不同项目单位建设，由不同的部门管理，通过军事指挥体系联系起来，具有管理独立性。

3. 区域协同医疗信息系统

区域协同医疗信息系统也是典型的“体系”，在一定的区域内，它为医护人员、管理机构、患者以及医药产品供应商等提供卫生行业数据，以支持医疗服务、公共卫生以及卫生行政管理的工作(王淑等，2009)。区域协同医疗信息系统成员系统由各个医疗信息子系统分配指令和控制网络联结，具有运行独立性；成员由不同单位建设，不同部门管理，具有管理独立性。

4. 智能交通系统

智能交通系统利用网络和计算机技术提高公路交通管理能力，实现车辆公共信息服务和公路自动化管理。在此仅讨论两个主要成员系统，即高级交通信息系统和高级交通控制系统。高级交通信息系统的功能主要是向驾驶员提供道路交通状况实时信息和可选交通路线，以便驾驶员浏览交通状况和选择最佳交通路线；高级交通控制系统提供交通控制方法，包括道路交通网络实时和预测信息，车辆实时统计信息和计划路线等，实现城市道路交通有效控制。两者融合产生协同的“系统的系统”，成员系统按照标准通信协议进行数据交换和信息共享。智能交通系统运行需要政府和企业共同努力，有的系统如交通控制系统由公共部门负责建设，有的成员系统由企业运营，具有运行独立性；成员系统按照规范开发建设，相互独立管理和维护，具有管理独立性。

“体系”实例还有很多，它们最典型的特点就是具有运行独立性和管理独立性。展望未来，它面临的最大问题是如何将众多独立运行和管理的系统集成变为“系统的系统”，这需要广大科研人员的不断探索与实践。

10.4 体系工程

为应对“体系”在规划设计、分析、组织、集成过程中出现的一系列新问题，如互联、互通、互操作、复杂性、导向涌现性、发展演化性等问题，研究人员发展系统工程的理论方法，提出了体系工程(system of systems engineering，SoSE)的概念。与系统工程相比，体系工程更注重研究复杂大系统的体系结构、各组分之间的相互协调与相互操作问题、与环境的关系以及体系的发展和演化问题，更注重体系整体能力的提升(陈文英等，2012)。

10.4.1 体系工程的概念

与体系相同，体系工程至今还没有得到一个统一的定义。本节整理总结了几个有代表性的定义。

Keating 等(2003)发表了《体系工程》一文，指出体系工程是设计、开发、执行和转换中间系统以形成集成化的复杂系统来完成特定任务，强调这些中间系统本身是由多个自治的复杂系统组成的。《美国国防采办手册》的第四章专门讲述了体系工程，定义体系工程是对一个由现有或新开发系统组成的混合系统的能力进行计划、分析、组织和集成的过程，这个过程比简单的对成员系统进行能力叠加要复杂得多，它强调通过发展和实现某种标准来推动成员系统间的互操作。Kaplan(2006)定义体系工程是一个在多系统寿命周期内，为满足多个利益相关者的需求，发展和改进面向任务能力的多系统、多学科的处理过程。它不同于系统工程，关注的不是如何创建系统，而是关注在多系统、多学科的全寿命周期内的如何协同。SOSECE(体系工程研究中心)指出体系工程是设计、开发、部署、操作和更新体系的系统工程科学，它所关心的是：确保单个系统在体系中能够作为一个独立的成员运作并提供给体系适当的能力；体系能够适应不确定的条件；体系的成员系统能够根据条件变化需要来重组形成新的体系；体系工程整合了多种技术与非技术因素来满足体系能力需求。

综上所述，我们给出体系工程的定义。体系工程面向体系的能力发展需求，在体系全生命周期中，对体系的设计、规划、开发、组织及运作进行系统的管理。

根据体系工程的定义，我们还可以得出体系工程的主要功能。首先，体系工程可以实现体系的集成，满足在各种环境下的能力需求，对体系的整个寿命周期提供技术与管理支持，对体系问题求解并给出严格的分析及决策支持；其次，体系工程可以确定成员系统的选择与配比，维持体系中成员系统间的费用、能力、进度和风险的平衡；最后，体系工程能够胜任成员系统的交互、协调与协同工作，实现互操作。

10.4.2 体系工程与系统工程

体系工程源于系统工程，但它不同于系统工程，下面我们从几个方面把系统工程和体系工程进行比较。

从设计目的方面分析，系统工程是针对确定的性能指标或需求进行一般系统的分析、设计、开发及应用；体系工程是针对使命需求与能力空间范围的匹配进行体系问题的分析、设计、开发、管理和应用。

从设计思路方面分析，系统工程的基础框架在系统生命周期的初期阶段完成基本定义，并在之后一直会保持相对稳定；体系工程会根据环境变化的需求对基础框架进行重组和重构。

从研究对象方面分析，系统工程主要针对单个复杂系统，重点是系统的创建；体系工程主要针对多个复杂系统的集成，重点是能力的创建。

从工程组分方面分析，系统工程会对其组分实行统一的管理，设计并集成专用的接口，以满足系统中组件集成的需要。体系工程中各组分协同工作，体系中的子系统能在一定的协议和标准下独立地运行。

总的来说，体系工程的出现是必然的，它可以解决系统工程无法解决的复杂问题，当然，实现的难度也更高，需要许多方面的技术和理论创新。

10.4.3 体系工程的关键技术

体系研究的难点在于解决体系产生、集成和演化的问题，解决这些问题的技术也就是体系工程的关键技术。当前，我们认为体系工程的关键技术主要是体系集成技术与体系演化技术。

体系集成技术是指把环境中的可获取实体集成为一个体系的过程，具体可分为技术集成和管理集成。

技术集成是实现体系所处环境中可获取实体间互联操作，建立系统、平台、传感器等物理实体之间的技术标准，这些技术标准主要用于实体间的指挥、控制和通信。技术集成是体系形成的基础。

管理集成是在可获取实体之间建立良好的结构与运作机制。合理的结构保障可使得实体之间分工明确、负载平衡，以便于获取快速、有效的信息，并进行决策传递。运作机制保障可获取实体之间功能执行的各种关系，以获取使命执行的效能。管理集成包括任务集成、方法集成、数据集成及信息集成等。

体系演化技术是对现有体系的分析改进，可分为渐进演化和激进演化。

体系的渐进演化是体系应对使命环境某种程度的变化而进行的自我调适行为，这种自我调适行为是在不改变原有体系的过程、结构等根本框架的基础上进行的体系调整（陈英武和姜江，2008)。通常，体系能够在一定程度上承受环境的变化，体系能承受多大程度上的变化？达到什么样的条件才能触发体系的渐进演化？这种触发条件的研究是体系渐进演化问题的难点和重点。

体系在面临危机或者使命环境剧烈变化情况下需要进行根本上的重组与重构，这种改变体系根本特征的演化行为即体系的激进演化，激进演化体现了体系的灵活性。由于战场环境的快速激烈变化，激进演化是作战体系特别是武器装备体系研究的关键问题之一。通常，激进演化行为是在速度与有效之间的平衡，快速适应新的环境往往就牺牲了其最佳有效性，而获取最佳有效性又需要一定的时间。在激烈变化的对抗环境中，体系的演化行为是一种风险行为，这一点尤以战场作战体系或者国防体系的演化行为最为突出。从现有体系到一种新体系的演化需要一个演变过程，在这一过程中由于脱离现有体系且没有达到新的体系，这种过渡体系导致其整体效能大大降低。因此，如何选择体系演化的过渡行为和过渡途径是体系演化技术研究的难点与重点。

10.4.4　体系工程的应用

体系工程在军事领域的应用最为广泛，但随着社会的进步和发展，体系工程将在越来越多的领域中发挥重要的作用。

(1) 国防军事领域。体系工程在军事领域最主要的应用是武器装备体系建设。为了迎接新的挑战，军事装备的发展必须适应信息化发展的需要，适应一体化联合作战的特点和规律。体系工程研究可用于辅助装备发展建设，从装备能力需求出发，规划装备体系的总体构成、规模结构、配比结构、技术水平、整体效能及相关的经济和管理活动，为我军装备体系的全面、协调和持续发展提供科学手段。体系工程还可以对当前存在和正在建设的装备体系进行评估与优化，以实现合理的配置和集成，充分地发挥武器装备系统的作用，这也是军事装备体系建设的又一重大目标。体系工程通过设定、评价、比较不同武器装备体系结构方案，选择最优方案，对方案进行合理的优化与改进，以提升武器装备体系的整体作战性能。

(2) 交通运输领域。随着网上购物的兴起，物流行业随之发展迅速，物流公司面临着用户需求不确定、如何选择交通工具以及中转站等诸多问题。体系工程可以帮助其充分利用已有资源，满足运输需求，从而实现利益最大化。除此以外，航空公司经常遇到针对某一航线如何配置航班的问题，这需要考虑可利用的客机型号与数量以及航线需求之间的平衡，空运还受天气因素等诸多不确定性因素的制约，整个问题构成了体系问题。体系工程研究可以提供辅助决策，分析由乘客数量及天气因素造成的不确定性问题，满足航空公司的最大化利益要求，对整个航线的运作进行整体优化与控制。

(3) 商业领域。为实现共同的利益目标，多个公司可能在一定的时间内按照某种协议组成一个商业联盟，这个联盟可以成为一个体系。体系工程技术辅助协调成员公司之间的组合，为相互之间的信息共享与交互建立标准接口，规划联盟的管理和运作过程，使得整个公司联盟体系具备与其他联盟相抗衡的能力。

(4) 行政组织领域。国家或政府经常面临一个如何应对突发事件的问题，如恐怖活动、自然灾害等。体系工程方法辅助政府部门在不确定性及资源约束的限制条件下，合理配置与利用现有资源，提升应付多种突发事件的能力。

目前，对体系工程的运用还处于探索阶段。我们需要对其方法与工具进行进一步的研究，从而解决更多的复杂问题，发挥出体系工程应有的价值与优势。

第三篇

系统工程方法应用

第11章

文明城市评价：系统指标的结构分析

解析结构法和系统评价方法是现代系统工程中广泛运用的分析工具，其基本理论和方法是从实际问题的研究中提出的，这些理论之所以充满生命力，是因为能够用于解决一些具有现实意义的系统问题。文明城市建设是涉及城市秩序、生态环境、生产发展等多方面的复杂系统问题，在对实际问题深入了解和认识的基础上，本章运用解析结构方法简化复杂的系统问题，把握文明城市建设的重点，为城市管理者提供参考。

11.1 研究背景

城市是贯彻新发展理念的重要载体，是构建新发展格局的重要支点。一个城市最亮的底色当属文明，一个城市的文明程度体现了该城市的软实力。文明城市是指在全国建设小康社会、推进社会主义现代化建设新的发展阶段，坚持科学发展观，经济和社会各项事业全面进步，物质文明、政治文明和精神文明协调发展，精神文明建设取得显著成就，市民素质和文明程度较高的城市。自 1995 年中共中央宣传部、国务院办公厅在张家港召开全国精神文明建设经验交流会以来，文明城市的建设已经在提高城市文明程度、市民素质和群众生活质量，推动物质文明、政治文明、精神文明协调发展和经济社会全面进步等方面，发挥了重要作用，取得了显著成效。文明城市不是一个独立系统，它与和谐社会、自主创新以及可持续发展间存在密切联系。首先，文明城市是和谐社会的主要组成部分。其次，由于文明城市给自主创新创造了良好的氛围，文明城市建设可推动自主创新的实现。依据文明城市和创新间的关系，学者们提出了“创新文明城市”的概念。最后，文明城市强调城市的居住环境，因此它利于可持续发展的实现。依据文明城市和可持续发展间的关系，学者们提出了“生态文明城市”的概念。

目前，国内各地区都在积极开展文明城市的建设活动。北京作为首都，凭借奥运会这一机会，推出创建一批交通秩序优良的示范路口、开展“寻找文明出行北京人”活动、积极鼓励大中小学生参与交通文明建设等多项措施加快其文明城市建设。上海市将文明城市建设细化到“打的”文明、路口文明、文明镇、出租汽车候车站文明、文明学校等部分，并针对不同对象构建不同测评体系。其中，上海文明社区的指标体系分为三个部分：基本指标、动态指标和特色指标。动态指标应用上年的数据计算得到；而特色指标反映社区利用各自优势，展现的特色。浙江省也建立了文明县城和文明城区的评价指标体系，并开展了文明县城和文明城区文明测度。浙江省针对县城和城区建立不同的测评指标体系。文明城市测评指标是测评城市文明的基础。可见，现有文明城市的测评指标研究各有侧重，各地区的做法也各有特色。但文明县城和文明城区的评价指标体系大多分为两个部分：基本指标和特色指标。其中，基本指标反映文明城区创建的基本情况，而特色指标反映城区精神文明创建工作特色、城区整体形象。测评的数据主要采用听取汇报、材料审核、问卷调查、实地考察、整体观察等五种方法。评分方法采用“状态描述法”，以 A、B、C 描述测评内容的状态，并应用加权平均法得出测评总分。山东文明城市测评指标体系同样包括基本指标和特色指标两部分。其中，特色指标是指反映城市创建和管理中个性、特色和获得重要荣誉的情况。

文明城市测评是一项复杂的系统工程。它包含政务环境建设、法制环境建设、市场环境建设等多个子系统，并且子系统之间存在交互影响作用。此外，创建文明城市涉及因素多、影响面广，导致文明城市测评指标众多，数据收集工作量大。文明城市测评方法的选择直接影响文明城市的测评结果，现有的文明城市测评方法主要有 WA(weighted average)方法和 AHP(邓丽君和马宏伟，2009)。WA 和 AHP 均要求测评指标间满足独立性(章玲等，2007)。而《全国文明城市测评体系》中设定了各级文明城市测评指标体系的指标间具有相互影响关系。例如，政务环境和法制环境间存在着相互影响关系：只有政务环境廉洁公正才能创造公正、公平的法制环境，而法制的宣传和人民权益的保证又依赖于政务环境。

本章将讨论文明城市测评问题，详细分析文明城市测评的现实背景；应用 DEMATEL 方法对省会/副省级文明城市测评指标间的相互影响关系进行研究，分析出原因指标和结果指标，从而实现测评指标的精简。在此基础上，计算省会/副省级市的文明综合评价值。

11.2 基于 DEMATEL 方法的指标相关性研究

11.2.1 文明城市一级测评指标分析

适用于省会城市文明测评体系的一级指标包含政务环境(I-1)、法制环境(I-2)、市场环境(I-3)、人文环境(I-4)、生活环境(I-5)、生态环境(I-6)和文明城市创建活动(I-7)(《全国文明城市测评体系》编写组，2005)。这些一级指标间不完全满足独立性。其中，政务环境和法制环境之间存在着相互影响关系：只有政务环境廉洁公正才能创造公正、公平的法制环境，而法制的宣传和人民权益的保证又依赖于政务环境。政务环境和法制环境是基础，它们共同支撑市场环境、人文环境、生活环境和生态环境的建设。例如，政务环境影响市场环境的建设，只有诚信政府才能构建诚信市场。法制环境影响人文环境，只有健全、合理的法制环境才有利于文化市场管理和文化遗产保护。人文环境影响市场环境的建设，因为国民教育影响诚信系统的构建。而市场环境也影响着生活环境。具体而言，诚信的市场环境影响生活环境中医疗和公共卫生建设。人文环境的建设影响人们的可持续发展观，因为它对生态环境中的废弃物处理等有影响。市场环境、生活环境、生态环境和人文环境发展良好才能支撑文明城市的创建活动。

利用 DEMATEL 方法可以对复杂系统的因素进行交互影响研究，剥离结果因素。从而达到消除因素之间交互影响关系以及缩减指标的作用。该方法自提出以来已经得到了广泛的应用(Tseng，2009；Li and Tzeng，2009)。下面利用它分析省会/副省级文明城市一级测评指标间的相互影响关系。具体步骤如下。

步骤 1：确定一级指标间的直接影响矩阵。选择专家 30 人(其中 20 人具有高级职称，其余 10 人有中级职称)作为调查和访谈对象。通过电子邮件和面谈的方式对调查对象进行了调查访谈。采用 1～9 标度对省会/副省级文明城市测评一级指标间的直接影响程度进行调研。其中 9 表示对应指标间的直接影响程度最强，1 表示对应指标间的直接影响程度最弱。对调查和访谈结果进行分析并取平均数作为对应指标的直接影响程度，得到省会/副省级文明城市测评一级指标间的直接影响矩阵，见表 11-1。

表 11-1　文明城市测评一级指标间的直接影响矩阵

指标	I-1	I-2	I-3	I-4	I-5	I-6	I-7
I-1		6.67	8.22	7.22	6.22	5.78	7.67
I-2	5.22		6.89	4.56	5.78	4.78	4.00
I-3	3.67	3.33		4.67	5.22	5.11	3.00
I-4	4.44	3.75	5.44		6.78	6.22	6.00
I-5	2.78	3.11	4.89	5.11		6.44	6.00
I-6	2.56	2.78	3.22	4.11	6.22		6.22
I-7	5.11	4.44	3.44	3.50	5.44	4.78	

步骤 2：确定指标间的综合影响矩阵。依据 DEMATEL 方法和表 11-1 的数据计算得到省会/副省级文明城市一级测评指标间的综合影响矩阵[具体计算方法参考周德群(2007)]，见表 11-2。

表 11-2　文明城市一级测评指标间的综合影响矩阵

指标	I-1	I-2	I-3	I-4	I-5	I-6	I-7
I-1	0.29	0.42	0.54	0.48	0.54	0.50	0.53
I-2	0.34	0.22	0.43	0.36	0.44	0.40	0.39
I-3	0.26	0.25	0.23	0.31	0.38	0.35	0.31
I-4	0.33	0.31	0.40	0.27	0.47	0.44	0.43

续表

指标	I-1	I-2	I-3	I-4	I-5	I-6	I-7
I-5	0.26	0.26	0.35	0.34	0.28	0.39	0.38
I-6	0.24	0.24	0.30	0.30	0.39	0.24	0.37
I-7	0.30	0.29	0.32	0.30	0.39	0.35	0.26

步骤3：确定原因指标和结果指标。依据表11-2，首先计算各指标的影响度(表11-2中各指标所对应的行和)和被影响度(表11-2中各指标所对应的列和)，然后确定各指标的中心度和原因度。其中，指标的中心度为其对应的影响度和被影响度之和，原因度为其对应的影响度和被影响度之差。各个一级测评指标的中心度和原因度计算结果如表11-3所示。依据各因素的中心度和原因度绘制指标的原因-结果图(图11-1)。

表 11-3 文明城市一级测评指标的中心度和原因度

指标	I-1	I-2	I-3	I-4	I-5	I-6	I-7
中心度	5.33	4.58	4.67	5.00	5.18	4.77	4.88
原因度	1.30	0.57	−0.48	0.27	−0.63	−0.58	−0.45

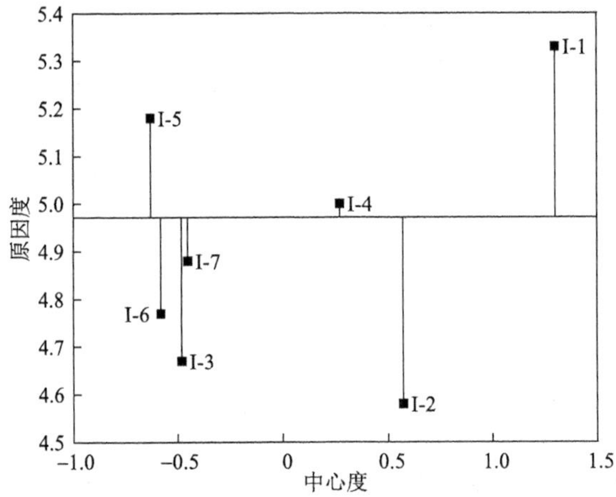

图 11-1 文明城市一级测评指标的原因-结果图

依据图 11-1 可以得出省会/副省级文明城市建设的原因指标为政务环境、法制环境和人文环境；结果指标为市场环境、生态环境、生活环境和文明城市创建活动。原因指标对其他指标产生影响；而结果指标受到其他指标的影响，即政务环境、法制环境和人文环境影响市场环境、生态环境、生活环境和文明城市创建活动。文明城市创建需要从原因指标抓起，即规范政务环境和法制环境，加强人文环境建设，这是建设文明城市的根本。由于原因指标对结果指标有决定性影响作用，可依据原因指标对城市的文明程度进行评价，即用政务环境、法制环境和人文环境代替原有的 7 个一级指标对文明城市进行测评。这样精简了省级/副省级文明城市的一级测评指标体系。

精简后的一级测评指标中廉洁高效的政务环境(I-1)包含三个二级指标：干部学习教育(II-1)、政务行为规范(II-2)和勤政廉政的满意度(II-3)；公正公平的法制环境(I-2)包含四个二级指标：法制宣传教育与法律援助(II-4)、公民权益维护(II-5)、基层民主政治(II-6)和社会安定有序(II-7)；健康向上的人文环境(I-4)包含七个二级指标：思想道德建设(II-8)、市民文明行为(II-9)、社会道德风尚(II-10)、国民教育(II-11)、文体活动与文体设施(II-12)、文化管理(II-13)和科学普及(II-14)。由此可见，虽然一级指标得到了精简，但是二级指标仍然较多。为了进一步压缩省会/副省级文明城市测评指标体系，消除测评指标间的交互影响关系，下面对精简后一级测评指标体系中的二级测评指标进行 DEMATEL 分析。

11.2.2　文明城市二级测评指标分析

二级指标间相互影响的关系与一级指标间相互影响关系的调查访谈对象和方式相同。但是由于问卷得到的二级指标相互影响程度得分的离散度较高，此次对每位专家的访谈结果单独采用 DEMATEL 方法处理，分析不同问卷得到的原因指标和结果指标，83%的分析结果显示公民权益维护、社会安定有序、思想道德建设、市民文明行为和社会道德风尚为结果指标，而其他指标为原因指标。这说明大部分专家认同公民权益维护、社会安定有序、思想道德建设、市民文明行为和社会道德风尚受其他二级指标的影响，但它们不影响其他指标。由此，利用原因指标(包含干部学习教育(II-1)、政务行为规范(II-2)、勤政廉政的满意度(II-3)、法制宣传教育与法律援助(II-4)、基层民主政治(II-6)、国民教育(II-11)、文体活动与文体设施(II-12)、文化管理(II-13)、科学普及(II-14)代替原有的 14 个二级指标对文明城市进行测评。这样精简了省级/副省级文明城市的二级测评指标体系。

依据上述省会/副省级文明城市一级指标和二级指标的 DEMATEL 分析结果，得到文明城市测评指标体系精简结果如表 11-4 所示。

表 11-4　精简后的文明城市测评指标体系

项目	指标名称
I-1 廉洁高效的政务环境	II-1 干部学习教育 II-2 政务行为规范 II-3 勤政廉政的满意度
I-2 公正公平的法制环境	II-4 法制宣传教育与法律援助 II-6 基层民主政治
I-4 健康向上的人文环境	II-11 国民教育 II-12 文体活动与文体设施 II-13 文化管理 II-14 科学普及

精简后的省会/副省级文明城市测评指标体系仅包含 3 个一级指标和 9 个二级指标。这样大大降低了文明城市测评指标数据收集的难度。

为了进一步得到省会/副省级文明城市二级测评指标的原因度和中心度，这里运用 DEMATEL 方法对二级指标的所有访谈结果进行分析并计算相应的中心度和原因度，最后取均值作为指标所对应的原因度和中心度，结果见表 11-5。

表 11-5　二级指标的原因度和中心度

指标	II-1	II-2	II-3	II-4	II-5	II-6	II-7
中心度	0.95	0.69	0.79	0.71	0.00	0.60	0.71
原因度	0.44	0.27	0.06	0.40	–0.14	0.03	–0.18
指标	II-8	II-9	II-10	II-11	II-12	II-13	II-14
中心度	0.65	0.34	0.46	0.87	0.23	0.32	0.37
原因度	–0.30	–0.54	–0.58	0.30	0.14	0.18	0.13

表 11-5 同样反映了二级指标中公民权益维护、社会安定有序、思想道德建设、市民文明行为和社会道德风尚为结果因素，而其他因素为原因因素。

11.3　基于系统评价方法的文明城市测评研究

11.3.1　指标(集)重要程度的建模

假设省会/副省级文明城市一级测评指标和二级测评指标间完全独立。因此，在计算某市文明程度综合得分时，直接采用加权平均方法。用指标的 Shapley 值(Kojadinovic，2005)反映对应指标在整个指标集中的贡献。设指标 I-1 的 Shapley 值为 $s(\text{I-1})$，其他指标的 Shapley 值以此类推。归一化后指标的中心度可以作为指标的 Shapley 值，而指标 Shapley 值作为指标的重要程度。

针对一级指标而言，去除结果指标，原因指标干部学习教育、政务行为规范及勤政廉政满意度的中心度分别为 5.33、4.58 和 5.00。由于通过 DEMATEL 方法得到的中心度反映了指标在整个体系中的贡献，可将其归一化作为各自的 Shapley 值，即

$$s(\text{II-1}) = 5.33/(5.33+4.58+5.00) \approx 0.36;$$

$$s(\text{II-2}) = 4.58/(5.33+4.58+5.00) \approx 0.31;$$

$$s(\text{II-3}) = 5.00/(5.33+4.58+5.00) \approx 0.34$$

11.3.2　城市文明程度综合评价值的计算

采用 WA 计算城市文明程度综合评价值。由于精简后的文明城市指标体系仍然是层次结构，在计算城市文明程度综合评价值的时候需要自下而上进行计算，具体步骤如下。

步骤1：确定需要进行文明程度测评的城市在精简后的第二层测评指标上的取值。

步骤 2：对各城市在底层指标上的取值进行规范化处理(若底层指标的取值单位和取值范围均一致，则无须进行规范化处理)。

步骤 3：依据步骤 2 的数据，以及二级指标的权重计算一级指标的评价值。

步骤 4：依据步骤 3 的数据，以及一级指标的权重计算城市文明程度的综合评价值。

步骤 5：对测评城市进行文明程度分析和排序。

这里参考邓丽君和马宏伟(2009)的相关数据，自下而上计算南京文明程度的综合评价值。相关计算的中间结果和最终结果如图 11-2 所示。需要说明的是图 11-2 中二级指标的取值是邓丽君和马宏伟(2009)的调查数据，一级指标的取值是通过对其对应的二级指标进行计算得到的，而南京市文明程度综合评价值的计算是对一级指标进行计算得到的。

将 WA 方法得到的测评结果进行展示，如图 11-2 所示。

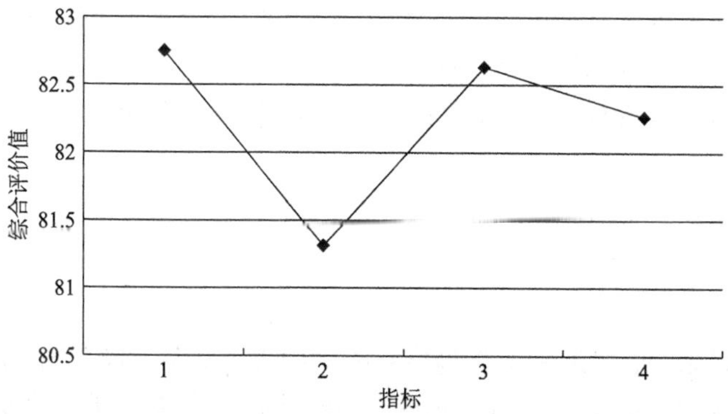

图 11-2 计算结果

其中，图 11-2 的横坐标“1”表示一级指标 I-1；“2”表示一级指标 I-2；“3”表示一级指标 I-4，4 表示综合值。

11.3.3 结果与分析

通过本书的研究，可以得到：①一级指标中 I-1、I-2 和 I-4 为文明城市创建的原因指标，而二级指标中 II-1～II-3、II-4、II-6、II-11~II-14 为原因指标，因此各个城市需要加强在这些指标方面的建设和完善；②文明城市测评指标 I-1 和 I-2 所对应的子指标间存在补充关系，I-4 所对应的子指标间存在代替关系，一级指标 I-1、I-2 和 I-4 间存在补充关系；③利用 DEMATEL 方法讨论文明城市测评指标体系时可以实现测评指标体系的精简，但需要专家给出测评指标间直接影响关系矩阵。这意味着在测评指标重要程度确定方面需要收集较多的信息，但在测评指标值数据收集方面的工作量大大下降。这有利于测评过程的公平、公正，并能减少测评人员在各城市数据收集方面的工作量。

第12章

高科技行业创新投入成效测评

高科技行业作为创新活动的重要主体，其创新投入成效的系统评价对整个产业的管理决策、转型升级，服务国家经济战略部署具有重大意义。本章运用系统评价方法对高科技行业创新投入成效进行测评，以期系统反映其行业创新能力，为国家高质量发展提供科技创新支撑。

12.1 研究背景

党的十八大以来，以习近平同志为核心的党中央观大势、谋全局、抓根本，作出“必须把创新作为引领发展的第一动力”的重大战略抉择，实施创新驱动发展战略，坚持创新在我国现代化建设全局中的核心地位，把科技自立自强作为国家发展的战略支撑。企业是国家科技创新的主体，提高企业的创新投入成效不仅可带动国家创新体系建设，还可降低企业能耗，助力可持续发展目标的实现。

目前我国企业创新投入成效与发达国家相比还具有一定的差距，如，我国企业研究和开发的总人数位列世界前 4 名，但技术创新专项指标的国际竞争力却位列世界第 21 位。企业创新投入成效低导致绝大部分产品利润被发达国家以专利等形式获取，制约我国企业做大、做强。提高企业创新投入成效，迫切需要从宏观与微观层面构建一个完整的创新生态。而其中的核心部分就是如何按照科学发展观的要求，面向企业创新投入成效提升，制订相应的评估指标体系，以客观、准确地考核企业的创新投入成效，增强企业的高效创新意识，引导企业的创新行为，使企业步入高速发展轨道。

对于高科技行业创新投入成效的研究，学者们广泛采用了实证研究、案例解析及大规模的问卷调查等方法。研究的问题涉及宏观经济和政策对创新投入成效的影响、创新投入成效对能源消耗的影响、企业创新投入成效的影响因素、创新投入成效的评估等方面。有关技术创新投入成效的文献主要关注技术创新投入成效的影响因素以及技术创新投入成效的测评方法(Chen et al.，2009；王立新等，2006；朱斌和邓祥洪，2002；孙冰和齐中英，2006)。有学者认为技术创新投入成效和创新投入量及其组成有很大的相关性

(朱祖平和朱彬，2003)；研发合作是影响技术创新投入成效的重要因素(夏维力和吕晓强，2005)；技术创新投入成效与创新制度有关，而创新制度与创新投入和市场机制有关(易晓文，2003)；技术创新投入成效与市场竞争状况以及国家的政策体系等存在关联(毕克新，2005)；技术创新投入成效受所有制、经营者的文化程度、技术创新方式、技术创新协调性、政府对技术创新投入等因素影响，技术创新投入成效主要由行业内部因素决定，如制度、内部职能部门的协调性、创新方式的选择等。依据影响因素，学者们讨论了技术创新投入成效测评指标体系，并给出了测评创新投入成效的多种方法。第一种方法是算术比例法(杨晔，2008)，即用产出与投入的简单比例关系来表示投入产出绝对效率的高低。该方法简单易用，但如果投入或产出包含多个指标，则需要将多个投入(产出)指标集结为单个投入(产出)指标。第二种方法为参数法，如随机前沿分析法(stochastic frontier analysis，SFA)(刁丽琳等，2011)。该方法利用回归残差度量技术创新投入成效，但若有变量丢失，可能会影响回归方程的有效性，并且参数方法的计算方式较为复杂。第三种为非参数法，如 DEA 方法(Madlender et al.，2009)。非参数法易于计算多投入-多产出情形下的技术创新投入成效，但其计算结果仅为效率值，通常比较难以解释。

上述方法均假设测评指标间相互独立。但是在进行行业技术创新投入成效的测评时很难构建一组既相互独立又系统、全面的指标。因此，考虑指标的全面性，就不得不放弃指标间独立性的要求。指标间不满足独立性时，指标重要程度的可加性就会遭到破坏，这导致上述测评方法失效。而且由于行业技术创新投入成效相关的历史资料有限，很难应用统计分析的方式确定测评指标间的交互作用。

目前国内外在企业创新投入成效方面的研究取得了一定的进展，但我们的选题主要存在以下不足：①在对创新投入成效的理解方面还存在分歧；②针对行业创新投入成效评估还没有形成一套比较规范的评估体系；③现有评估方法大多假设指标间是相互独立的，事实上指标间通常存在关联，如何度量指标间的关联以及如何评估指标间具有关联关系的行业创新投入成效是科学、有效评估行业创新成效迫切需要解决的问题。

12.2　创新投入成效的影响因素分析

企业在开展创新的过程中，会受到各种因素的影响，包括来自外部的创新环境、市场环境和政府的政策与法律等多方面的因素。其中，对高科技行业技术创新具有比较大的影响的因素主要是政府因素、资金因素和人力因素。

12.2.1　政府因素

在市场经济时代，市场对企业创新成效的影响是巨大的，但由于自身的缺陷，市场这只无形的手不可避免地会出现调节失效。在这种情况下，就需要政府这只有形的手来弥补缺陷。政府不是社会经济的直接参与者，但是会通过制定相关政策和法律来支持、引导和管理社会的经济活动。对于技术创新，政府同样会通过各种手段来实施其影响力，其中对高科技行业的技术创新影响较大的主要有产业政策、知识产权保护的相关法律、财政刺激政策。

1. 产业政策

所谓产业政策，是政府为了实现一定的经济和社会目标而对产业的形成和发展进行干预的各种政策的总和。产业政策的作用对象是国民经济中各特定产业部门及其彼此之间的相互关系，是构成产业部门基本单位的企业，其目的是通过影响企业的经营行为促进产业的发展和产业结构的转换升级(赵家新，2007)，其主要功能是弥补市场缺陷，有效配置资源。政府为了促进高科技行业的发展，会制定一系列政策和措施对其进行激励、协调、引导和保护。与高科技行业技术创新紧密相关的产业政策有科技计划、税收金融政策和政府购买等。在产业政策的指导下，政府通过各方面的措施对高科技行业产生了积极的影响。与此同时，社会的各类资源也会在产业政策的引导下，向高科技行业集聚，进而对高科技行业创新活动产生积极的影响。

2. 知识产权保护的相关法律

法律在这里主要指知识产权保护法。企业的技术创新成果是经过巨大的财力和人力投入后取得的，同时也会为企业带来丰厚的收益。因此，不免发生创新成果被别人盗用的可能，进而影响到创新企业的经济收益，导致企业进行再创新的积极性降低。完善的知识产权法律能够对企业创新的成果提供有效的法律保护，最大限度地减少创新成果被别人无偿盗用的事情发生。一方面，保护企业的创新积极性，使其能够进行持续不断的再创新；另一方面，刺激没有进行创新的企业主动进行技术创新。美国制药业协会 2007 年的年度报告中指出："如果没有专利制度，我们的制药工业，我们的产品将不复存在，正是由于美国具有世界上最强大的知识产权法，才使得每年有 70%的新药上市，使美国的生物技术产业规模是欧洲的五倍，是亚太地区(包括印度、中国、日本在内)的十五倍。"可见知识产权保护法律对于高科技行业创新成效影响的重要程度。

3. 财政刺激政策

技术创新是一个高智力、高投入的企业行为，需要有充分的资金支持，特别是对于一些处于起步阶段的企业，政府在财政上的支持显得尤为重要。政府对于企业创新的财政刺激主要针对研究开发活动，基本上可以分为税收优惠和研究开发性财政补贴两大类(赵家新，2007)。税收优惠是指对创新的企业根据相关规定给予税收上一定的减少额。例如，在美国，企业对创新投入的 40%～60%可用于抵消税收。税收优惠在收税时就能够得到实施，使企业保留很大部分的决策权。而研究开发性财政补贴一般具有选择性，主要根据国家相关政策选取部分行业中的企业实施补贴，虽然补贴不具有普遍性，不能广泛地起到刺激作用，但在特定的领域里发挥着重要作用，比如航天航空业和国防部门。

高科技行业作为一种高风险、高投入，但又具有高经济效益、高社会效益的产业，政府只有在产业政策、法律、财政政策上提供更多优惠条件，才能吸引社会各方面资源进入到该领域，提高高科技行业的创新成效水平。

12.2.2 资金因素

由于技术创新活动的高风险、高投入和高效益性，从而决定了资金投入作为一种技术创新的独立性和重要性(林延东，2007)。而长期以来，国内企业对创新的低投入是制约创新能力提高的一个重要因素。有关统计资料表明，目前世界 500 强企业技术开发费用占产品销售收入的比重一般为 5%～10%，我国多数大中型企业技术开发与技术创新能力不足，该比重仅为 1%左右(龙景奎和姜旺，2006)。由于科研成果商业化是一个比较漫长的过程，期间又充满风险，使经营者在投资上持保守态度，从而导致科研成果不能成功地实现商业化。而另外一些依靠技术创业的小企业，却由于客观上的资金匮乏而发展缓慢，很难扩大规模。第二次世界大战之后，在西方发达国家，也出现过这种情况，但很快就有人针对于此成立专门的风险投资公司，对那些有前途但资金匮乏的中小高科技企业提供资金支持，从而客观上加快了高科技行业的发展速度。在美国，现在很多具有国际影响力的高科技企业都是这样靠风险投资起家的，比如苹果公司、IBM 公司、英特尔公司，以及其他一些大大小小的高科技企业，并集聚为产业区，著名的硅谷便是这样诞生的。美国斯坦福国际咨询研究所所长米勒认为，由于在科学研究早期阶段有风险投资的参与，科技成果转化为商品的周期由 20 年缩短为 10 年以下。

12.2.3　人力因素

人类社会已经进入知识经济发展的新时代，知识经济时代是以智力资源为依托、以创新为主旋律的社会经济形态(胡蓬玮，2007)。一个国家最重要的财富不再只是其拥有的自然资源，还包括其拥有的人力资本。人力资本不在于人口的多少，而在于蕴藏在人力身上的知识和技能。人力资本是一种宝贵的稀缺资源，特别是对于技术创新，因为人是创新活动的发起者和推动者。通过人力资本的作用，才能将生产过程中物与物、物与人、人与人的因素以创造性的新方式相结合，实现技术创新。人力资本对于技术创新的影响作用可以从微观(企业)和宏观(行业)两个角度分别阐释。

从微观角度看，人是企业从事技术创新活动的主体。企业是行业技术创新的主体，是构成行业的经济细胞，企业技术创新的成效共同作用决定了行业的技术创新成效。在技术创新过程中，技术的研究开发、掌握和运用都离不开人。随着知识经济时代的到来，技术来源增加、产品的技术宽度增大以及产品性能的日益多样化和复杂化使创新活动也日趋复杂，需要依靠创新网络。在网络中，承担交流角色的是具有各种知识和技能的人才，通过他们的作用，才能克服创新过程中的障碍，加快技术创新的速度，提高创新的效率水平。

从宏观的角度看，与行业相关的人力资本的发展状况决定了行业的创新能力。技术创新活动通常具有外溢效应，即行业内某个企业技术创新的成果会有一部分流动到其他企业，并对其他企业的创新活动产生影响。一个行业内部，在其企业之间，会通过项目合作以及其他一些形式进行人员交往和知识交流，从而共享外溢效益。这种外溢效益的载体是人，并最终是人把外溢效益转化为企业的经济效益。一个行业内，人员交流越频繁，这种外溢效益越大，通过良性互动，最终促进了行业技术创新成效的提升。

12.3 测评指标构建与评价方法

12.3.1 测评指标体系构建

由于技术创新活动的复杂性以及创新成效的多样性，为保证建立的测评指标能科学、完整地反映行业技术创新成效的实际情况，在建立指标时通常应遵循系统性、科学性、可操作性、完整性以及数据可获得性等原则。

1. 指标体系的建立

虽然技术创新是一个复杂的多阶段过程，但其技术创新投入成效均可简化为两大组成部分，即技术创新投入和技术创新成效。

技术创新投入可划分为设备、人力和资金三类。其中，设备是技术创新投入中一项重要的基础性投入，它主要指与技术创新相关的先进实验设备和检测仪器；人力主要是指高学历和高素质的研究型人才；资金这里是指技术创新活动所必需的资金投入。考虑到设备投入可以折合成货币，故将财力投入和设备投入进行合并，统称为财力投入。

技术创新成效可根据其表现形式的不同把成效分为直接技术成效、经济成效和社会成效。技术成效可分为直接技术成效和技术积累成效。直接技术成效主要包括新产品、重大产品改进和新制定的标准，而技术积累成效主要表现为专利、专有技术和科技论文或者技术文档；经济成效包含由技术创新带来的生产成本降低、销售收入增加和利润的增加；而社会成效是行业创新技术成效的外溢，如技术创新可以使单位产值的能耗量和排污量降低，资源利用水平得到提高，从而利于能源节约和环境保护。随着经济的发展，人们越来越看重社会成效，但是社会成效的相关数据通常难以获得。

结合理论分析、指标设立的原则以及数据的可得性，这里确立了2个一级指标、4个二级指标和7个三级指标用于测度行业技术创新投入成效，如表12-1所示。

表 12-1 行业技术创新投入成效评估指标体系

一级指标	二级指标	三级指标
技术创新投入	财力投入 II-1	科技经费投入强度 X_1
	人力投入 II-2	科技人员比例 X_2
		科学家和工程师比例 X_3
技术创新成效	经济成效 II-3	新产品销售份额 Y_1
		利润率 Y_2
	技术成效 II-4	专利申请数 Y_3
		新产品数 Y_4

2. 指标的解释和计算

1) 投入指标

技术创新是一个多阶段的过程，每阶段都有各种不同的资源投入，考虑到量化计算以及对比的方便，这里在测评时把各种物资性资源统一换算为资金，在投入指标中都用“财力指标”表示。所以行业技术创新的投入指标包括两部分：财力投入(II-1)和人力投入(II-2)。

(1)财力投入。这里的财力投入用“科技经费投入强度”(X_1)表示，其计算公式为

$$科技经费投入强度=(科技活动内部支出/销售收入)\times 100\%$$

其中，科技活动内部支出是指对技术研发、产品开发以及为科研活动提供服务的投入，包括科研人员的劳务费、科研业务费、科研管理费、购买的相关科研设备和实验仪器的支出以及科研基建支出。

(2)人力投入。人力投入用科技人员比例(X_2)与科学家和工程师比例(X_3)反映。

其中科技人员比例的计算公式如下：

$$X_2=(科技人员数/行业员工总人数)\times 100\%$$

科学家和工程师比例反映研发人员在行业员工中所占的比重，用来反映行业对科技创新活动的人力投入强度。其计算公式如下：

$$X_3=(科学家和工程师人数/科技人员数)\times 100\%$$

这里的科学家和工程师是指科技活动人员中具有高、中级技术职称(职务)的人员和不具备高、中级技术职称(职务)的大学本科及以上学历人员。该比例是指研发人员中科学家与工程师所占比例，该指标用来反映科技活动人力投入的素质水平。

2)成效指标

技术创新成效指标中包含经济成效和技术成效。

(1)经济成效。技术创新的经济成效用新产品销售份额(Y_1)和利润率(Y_2)表示。其中，新产品销售份额是通过新产品销售收入在销售总收入中份额的大小来反映技术创新活动对行业收入的贡献情况，其计算公式为 $Y_1=(新产品销售收入/销售总收入)\times 100\%$。

利润率的计算公式为 $Y_2=(利润/销售收入)\times 100\%$，该指标通过行业整体盈利情况来反映技术创新活动的成效。

(2)技术成效。技术成效用专利申请数(Y_3)和新产品数(Y_4)表示。这是由于专利授权数受行政效率等人为因素影响较大，专利申请数比专利授权数更适合用于测评技术创新的水平，所以该指标数据上引用发明专利申请数。而新产品数包括全新产品的数量和对原有产品在结构、规格、标准、外观、材料等方面的重大改进，以及工装设备、生产工艺方面技术创新改进的产品数量，反映行业开发新产品的情况。

3. 指标间交互作用分析

这里仅考虑兄弟指标间存在交互作用，而非兄弟指标间的交互作用假设是通过父层指标间的交互作用产生的。首先讨论底层兄弟指标间的交互作用，其次讨论其父层指标间的交互作用。

(1)人力投入子指标间的交互作用。科技人员比例反映整个行业总人数中科技人员所

占的比例，而科学家和工程师比例又反映在科技人员中高层次人才的比例。若某行业中X_2和X_3的值高，则技术创新氛围更好；若X_2的值高，而X_3的取值不高，说明技术创新的源泉不足；若X_3的值高，而X_2的取值不高，则创新不能得到很好地实现。因此，两者之间存在补充作用。

(2) 经济成效子指标间的交互作用。Y_1从数量上反映技术创新的经济效果，而Y_2从资金角度反映创新的经济效果。行业的技术创新成效应为数量和资金上的双赢。这两个指标取值都高是创新最期待的效果，因此，两者之间存在补充交互作用。

(3) 技术成效子指标间的交互作用。技术创新成效在Y_4上的反映通常要滞后于在Y_3上的体现，或者说Y_3的取值会影响到将来行业的Y_4。Y_3和Y_4均取值较好，反映行业不仅目前技术创新行为活跃，而且技术创新潜力也好。因此，两者之间同样存在补充交互作用。

(4) 财力投入 II-1 和人力投入 II-2 间的交互作用。技术创新的财力投入需要依赖人员将其转换成产出，而创新的人力投入需要依赖其财力投入作为支撑。因此，两者之间也存在补充交互作用。

(5) 经济成效 II-3 和技术成效 II-4 间的交互作用。这类似于Y_3和Y_4之间的交互作用。一个是目前效益的反映，另一个是长远效益的依据。任一行业都会既追求当前利益也会追求长远利益。因此，两者之间同样存在补充作用。

综上，表 12-1 的各个技术创新投入指标以及技术创新成效指标间的补充作用明显，因此在测评高科技行业技术创新投入成效时需要考虑指标间的这些补充作用。

12.3.2 系统评价方法的应用

考虑到指标取值越离散，蕴含的信息量越大，其对测评的重要性就越高，这里将各个指标的离散系数进行归一化后作为指标的权重值。在此基础上结合指标取值由加权算术平均计算得到高科技行业的技术创新投入指标和技术创新成效指标的综合测评值，应用算法比例法计算出对应高科技行业技术创新投入的成效值。由于高科技行业技术创新成效测评指标体系为层次结构，在计算其技术创新成效的时候需要自下而上进行计算。具体步骤如下。

步骤 1：确定需要进行技术创新成效测评的高科技行业在第三级测评指标上的取值。

步骤 2：计算三级指标取值的离散系数。

步骤 3：依据步骤 2 的数据，若二级指标下有多个三级指标，则对该二级指标下三级指标的离散系数进行归一化作为其权重值；若二级指标仅包含 1 个子指标，则跳过该步骤。

步骤 4：利用三级指标的权重、三级指标的取值以及加权算术平均计算二级指标的取值；若二级指标下只有一个子指标，则该子指标的值直接用作父指标取值。

步骤 5：计算二级指标取值的离散系数。

步骤 6：依据步骤 5 的数据，若一级指标下有多个二级指标，则对二级指标的离散系数进行归一化作为其权重值；若一级指标仅包含 1 个子指标，则跳过该步骤。

步骤 7：利用二级指标的权重、二级指标的取值以及加权算术平均计算一级指标创新投入和创新成效的取值。

步骤 8：计算各参评行业的创新成效比，并据此对高科技行业的技术创新成效进行排序和分析。

下面给出案例，验证上述方法的科学性和可行性。

12.4　我国高科技行业技术创新投入成效测评

本章的研究对象是 2009 年我国高技术行业的技术创新投入成效，这里将我国高科技行业分为 16 个小类，见表 12-2。

表 12-2　高科技行业的 16 个小类

行业	高科技行业名称
u_1	化学药品制造业
u_2	中成药制造业
u_3	生物、生化制品的制造业
u_4	飞机制造及修理业
u_5	航天器制造业
u_6	通信设备制造业
u_7	雷达及配套设备制造业
u_8	广播电视设备业
u_9	电子器件制造业
u_{10}	电子元件制造业
u_{11}	家用视听设备制造业
u_{12}	电子计算机整机制造业
u_{13}	电子计算机外部设备制造业
u_{14}	办公设备制造业
u_{15}	医疗设备及器械制造业
u_{16}	仪器仪表制造业

12.4.1　数据选取与处理

本章的数据来源主要有四个：《中国统计年鉴 2010》、《中国科技统计年鉴 2010》、中国科技部网站（www.most.gov.cn）和国家统计局网站（www.stats.gov.cn）。通过上述数据来源，可计算 16 个高科技行业的创新投入指标和产出指标。考虑到指标间的可比性，采用规范化公式对投入和产出数据进行处理，结果见表 12-3。

表 12-3 高科技行业创新投入与产出规范化数据

行业	输入指标			输出指标			
	X_1	X_2	X_3	Y_1	Y_2	Y_3	Y_4
u_1	0.31	0.73	0.21	0.36	0.67	0.09	0.50
u_2	0.22	0.85	0.20	0.25	0.83	0.10	0.26
u_3	0.25	0.85	0.13	0.12	1.00	0.01	0.05
u_4	0.93	0.66	0.69	0.92	0.51	0.04	0.38
u_5	1.00	0.57	1.00	0.19	0.91	0.00	0.03
u_6	0.60	1.00	0.19	0.55	0.44	1.00	0.36
u_7	0.70	0.73	0.65	0.88	0.66	0.00	0.06
u_8	0.24	0.74	0.21	0.20	0.38	0.02	0.07
u_9	0.27	0.74	0.19	0.29	0.29	0.14	0.40
u_{10}	0.14	0.68	0.13	0.16	0.32	0.08	1.00
u_{11}	0.24	0.62	0.20	1.00	0.20	0.26	0.64
u_{12}	0.26	0.95	0.08	0.65	0.13	0.11	0.12
u_{13}	0.13	0.80	0.08	0.42	0.27	0.18	0.12
u_{14}	0.08	0.85	0.04	0.28	0.36	0.00	0.01
u_{15}	0.16	0.77	0.14	0.19	0.88	0.05	0.05
u_{16}	0.24	0.81	0.14	0.24	0.74	0.09	0.35

12.4.2 指标权重计算

按照离散系数计算各指标的权重(表 12-4)。

表 12-4 指标的权重

一级指标	二级指标	三级指标	权重
I-1			0.60
	II-1	X_1	0.58
	II-2		0.42
		X_2	0.30
		X_3	0.70
I-2			0.40
	II-3		0.52
		Y_1	0.51
		Y_2	0.49
	II-4		0.48
		Y_3	0.47
		Y_4	0.53

12.4.3　结果与分析

按照上述提出的高科技行业技术创新成效的测评步骤以及相关数据，计算得到我国 16 个高科技行业的技术创新投入成效值(图 12-1)。图 12-1 同时给出了应用 DEA 方法的计算结果。

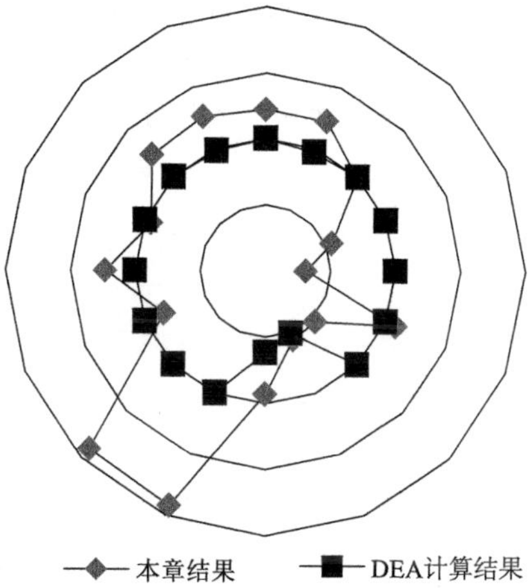

图 12-1　16 个高科技行业技术创新效率雷达图

由图 12-1 得到，总体上 16 个高科技行业的技术创新投入成效较好。DEA 方法的计算结果显示行业间技术创新投入效率差距不明显。

高科技行业技术创新投入成效可反映其创新能力，而这直接影响国家创新体系的建设和低碳发展的实现。这里考虑到指标间的交互作用，利用加权算术平均讨论我国高科技行业技术创新投入成效，得出目前中国高科技行业的技术创新投入成效在整体上具有较好的水平，但行业间的技术创新投入成效有一定差距。与 DEA 方法相比，基于多指标评价方法得出的行业技术创新投入成效值的区分度更大(史健和魏权龄，2004)。基于多指标评价的结果显示国防色彩不强、可批量生产的行业技术创新投入成效较高，其他行业的技术创新投入成效较低。这可能是由行业自身性质及其市场环境不同所导致的。批量生产的行业通常技术创新投入容易在短时间内转换成产出，而其他行业的技术创新投入转换成产出需要一定的时间。同时可批量生产的行业通常较容易得到融资，而其他行业由于涉及资金大等原因较难自主融资。另外可批量生产的行业较为灵活，容易得到技术创新活动需要的外部支持和人才，也容易降低技术创新成本。

12.5　本章小结

高科技行业技术创新投入成效可反映其创新能力，而这直接影响国家创新体系的建设和低碳发展的实现。研究表明目前中国高科技行业的技术创新投入成效在整体上具有较高的水平，但行业间的技术创新投入成效有一定差距。

为了提升我国高科技行业的技术创新投入成效，这里给出以下建议。推动建立有利于技术创新的市场环境，这包含完善知识产权保护制度、发展创新型行业服务体系、完善有利于自主创新的投融资体制。另外对产品的优惠政策转为对研究开发的优惠政策。由于不能批量生产的高科技行业的开发风险很大，在高技术产业的基础研究领域、共性技术研究领域以及产业基础设施领域仍然需要政府投入。财政投入应当主要用于高科技产业基础研究，以及战略性新兴产业(尤其是与国家安全有关的产业)高科技科研成果的推广与普及等。

需要注意的是本章的研究没有考虑到技术创新产出的滞后性，如何考虑时间对技术创新成效的影响值得进一步探讨。

第13章

区域碳排放绩效及减排潜力测度

大自然是人类赖以生存发展的基本条件。尊重自然、顺应自然、保护自然，是全面建设社会主义现代化国家的内在要求。当今，温室气体的不断攀升使全球变暖成为人类面临的世界性挑战。从投入产出的角度来看，以最小的经济社会代价实现碳减排有利于平衡好减排与经济增长之间的关系。本章运用数据包络方法(DEA)方法评估区域碳排放绩效以及减碳潜力。

13.1 研究背景

面对来自政治、经济、自然等方面的风险挑战，我国超额完成了国家自主贡献目标的阶段性目标，绿色日益成为经济社会高质量发展的鲜明底色。但同时，我国能源结构偏煤、产业结构偏重、资源利用效率偏低的矛盾仍然突出，能源结构和产业结构转型压力仍然巨大。随着双碳进程进入快车道，加速碳减排成为必由之路，而要摸清减多少、从哪减、怎么减等关键问题，离不开对减排绩效和潜力的科学评估。

在实践和理论研究中，通常使用总量指标和强度指标来衡量一国或地区的二氧化碳排放水平，并基于上述指标讨论其内在驱动因素和外在影响因素。例如，Ang 和 Zhang(1999)较早运用对数平均迪氏分解法分析了经济合作与发展组织不同国家碳排放量的变化，认为经济总量、产业结构、能源强度以及产业能源消费模式都对二氧化碳排放量的增加起作用，只是不同因素在不同国家的驱动力有所差异。此后，Ang 和 Choi(2002)、Greening(2004)及 Kwon(2005)分别针对经济合作与发展组织居民、交通和电力部门碳强度的变化进行了类似探讨。我国学者 Wang 等(2005)分析了中国 1957～2000 年碳强度的变化情况，认为中国在碳减排方面的成绩主要归功于能源强度的改进，Fan 等(2007)利用 1978 年以后的数据也得出基本一致的结论；但 Zhang 等(2009)的研究表明产业结构因素是影响我国 2002～2006 年碳强度变化的主要因素。

上述研究是建立在单要素指标的分解分析基础上的，随着 DEA 的发展及其在能源与环境领域的应用，越来越多的学者开始关注并尝试在全要素框架下探讨能源效率和环境效率等问题(Zhou et al.，2008)。事实上，无论是二氧化碳排放总量，还是二氧化碳强度都忽略了经济发展、能源结构以及要素替代对二氧化碳排放的影响作用。正因如此，考虑到生产活动中投入要素间普遍存在的替代作用及产出中通常伴随的二氧化碳等非期望产出，本章拓展了 Zhou 等(2010)和王群伟等(2010)对全要素二氧化碳排放绩效的单一化定义，利用环境生产技术和有向距离函数构造不同目标下的两类绩效指标，并以我国主要工业省区为例测算其二氧化碳排放绩效和减排潜力。

13.2 研究方法和指标构建

13.2.1 环境生产技术

环境生产技术的基本思想是一般的生产过程都不可避免地存在类似废水、废气、废渣等非期望产出。同时，在投入要素一定的情况下，为尽可能减少非期望产出的排放，往往需要安排一定的资源用于类似环保设备和人力的投入，从而有可能导致期望产出的减产，这是符合现实生产活动实际的(Färe et al.，2007)。由于本章只关注二氧化碳排放绩效和减排问题，为实现对上述环境生产技术的数学描述，不妨设某地区由 N 种投入要素 $x=\left(x_1,x_2,\cdots,x_n\right)\in R_N^+$ 和两种产出［期望产出(y)和非期望产出(二氧化碳 c)］构成，则其生产过程可表示为

$$P\left(x\right)=\left\{\left(y,c\right): x \text{ can produce } \left(y,c\right)\right\}, x\in R_N^+$$

其中，产出集 $P(x)$ 除具有传统生产技术所包含的闭合、有界、凸性特征及投入要素和期望产出的强可处置性外，满足期望和非期望两类产出的联合弱可处置性(weak disposability)及零结合性(null-jointness)。联合弱可处置性表明二氧化碳的减少要以牺牲经济的发展为代价，两者的同比例减少才是可能的，若 $\left(y,c\right)\in P\left(x\right)$ 且 $0\leqslant\theta\leqslant 1$，则 $\left(\theta y,\theta c\right)\in P\left(x\right)$；零结合性表明为了实现经济发展，就必然伴随二氧化碳的生产，避免排放的唯一办法就是停止一切生产活动，若 $\left(y,c\right)\in P\left(x\right)$ 且 c=0，则 y=0。

在实际分析中，为表达上述满足环境生产技术的各项特征和性质，常采用 DEA 方法进行描述(Zhou et al.，2010)。设有 k 个地区，即有 k 个决策单元(DMU)，第 k 个地区的投入产出向量为(x, y, c)，则可以构造满足上述条件的环境生产技术如下：

$$P\left(x\right)=\left\{\left(x,y,c\right):\right.$$
$$\sum_{k=1}^{K}\lambda_k x_{kn}\leqslant x_{kn},\quad n=1,2,\cdots,N$$

$$
\left.\begin{aligned}
&\sum_{k=1}^{K}\lambda_k y_k \geqslant y_k \\
&\sum_{k=1}^{K}\lambda_k c_k = c_k \\
&\lambda_k \geqslant 0,\quad k=1,2,\cdots,K
\end{aligned}\right\}
$$

公式中的不等式约束表明了投入要素和期望产出的强可处置性，结合非期望产出的等式约束则说明了两类产出的联合弱可处置性及零结合性，系数 λ、k 为相对于被评价地区而重新构造的一个有效地区组合中第 k 个地区的组合比例。

13.2.2　指标构建

在全要素框架下衡量某个地区的二氧化碳排放绩效和减排潜力，一种基本的思路就是考虑在现有投入要素和既定经济产出条件下，用理论上可达到的最小二氧化碳排放量与实际排放进行比较，进而判断排放绩效的高低和减排潜力的大小，这也是环境效率评价的基本思路(Tyteca，1996)。设被评价地区的投入产出向量为$\left(x_0,y_0,c_0\right)$，以下给出了相应的排放绩效测算方法。

$$
\begin{aligned}
&\alpha^* = \min\alpha \\
&\sum_{k=1}^{K}\lambda_k x_{kn} \leqslant x_{0n},\quad n=1,2,\cdots,N \\
&\sum_{k=1}^{K}\lambda_k y_k \geqslant y_0 \\
&\sum_{k=1}^{K}\lambda_k c_k = \alpha c_0 \\
&\lambda_k \geqslant 0,\quad k=1,2,\cdots,K
\end{aligned}
$$

α 表示二氧化碳排放绩效；$1-\alpha$ 表示减排潜力，且满足 $0<\alpha\leqslant 1$。α 值越大，说明该地区在现有资源消耗和产出水平下，二氧化碳排放绩效越好，减排潜力越小，$\alpha=1$ 意味着该地区是所有地区中排放绩效最佳的，其减排潜力也最小。该思路只寻求尽可能地减少二氧化碳排放，而不考虑经济产出的增加与否，因此可以将 α 定义为全要素二氧化碳排放单一绩效指标。

对总体发展水平仍然较低，发展依然是第一要务的我国而言，在衡量二氧化碳排放绩效，努力倡导节能减排时不顾及经济的发展是不全面，也是不符合未来发展前景的。历史的实践已经证明，经济的持续增长才是解决我国各种矛盾的根本动力，即需要在发展中逐步解决温室气体过度排放等问题。为此，引入有向距离函数定义另一种二氧化碳排放绩效指标(Chambers et al.，1996；Chung et al.，1997)，并设距离函数如下。

$$
\vec{D}\left(x,y,c;g_y,-g_c\right)=\sup\left\{\beta:\left(y+\beta g_y,c-\beta g_c\right)\in P(x)\right\}
$$

方向向量 $g=\left(g_y,-g_c\right)$ 寻求期望产出在 g_y 方向上的最大扩张及非期望产出在 g_c 方向上的最大收缩，即有向距离函数实现了对期望产出和非期望产出的非对称处理，这与传统 Shephard 距离函数要求的单纯实现产出最大化或投入最小化的思想是不一致的，以下基于方向向量 $g=\left(g_y,-g_c\right)$ 给出了具体的线性求解方法。

$$
\begin{aligned}
&\beta^*=\max\beta\\
&\sum_{k=1}^{K}\lambda_k x_{kn}\leqslant x_{0n},\quad n=1,2,\cdots,N\\
&\sum_{k=1}^{K}\lambda_k y_k\geqslant(1+\beta)y_0\\
&\sum_{k=1}^{K}\lambda_k c_k=(1-\beta)c_0\\
&\lambda_k\geqslant 0,\quad k=1,2,\cdots,K
\end{aligned}
$$

β 值表征了被评价地区既减少二氧化碳排放，又增加经济产出的能力，且有 $0\leqslant\beta\leqslant 1$，可以将其定义为全要素二氧化碳排放综合绩效指标。$\beta$ 值越大说明该地区的综合绩效越低，减排潜力越大，β=0 则表明该地区减排潜力最小，综合绩效最高。

对比分别计算单一绩效和综合绩效的线性规划，不难发现，当综合绩效中的方向向量 $g=\left(g_y,-g_c\right)$ 调整为 $g=\left(0,-g_u\right)$ 时，就只要求二氧化碳排放量的减少，而无经济产出增加的要求。也就是说，此时求解 β 的公式退化为求解 α 的公式形式，综合绩效实际上是单一绩效更一般的形式。为更好地说明二氧化碳排放单一绩效与综合绩效以及有向距离函数与 Shephard 距离函数的内在联系与差异性，图 13-1 给出了简单的示意。点 A 代表生产技术集 $P(x)$ 内的某一地区，线段 OI 和 OE 分别代表期望产出和非期望产出的生产量。在 Shephard 距离函数条件下，对两类产出是对称处理的，点 A 应朝着点 D 的方向移动以实现产出的最大化。显然，这种模式实现了经济的扩张，但二氧化碳排放也随之快速增加，具有典型的高增长、高排放的粗放式特征。与之相区

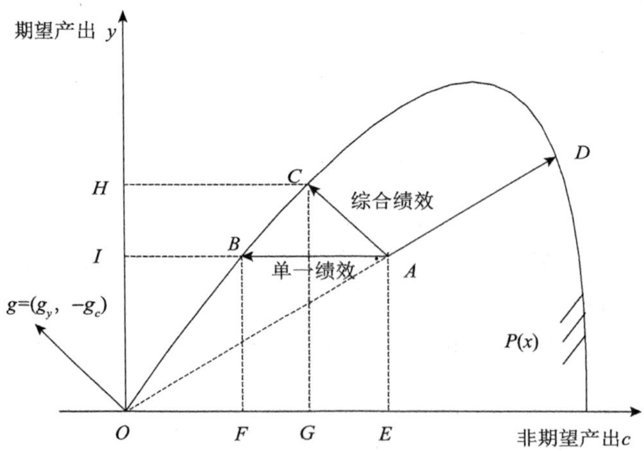

图 13-1 有向距离函数示意图

别，在标准有向距离函数条件下考虑综合绩效时，点 A 沿着点 C 方向移动，既实现了二氧化碳的减排(减排量为 GE)，也实现了经济的发展(增加值为 HI)，这是又好又快发展模式的良好实践，具体的综合绩效值则可表示为 $\beta^*=HI/OI=GE/OE$。同样地，考虑单一绩效时，点 A 的目标方向是点 B，二氧化碳的减排潜力为 EF，单一绩效值为 $a^*=OF/OE$。

单一绩效和综合绩效指标能给出被评价地区某一时间节点二氧化碳排放水平的相对值，尚缺乏绩效值提高或降低的动态比较，因此，进一步定义 k 地区的排放绩效指数。$\alpha_k-\text{index}\geqslant 1$ 或 $\beta_k-\text{index}\leqslant 1$ 表示 k 地区的排放绩效较上一个时期有所提高(或维持不变)，反之则说明排放绩效的退化。

$$\alpha_k-\text{index}=\frac{\alpha_k^{t+1}}{\alpha_k^t},\quad k=1,2,\cdots,K$$

$$\beta_k-\text{index}=\frac{\beta_k^{t+1}}{\beta_k^t},\quad \beta_k^t\neq 0,\ k=1,2,\cdots,K$$

13.2.3　不同指标的比较

本章在全要素框架下定义了二氧化碳排放单一绩效和综合绩效两种指标，但由于目前常用碳强度指标来衡量二氧化碳排放水平，很有必要对这三种指标做一个比较分析。碳强度是一种以绝对数值来表示的描述性指标，容易理解，实际的操作中也比较方便，不足是没有体现出可优化的程度，不利于地区间的横向比较。单一绩效和综合绩效是考虑多种要素投入的全要素相对指标，且两者都体现了二氧化碳目标排放和实际排放间的差异，也提供了可减排的潜力。此外，碳强度指标和本章定义的两类指标之间也存在一定的联系。碳强度指标由某地区二氧化碳排放量 c_0 与经济产出量 y_0 的比值来确定，而单一绩效和综合绩效在考虑投入要素约束后可行的优化组合为 $\left(y_0,\alpha^*c_0\right)$ 和 $\left(\left(1+\beta^*\right)y_0,\left(1-\beta^*\right)c_0\right)$，同样可计算此时的碳强度。显然，从三种指标的信息量看，综合绩效指标兼顾了二氧化碳减排和经济发展的双重要求，且能与传统碳强度指标相关联，无疑具有更大的优势，也与我国政府提出的促进经济又好又快发展的方针相契合。

13.3　区域碳排放绩效与潜力的实证分析

13.3.1　数据来源与说明

近年来，随着工业化进程的快速推进，我国已显现出重工业化的特征，工业能源消费和二氧化碳排放也急剧增长。2020 年单位 GDP 二氧化碳排放在 2005 年的基础上降低 40%～45%的目标能否实现很大程度上依赖于工业部门的表现。因此，本章以我国 2001～2007 年工业总产值占地区生产总值比重大于 40%的 13 个省市为研究对象，分别是天津、河北、山西、辽宁、黑龙江、上海、江苏、浙江、福建、山东、河南、湖北和广东。按照李世祥和成金华(2008)的分类标准，这 13 个省市是我国最主要的工业区域，工业产值占全国的 75%以上，地区生产总值为全国的 70%左右，同时二氧化碳排放量超过全国总量的 65%。根据前文对环境生产技术和指标构建时的描述，产出变量为各省市的地区生产总值(y)和二氧化碳排放量(c)，此处进一步选择资本(x_1)、劳动(x_2)和能源(x_3)为投入变量(Wei et al.，2007)，具体数据来源及说明如表 13-1 所示。

表 13-1 数据来源及说明

变量名	单位	来源
地区生产总值	亿元(1952 年价)	《中国统计年鉴 2008》《新中国五十五年统计资料汇编》
二氧化碳	万吨	以煤炭、原油和天然气三种一次能源的消耗量与相应排放系数的乘积估算
资本	亿元(1952 年价)	以资本存量代表，2001～2006 年的数据来自单豪杰(2008)、2007 年的数据由作者根据同样的方法计算获得
劳动力	万人	《中国统计年鉴 2008》
能源	万吨标准煤	《中国能源统计年鉴 2008》

13.3.2 实证结果与分析

利用 DEA 方法计算效率问题需要通过决策单元来构造前沿面，进而求解相应的线性规划。若决策单元过少、数据稀疏，就有可能无法构造近似光滑的前沿面，从而出现线性无解的情况。为避免此种情况，利用连续前沿(sequential frontier)的构造方法(Shestalova，2003)，即将当期的投入产出数据和过去的数据都包括在内作为当期的参考样本。在此条件下，求解 α 值，发现只要求二氧化碳减少的单一绩效在 2001～2007 年的平均值为 0.527。也就是说，在现有资本、劳动力和能源投入下，13 个主要工业省市的二氧化碳排放量平均还可减少 47.3%。此项数据表明主要工业省市的减排潜力是比较显著的，但这并不意味着这种减排潜力在短期内就可全部被挖掘出来，制约减排潜力的因素包括产业结构、技术水平、市场化程度等各个方面，需要分阶段、分地区地逐步实施。

为分析 13 个主要工业省市二氧化碳排放绩效随时间的变化情况，表 13-2 给出了二氧化碳排放单一绩效指数 $\alpha-\text{index}$ 的数值。观察表 13-2，省市平均指数都小于 1，维持在 0.936～0.988，呈现出下降趋势。这可能与“十五”以后各工业省市加快上马钢铁、水泥和电解铝等重化工项目而又缺失环保净化设施投入有关，此期间也是我国二氧化碳增速最快的一段时间。美国能源署(EIA)2007 年的数据表明，我国二氧化碳排放总量的平均增长率由 1994～2005 年的 6.02%急剧上升为 2002～2005 年的 15.66%。二氧化碳排放绩效的整体退化也通过各省市的绩效变动体现出来，从年度平均指数来看，大部分省市出现了退化，数值小于 1，山东与河南的数值不足 0.9，年均退化率在 10%以上，是 13 个主要工业省市中下降最为显著的地区。只有天津、辽宁和上海三个省市的值大于或等于 1。其中，辽宁和上海由于历年都位于生产前沿面上且二氧化碳已实现相对最优状态，α 始终等于 1，因而其指数没有发生变化。需要说明的是，由于基于 DEA 方法测算的绩效值均为相对数，绩效值和绩效指数都为 1 并不意味着辽宁和上海这样的地区仍然保持着原有的绝对排放水平，也有可能是在技术进步的推动下促使生产前沿向外移动而一直处于最佳实践者(best performer)行列，或因与其他地区相比仍然处于领先水平而相对绩效依旧最好。

表 13-2　二氧化碳排放单一绩效指数(α–index)

地区	2001～2002 年	2002～2003 年	2003～2004 年	2004～2005 年	2005～2006 年	2006～2007 年	年度平均指数
天津	1.183	0.866	1.155	1.000	1.000	1.000	1.034
河北	0.977	1.013	0.935	0.917	1.004	0.891	0.956
山西	0.901	1.002	0.999	0.934	0.896	0.974	0.951
辽宁	1.000	1.000	1.000	1.000	1.000	1.000	1.000
黑龙江	1.073	0.960	0.971	0.948	1.003	0.957	0.985
上海	1.000	1.000	1.000	1.000	1.000	1.000	1.000
江苏	0.971	0.965	0.849	0.844	0.902	0.930	0.910
浙江	0.919	1.012	0.907	0.931	0.911	0.935	0.936
福建	1.000	1.000	1.000	0.919	1.039	0.983	0.990
山东	0.936	0.923	0.854	0.815	0.860	0.906	0.882
河南	0.916	1.028	0.754	0.878	0.862	0.911	0.892
湖北	0.993	0.971	0.944	1.011	0.944	0.971	0.972
广东	0.973	0.966	0.930	0.971	0.866	0.899	0.934
省市平均值	0.988	0.977	0.946	0.936	0.945	0.951	

二氧化碳排放单一绩效及其指数显示了现实排放与理论排放的对比及其变动趋势，是一种只寻求二氧化碳可减少量的思路。为此，进一步考察将二氧化碳减排和经济发展双重目标结合在一起的综合绩效，如表 13-3 所示。2001～2007 年，省市平均综合绩效在 0.300 上下波动，意味着 13 个主要工业省市在现有的投入水平下减少原有二氧化碳排放量、扩张原有经济产出 30%左右的比例是可能的，这一数值明显小于上述提到的二氧化碳排放量平均可减少 47.3%。之所以存在差异，从理论上看，综合绩效和单一绩效都是通过基于 DEA 方法的径向调整来衡量的，当两者可收缩或可扩张的比例不相等时，由于综合绩效的同比例要求，必然以比例小者为基准；实际中，若认为经济发展不重要，而将注意力都放在二氧化碳减排上，其减排量也势必大于同时兼顾减排和发展时的情形。如预期的那样，上海和辽宁由于二氧化碳排放已处于相对最优状态(表现为$\alpha=1$)，已不可能既减少二氧化碳又增加经济产出，因而 β 值始终为 0。在只要求降低二氧化碳排放的条件下，天津虽然在 2002～2003 年仍有减排潜力(表现为$\alpha<1$)，但由于处在生产前沿面上，经济产出已没有扩张的可能，故天津的二氧化碳排放综合绩效与上海和辽宁表现出一样的特性。福建与天津虽然在测算单一绩效时存在一定的相似性，但由于福建的两类产出在 2005～2007 年仍有同比例收缩和扩张的可能，因而 $\beta\neq0$ 。山西与河南的综

合绩效明显偏高，2001～2007 年同时实现二氧化碳排放减少、经济产出增加的平均比例分别达到了 76.4%和 62.3%。当计算 β – index 分析综合绩效的变动情况时，整体上呈现出略有提高后的退化趋势，这与单一绩效指数表现出的一致退化现象稍有不同。

表 13-3 二氧化碳排放综合绩效(β)

地区	2001 年	2002 年	2003 年	2004 年	2005 年	2006 年	2007 年	年度平均指数
天津	0.000	0.000	0.000	0.000	0.000	0.000	0.000	0.000
河北	0.444	0.432	0.408	0.399	0.406	0.390	0.417	0.414
山西	0.778	0.780	0.768	0.748	0.752	0.763	0.757	0.764
辽宁	0.000	0.000	0.000	0.000	0.000	0.000	0.000	0.000
黑龙江	0.554	0.512	0.499	0.476	0.470	0.455	0.461	0.490
上海	0.000	0.000	0.000	0.000	0.000	0.000	0.000	0.000
江苏	0.243	0.245	0.254	0.282	0.313	0.318	0.324	0.283
浙江	0.211	0.217	0.201	0.215	0.222	0.231	0.239	0.219
福建	0.000	0.000	0.000	0.000	0.023	0.013	0.019	0.008
山东	0.336	0.350	0.354	0.369	0.402	0.415	0.421	0.378
河南	0.561	0.572	0.560	0.628	0.658	0.680	0.701	0.623
湖北	0.455	0.448	0.445	0.433	0.408	0.395	0.383	0.424
广东	0.258	0.261	0.275	0.294	0.302	0.334	0.358	0.298
省市平均值	0.295	0.294	0.290	0.296	0.304	0.307	0.314	

对于二氧化碳排放水平的衡量目前仍以碳强度指标为主，碳强度的变动反映了行业结构、行业内部碳排放技术水平和管理有效程度等多种因素共同作用的结果。根据上述对几类指标的比较分析，可以通过消除经济产出和二氧化碳排放中的无效因素将综合绩效与碳强度联系起来。某地区在同比例实现二氧化碳削减和经济产出扩张后形成的最终目标量的比值为$\left(\left(1-\beta^*\right)c_0\right)/\left(\left(1+\beta^*\right)y_0\right)$，与该地区的初始碳强度$c_0/y_0$相比较，仅存在系数$\left(1-\beta^*\right)/\left(1+\beta^*\right)$的差别，因此，不妨将其定义为潜在碳强度。图 13-2 给出了 13 个主要工业省市总体初始碳强度和潜在碳强度在 2001～2007 年的变动情况。可以明显发现，两者在变动趋势上大体一致，但潜在碳强度明显小于初始碳强度，如 2007 年 13 个主要工业省市的初始碳强度为 14.67 吨标准煤/万元，潜在碳强度为 6.92 吨标准煤/万元，可下降的幅度达 52.8%，其余年份的可下降潜力也都在 50%左右，这与上述分析得出的总体上存在较大减排潜力的结论是相符的，也为各地区减排目标的设定提供了依据。上海、辽宁和天津由于历年都在前沿面上(β=0)，初始碳强度和潜在碳强度并没有改变，其他主要工业省市的潜在碳强度与初始碳强度相比则出现了不同程度的下降。

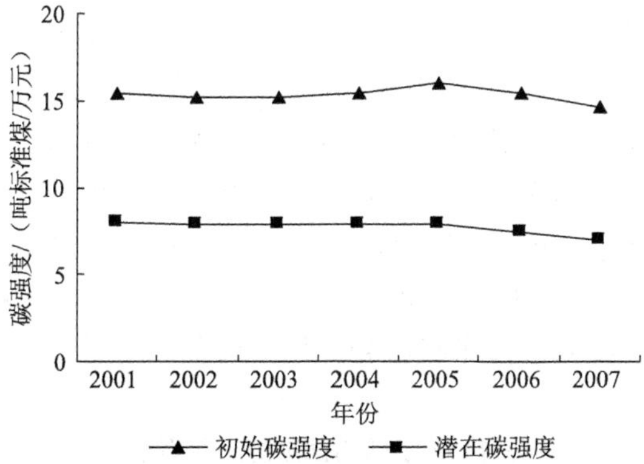

图 13-2 初始碳强度与潜在碳强度

进一步分析 13 个主要工业省市的初始碳强度排名和潜在碳强度排名情况(图 13-3)，不同的比较标准导致了部分省市的排名发生了较大的变化。福建、天津和辽宁分别由初始碳强度排名中的第 2 位、第 6 位和第 8 位退居为潜在碳强度排名中的第 8 位、第 12 位和第 13 位，河南则由第 12 位上升至第 3 位。潜在碳强度相对排名的上升表明这些地区的减排潜力较大，反之则意味着减排潜力较小。同时，从潜在碳强度的排序中也可以获得不同工业省市在碳排放和经济发展方面的更多信息。尽管福建、辽宁和天津在两类产出上与上海类似，已基本实现了最优，但若与其他工业省市的潜在碳强度相比却不再有优势。反观上海，在两种排序标准中排名始终位列第 1，这也说明福建、辽宁和天津尽管在目前较好地协调了经济发展与二氧化碳排放的关系，但从潜在的发展来看，仍有待进一步优化发展模式，上海应是其学习的榜样。

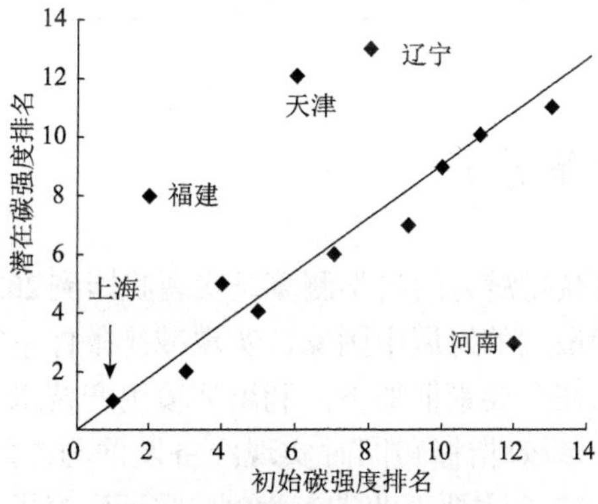

图 13-3 两类碳强度排名散点图

作为减少二氧化碳排放、促进经济发展和降低碳强度的有效手段，技术进步在二氧化碳排放综合绩效的变动中起着重要作用。为分析 13 个主要工业省市的投入产出数据所确定的生产前沿是否在技术进步的推动下向外移动，表 13-4 统计了各个年份中位于前沿面上工业省市的个数。由表 13-4 可知，2001 年有 4 个省市位于 1999～2001 年的投入产出数据所确定的连续前沿上，其中只有福建 1 个省在参考样本逐渐扩大的过程中依然在前沿面上。实际上，当生产前沿由1999～2007年的全部样本所确定时，位于前沿面上的省市有3个来自2007年，2个来自2006年，2个来自2005年，来自2001～2004年较早年份的各1个。观察1999年到其他年份的连续前沿情况，总体上也呈现出较早年份的省市位于前沿面的个数少、较晚年份的省市位于前沿面的个数多的现象。也就是说，新加入的省市在确定前沿面时占据主导地位，技术进步推动了前沿面从上一年到下一年的移动。同时，也应该注意到这种移动主要是由天津、辽宁、上海和福建少数几个省市形成的，13个主要工业省市在先进技术吸收和应用方面的差异性还比较大。

表 13-4 位于前沿面上的工业省市个数

阶段	2001年	2002年	2003年	2004年	2005年	2006年	2007年	总数
1999～2001年	4(津辽沪闽)							4
1999～2002年	2(沪闽)	4(津辽沪闽)						6
1999～2003年	1(闽)	2(辽闽)	4(津辽沪闽)					7
1999～2004年	1(闽)	1(辽)	2(辽闽)	4(津辽沪闽)				8
1999～2005年	1(闽)	1(辽)	1(辽)	3(辽沪闽)	3(津辽沪)			9
1999～2006年	1(闽)	1(辽)	1(辽)	2(辽沪)	2(辽沪)	3(津辽沪)		10
1999～2007年	1(闽)	1(辽)	1(辽)	1(辽)	2(辽沪)	2(辽沪)	3(津辽沪)	11

注：表中用简称代表省市

13.4 结论及政策启示

二氧化碳排放绩效及减排潜力的科学测算是实现我国到2020年40%～45%减排目标的重要依据。同时，作为最大的发展中国家，实现减排条件下的经济发展也是我国面临的重要挑战。为此，本章在全要素框架下，利用环境生产技术和有向距离函数定义了只要求二氧化碳减少的单一绩效指标和同时实现经济发展与二氧化碳减排的综合绩效指标。在此基础上，以中国13个主要工业省市为例，实证研究了二氧化碳的排放绩效及其减排潜力，相关结论包括以下几个方面。首先，二氧化碳排放单一绩效在样本期间的平均值为0.527，综合绩效的平均值为0.300，也就是说，单一实现二氧化碳减排和同时满足经济扩张与二氧化碳减排的潜力分别为47.3%和30.0%，总体排放绩效水平较低，同时，在时间维度上分别表现出持续下降和略有提高后再下降的趋势。其次，就个体而言，13个主要工业省市的二氧化碳排放绩效存在较大的差异性，天津、辽宁、上海和福建由于接近或位于前沿面上而明显优于其他省市，山西和河南则因偏离前沿面较远而最为落后。再次，潜在碳强度与初始碳强度在变动趋势上基本一致，但前者明显小于后者，以潜在碳强度为排序标准时，福建、辽宁和天津的排名出现了较大幅度的下降，而上海始终排名第 1，因此，主要工业省市应向上海学习，进一步优化发展模式。最后，技术进步推动了生产前沿向外移动，并且这种移动是由少数几个省市来确定的，13 个主要工业省市现有的环境生产技术水平差别依然较大。

本章研究思路及主要结论的政策启示在于：一是在评价二氧化碳的排放绩效及其减排潜力时，一方面需要考虑投入要素的影响，另一方面除了关注二氧化碳减少外，也要关注经济的发展，既实现减排目标，又不损害经济的持续增长，这对中国这样的发展中国家尤为重要。二是针对主要工业省市二氧化碳排放绩效低、差异性较大的特点，要分阶段、有计划地挖掘减排潜力，在努力提高技术水平的基础上，注重减排技术、制度安排等在不同地区间的有效交流和扩散。三是主要工业省市可根据初始碳强度和潜在碳强度两种排序标准时的排名变动及两者绝对数值的比较，确定未来的减排目标和发展模式转变的方向。

参 考 文 献

毕克新. 2005. 基于模糊积分的区域中小企业技术创新测度与评价[J]. 系统工程理论与实践，(2)：40-46，61.

陈宏民. 2006. 系统工程导论[M]. 北京：高等教育出版社.

陈文英，张兵志，谭跃进，等. 2012. 基于体系工程的武器装备体系需求论证[J]. 系统工程与电子技术，34(12)：2479-2484.

陈岩，樊治平. 2004. 基于语言判断矩阵的群决策方法[J]. 东北大学学报(自然科学版)，25(3)：303-306.

陈英武，姜江. 2008. 关于体系及体系工程[J]. 国防科技，29(5)：30-35.

成思危. 1999. 复杂科学与系统工程[J]. 管理科学学报，2(2)：1-7.

邓丽君，马宏伟. 2009. AHP 在全国文明城市测评体系中的应用[J]. 中国制造业信息化，(11)：68-71.

刁丽琳，张蓓，马亚男. 2011. 基于 SFA 模型的科技环境对区域技术效率的影响研究[J]. 科研管理，(4)：143-151.

董肇君. 2003. 系统工程与运筹学[M]. 北京：国防工业出版社.

方大春，刘国林，张连蓬，等. 2004. 信息熵在投资决策中的应用[J]. 价值工程，(2)：115-117.

费奇，王红卫，陈学广，等. 2011. 复杂系统工程研究[J]. 上海理工大学学报，33(6)：641-650.

古德曼 M R. 1989. 系统动态学学习指南[M]. 王洪斌，张军，王建华译. 北京：能源出版社.

郭春香，郭耀煌. 2004. 一种不同偏好信息下的多目标群决策方法[J]. 西华大学学报，23(1)：54-56.

顾基发. 2018. 系统工程新发展——体系[J]. 科技导报，36(20)：10-19.

胡久清. 1999. 系统工程[M]. 北京：中国统计出版社.

胡蓬玮. 2007. 行业技术创新绩效差异及影响因素研究[D]. 大连理工大学硕士学位论文.

胡寿松，王执铨，胡维礼. 2017. 最优控制理论与系统[M]. 北京：科学出版社.

胡晓峰，杨镜宇，司光亚，等. 2009. 战争复杂系统仿真分析与实验[M]. 北京：国防大学出版社.

胡玉奎. 1988. 系统动力学—战略与策略实验室[M]. 杭州：浙江人民出版社.

金菊良，魏一鸣，潘金锋. 2004. 修正 AHP 中判断矩阵一致性的加速遗传算法[J]. 系统工程理论与实践，24(1)：63-69.

李世祥，成金华. 2008. 中国主要工业省区能源效率分析：1990-2006 年[J]. 数量经济技术经济研究，25(10)：32-43.

梁春华，刘红霞，索德军，等. 2018. 基于系统工程的情报研究工作管理体系的探讨[J]. 情报工程，(4)：104-111.

梁樑，王国华. 2003. 多专家判断信息的一种聚类分析方法[J]. 系统工程理论方法应用，12(3)：270-273.

林定夷. 1998. 系统工程概论[M]. 广州：中山大学出版社.

林齐宁. 2003. 决策分析[M]. 北京：北京邮电大学出版社.

刘大为，熊国强，刁伍钧. 2004. 用 DEA 方法综合评价我国高新技术开发区经济效益[J]. 西安理工大学学报，20(1)：105-108.

刘惠生. 1999. 管理系统工程教程 [M]. 北京：企业管理出版社.

刘晓平，唐益明，郑利平. 2008. 复杂系统与复杂系统仿真研究综述[J]. 系统仿真学报，20(23)：6303-6315.

刘智敏. 1998. 不确定度评定的一种方法——最大方差法[J]. 宇航计测技术，18(1)：24-35.

柳青. 2007. 基于高技术产业集群的共享性资源对企业创新绩效的影响研究[D]. 吉林大学硕士学位论文.
林延东. 2007. 黑龙江省高新技术企业自主创新环境影响因素研究[D]. 哈尔滨工程大学硕士学位论文.
龙景奎，姜旺. 2006. 影响企业创新的关键因素[J]. 企业活力，(3)：80-81.
梅长林，周家良. 2002. 实用统计方法[M]. 北京：科学出版社.
彭煜，贾志永. 2004. DEA扩展有效的鲁棒性[J]. 系统工程，22(1)：104-107.
钱颂迪，甘应爱，天丰，等. 1998. 运筹学[M]. 北京：清华大学出版社.
《全国文明城市测评体系》编写组. 2005. 文明与文明城市《全国文明城市测评体系》研究[M]. 上海：上海人民出版社.
邱菀华，高建伟. 2001. 信息价值风险分析的熵-Bayes决策模型[J]. 系统工程理论与实践，(8)：14-18.
单豪杰. 2008. 中国资本存量K的再估算：1952-2006年[J]. 数量经济技术经济研究，25(10)：17-31.
史健，魏权龄. 2004. DEA方法在卫生经济学中的应用[J]. 数学的实践与认识，34(4)：59-66.
孙冰，齐中英. 2006. 主成分投影法在企业技术创新动力评价中的应用[J]. 系统工程理论方法应用，(3)：285-288.
孙东川，柳克俊. 2010. 试论系统工程的中国学派与钱学森院士的贡献[J]. 广东工业大学学报(社会科学版)，10(1)：1-7，19.
谭跃进，陈英武，易进先. 1999. 系统工程原理[M]. 北京：国防科技大学出版社.
汪应洛. 1995. 系统工程[M]. 北京：机械工业出版社.
汪应洛. 1998. 系统工程理论、方法与应用[M]. 2版. 北京：高等教育出版社.
汪中华. 2004. 提升黑龙江省高新技术企业核心竞争力的路径[J]. 商业研究，(9)：49-51.
王立新，李勇，任荣明. 2006. 基于灰色多层次方法的企业技术创新风险评估研究[J]. 系统工程理论与实践，(7)：98-104.
王群伟，周鹏，周德群. 2010. 我国二氧化碳排放绩效的动态变化、区域差异及影响因素[J]. 中国工业经济，(1)：45-54.
王丽燕. 2001. 多目标决策的统计赋权[J]. 统计与决策，(6)：14.
王佩玲. 1994. 系统动力学——社会系统的计算机仿真方法[M]. 北京：冶金工业出版社.
王其藩. 1994. 系统动力学(修订版)[M]. 北京：清华大学出版社.
王其藩. 1995. 高级系统动力学[M]. 北京：清华大学出版社.
王淑，王恒山，王云光. 2009. 系统的系统——区域协同医疗信息系统[J]. 中国数字医学，4(6)：29-33.
王元放，周宏仁，敬忠良. 2007. "系统的系统"综述[J]. 系统仿真学报，19(6)：1182-1185.
吴文江. 2002. 数据包络分析及其应用[M]. 北京：中国统计出版社.
夏维力，吕晓强. 2005. 基于BP神经网络的企业技术创新能力评价及应用研究[J]. 研究与发展管理(1)：50-54，72.
邢永俐. 2008. 我国民营科技企业创新影响因素的绩效研究——基于黑龙江与江浙两省的比较[D]. 复旦大学硕士学位论文.
徐佳娜，西宝. 2004. 基于AHP-ANN模型的商业银行信用风险评估[J]. 哈尔滨理工大学学报，9(3)：94-98.
徐泽水. 2004a. 不确定多属性决策方法及应用[M]. 北京：清华大学出版社.
徐泽水. 2004b. AHP中新元素导入的强保序性研究[J]. 控制与决策，19(4)：433-436.
徐振兴，姜江. 2011. "系统的系统"工程——体系工程研究综述[J]. 自然辩证法研究，27(2)：56-61.
杨晔. 2008. 我国各省市企业自主创新能力的综合评价——基于投入产出绩效视角的实证研究[J]. 财经研究，(6)：30-40.
易晓文. 2003. 基于BP神经网络的民营企业技术创新能力的模糊综合评价[J]. 数量经济技术经济研究，(8)：105-108.

游荣光，张英朝. 2010. 关于体系与体系工程的若干认识和思考[J]. 军事运筹与系统工程，24(2)：13-20.
俞金康. 1993. 系统动态学原理及其应用[M]. 北京：国防工业出版社.
于景元，周晓纪. 2004. 系统科学与系统工程的发展[J]. 复杂系统与复杂性科学，1(3)：4-9.
于秀彬. 1999. 复杂系统的自组织性分析[J]. 白城师范学院学报，2：46-50.
《运筹学》教材编写组. 1990. 运筹学(修订版)[M]. 北京：清华大学出版社.
章磊，韩景倜. 2004. 基于AHP和模糊数学理论的装备科研项目评审模型的研究[J]. 科学学与科学技术管理，25(4)：31-32，84.
章玲，周德群，李存芳. 2007. R-WGA算子的构建及其在群决策分析中的应用[J]. 控制与决策，22(12)：1352-1356，1362.
张俊容，郭耀煌. 2004. 基于优势与劣势分析的DEA综合评价方法[J]. 西南师范大学学报(自然科学版)，29(3)：357-360.
张目. 2004. 基于DEA模型的GIS工程技术开发方法的综合评价[J]. 武汉大学学报(信息科学版)，29(2)：100-104.
张延欣. 1997. 系统工程学[M]. 北京：气象出版社.
张最良，黄谦，李露阳. 2006. 体系开发规律和科学途径[J]. 中国科技论坛，(3)：159-163.
赵家新. 2007. 高科技企业综合创新研究[D]. 武汉理工大学博士学位论文.
中国人民大学管理系统工程教研室. 1987. 管理系统工程教程[M]. 北京：经济科学出版社.
周斌. 2003. 由灰色关联度确定权重的客观多目标决策法[J]. 昆明理工大学学报(理工版)，28(5)：159-161.
周德群，2007. 系统工程概论[M]. 北京：科学出版社.
朱斌，郑祥洪. 2002. 福建省工业企业技术创新能力研究[J]. 科学学研究，(5)：544-549.
朱祖平，朱彬. 2003. 基于BP神经网络的企业技术创新效果的模糊综合评价[J]. 系统工程理论与实践，(9)：16-21.
Ang B W, Choi K H. 2002. Boundary problem in carbon emission decomposition [J]. Energy Policy, 30(13): 1201-1205.
Ang B W, Zhang F Q. 1999. Inter-regional comparisons of energy-related CO_2 emissions using the decomposition technique [J]. Energy, 24(4): 297-305.
Aull-Hyde R, Erdogan S, Duke J M. 2006. An experiment on the consistency of aggregated comparison matrices in AHP [J]. European Journal of Operational Research, 171(1): 290-295.
Chambers R G, Chung Y H, Färe R. 1996. Benefit and distance functions [J]. Journal of Economic Theory, 70(2): 407-419.
Chen Y, Yang Z P, Shu F, et al. 2009. A patent based evaluation of technological innovation capability in eight economic regions in PR China[J]. World Patent Information, 31(2): 104-110.
Choo E U, Wedley W C. 2004. A common framework for deriving preference values from pairwise comparison matrices [J]. Computers & Operations Research, 31(6): 893-908.
Chung Y H, Färe R, Grosskopf S. 1997. Productivity and undesirable outputs: a directional distance function approach [J]. Journal of Environmental Management, 51(3): 229-240.
Fan Y, Liu L C, Wu G, et al. 2007. Changes in carbon intensity in China: empirical findings from 1980-2003[J]. Ecological Economics, 62(3/4): 683-691.
Färe R, Grosskopf S, Pasurka C A. 2007. Environmental production functions and environmental directional distance functions [J]. Energy, 32(7): 1055-1066.
Garavalia L, Gredler M. 2004. Teaching evaluation through modeling: using the Delphi technique to assess problems in academic programs [J]. American Journal of Evaluation, 25(3): 375-380.

Graham B, Regehr G, Wright J G. 2003. Wright. Delphi as a method to establish consensus for diagnostic criteria [J]. Journal of Clinical Epidemiology, 56(12): 1150-1156.

Greening L A. 2004. Effects of human behavior on aggregate carbon intensity of personal transportation: comparison of 10 OECD countries for the period 1970-1993[J]. Energy Economics, 26(1): 1-30.

Hsu C W. 2012. Using a system dynamics model to assess the effects of capital subsidies and feed-in tariffs on solar PV installations[J]. Applied Energy, 100: 205-217.

Kaplan J M. 2006. A New Conceptual Framework for Net-Centric, Enterprise-Wide, System-of-Systems Engineering[R]. Defense Technical Information Center.

Keating C, Rogers R, Unal R, et al. 2003. System of systems engineering [J]. Engineering Management Journal, 15(3): 36-45.

Kojadinovic I. 2005. An axiomatic approach to the measurement of the amount of interaction among criteria or players[J]. Fuzzy Sets and Systems, 152(3): 417-435.

Kotov V. 1997. Systems of Systems as Communicating Structures [R]. Hewlett Packard Computer Systems Laboratory Paper HPL: 97-124, 1-15.

Kwon T H. 2005. Decomposition of factors determining the trend of CO_2 emissions from car travel in Great Britain（1970-2000） [J]. Ecological Economics, 53(2): 261-275.

Li C W, Tzeng G H. 2009. Identification of a threshold value for the DEMATEL method using the maximum mean de-entropy algorithm to find critical services provided by a semiconductor intellectual property mall[J]. Expert Systems with Applications, 36(6): 9891-9898.

Madlener R. Antunes C H, Dias L C. 2009. Assessing the performance of biogas plants with multi-criteria and data envelopment analysis[J]. European Journal of Operational Research, 197(3): 1084-1094.

Maier M W. 1996. Architecting principles for systems-of-systems [J]. INCOSE International Symposium, 6(1): 565-573.

Okoli C, Pawlowski S D. 2004. The Delphi method as a research tool: an example, design considerations and applications [J]. Information & Management, 42(1): 15-29.

Picazo-Tadeo A J, Prior D. 2009. Environmental externalities and efficiency measurement [J]. Journal of Environmental Management, 90(11): 3332-3339.

Sage A P, Cuppan C D. 2001. On the systems engineering and management of systems of systems and federations of systems [J]. Information Knowledge Systems Management, 12: 325-345.

Saunders T, Croom C, Austin W, et al. 2005. System-of-systems engineering for air force capability development: executive summary and annotated brief[R]. SCIENTIFIC ADVISORY BOARD（AIR FORCE）WASHINGTON DC.

Shestalova V. 2003. Sequential Malmquist indices of productivity growth: an application to OECD industrial activities [J]. Journal of Productivity Analysis, 19(2): 211-226.

Sterman T D. 2000. Business dynamics-systems thinking and modeling for a complex world[J]. Journal of Operational Research Society, 53(4): 472-473.

Sundarraj R P. 2004. A web-based AHP approach to standardize the process of managing service-contracts[J]. Decision Support Systems, 37(3): 343-365.

Tseng M L. 2009. A causal and effect decision making model of service quality expectation using grey-fuzzy DEMATEL approach[J]. Expert Systems with Applications, 36(4): 7738-7748.

Tyteca D. 1996. On the measurement of the environmental performance of firms: a literature review and a productive efficiency perspective [J]. Journal of Environmental Management, 46(3): 281-308.

Wang C, Chen J, Zou J. 2005. Decomposition of energy-related CO_2 emission in China: 1957-2000[J].

Energy, 30(1), 73-83.

Wei C C, Chien C F, Wang M J. 2004. An AHP-based approach to ERP system selection [J]. International Journal of Production Economics, 96(1): 47-62.

Wei Y M, Liao H, Fan Y. 2007. An empirical analysis of energy efficiency in China's iron and steel sector[J]. Energy, 32(12): 2262-2270.

Zhang M, Mu H L, Ning Y D. 2009. According for energy-related CO_2 emission in China: 1991-2006[J]. Energy Policy, 37(3): 767-773.

Zhou P, Ang B W, Han J Y. 2010. Total factor carbon emission performance: a Malmquist index analysis [J]. Energy Economics, 32(1): 194-201.

Zhou P, Ang B W, Poh K L. 2008. A survey of data envelopment analysis in energy and environmental studies [J]. European Journal of Operational Research, 189(1): 1-18.